SCHÄFFER
POESCHEL

Sammlung
Poeschel
157

Franz Eisenführ
Ludwig Theuvsen

Einführung in die Betriebswirtschaftslehre

4., überarbeitete Auflage

2004
Schäffer-Poeschel Verlag Stuttgart

Verfasser:
Prof. em. Dr. Franz Eisenführ,
Universität zu Köln
Prof. Dr. Ludwig Theuvsen,
Universität Göttingen

Bibliografische Information Der Deutschen Bibliothek
Die Deutsche Bibliothek verzeichnet diese Publikation
in der Deutschen Nationalbibliografie; detaillierte bibliografische
Daten sind im Internet über <http://ddb.de> abrufbar.

Gedruckt auf säure- und chlorfreiem, alterungsbeständigem Papier.

ISBN 978-3-7910-9242-3

© 2004 Schäffer-Poeschel Verlag für Wirtschaft · Steuern · Recht
GmbH & Co. KG
www.schaeffer-poeschel.de
info@schaeffer-poeschel.de
Einbandgestaltung: Willy Löffelhardt
Druck und Bindung: C.H. Beck, Nördlingen
Printed in Germany
Oktober/2004

Schäffer-Poeschel Verlag Stuttgart
Ein Tochterunternehmen der Verlagsgruppe Handelsblatt

Inhaltsverzeichnis

Kapitel 6
Finanzwirtschaft

Kapitel 10
Produktionswirtschaft

Kapitel 1
Die Betriebswirtschaftslehre als Wissenschaft

1.1 Das Objekt der Betriebswirtschaftslehre

Forschungsobjekt der Betriebswirtschaftslehre sind die wirtschaftlich relevanten Vorgänge in Betrieben sowie zwischen Betrieben und ihrer Umwelt.

Betriebe sind definiert als Wirtschaftseinheiten, die *Güter für fremden Bedarf produzieren.* Produktion ist also ein konstituierendes Merkmal des Betriebs. Der Begriff der Produktion ist hierbei weit zu fassen, er umfasst die Erstellung von Gütern jeglicher Art, Sachgüter und Dienstleistungen (so produziert auch ein Kiosk, ein Kino oder eine Tankstelle Güter). Bei dieser Betriebsdefinition ist der Begriff „Produktionsbetrieb" tautologisch; benutzt man ihn, so meint man die Produktion von *Sach*gütern.

Betriebe sind damit abgegrenzt von Haushalten; Haushalte sind Wirtschaftseinheiten, die Güter *konsumieren* oder allenfalls für den eigenen Bedarf produzieren.

Die Abgrenzung zwischen Betrieb und *Unternehmen* (synonym: Unternehmung) wird nicht einheitlich gehandhabt. Folgende Varianten sind üblich:

- *Synonymer Gebrauch,* d.h. „Betrieb" und „Unternehmen" bezeichnen dasselbe, nämlich eine fremdbedarfsdeckende wirtschaftliche Einheit.
- *Betrieb als Oberbegriff.* Unternehmen sind dann Betriebe, die erwerbswirtschaftlich ausgerichtet sind. Daneben gibt es andere, nicht erwerbswirtschaftliche Betriebe, wie z.B. gemeinnützige Krankenhäuser, Universitäten oder karitative Einrichtungen.
- Das Unternehmen als *wirtschaftliche Einheit,* der Betrieb als technisch-organisatorische Untereinheit. In diesem Sinne haben viele Unternehmen mehrere Betriebe (Betriebsstätten). Ist die wirtschaftliche Einheit aus mehreren rechtlich selbständigen Einheiten zusammengesetzt, so spricht man von einem Konzern. Es ist durchaus üblich, auch Konzerne als Unternehmen zu bezeichnen, wie Siemens, VW oder Bayer.

In diesem Buch wird die dritte Variante benutzt: Wenn es um die wirtschaftliche Einheit geht, ist von Unternehmen die Rede.

Gegenstände von betriebswirtschaftlichem Interesse finden sich auf der organisatorisch-technischen Ebene ebenso wie auf Unternehmensebene und Konzernebene.

Da die Betriebswirtschaftslehre nur den *wirtschaftlich relevanten* Ausschnitt des Geschehens betrachtet — andere Disziplinen kümmern sich beispielsweise um technische, soziale oder juristische Aspekte — ist zu fragen, was denn wirtschaftlich relevant ist. Wirtschaften heißt nach allgemeiner Übereinstimmung Disponieren über knappe Ressourcen (=Hilfsmittel) zur Befriedigung von Bedürfnissen. Gruppen aus der Unternehmensumwelt — Gesellschafter, Beschäftigte, Lieferanten, Kunden etc. — treten in einen Austausch mit dem Unternehmen ein, von dem sie sich einen wirtschaftlichen Vorteil versprechen. Sie bringen ihr Geld, ihre Arbeitskraft oder ihre Produkte ein, um eine Gegenleistung zu erhalten, die ihnen mehr wert ist als die eigene Leistung.

Einen Überblick gibt Abbildung 1-1. Das Unternehmen ist in seinen Beziehungen zur Umwelt dargestellt; die Umwelt wird in die folgenden Sektoren aufgeteilt:

- Produktionsfaktormärkte,
- Absatzmärkte,
- der Staat (in seiner Eigenschaft als Steuernehmer und Subventionsgeber, nicht als Regulator),
- Eigenkapitalmarkt und Fremdkapitalmarkt.

Mit den Umweltsektoren ist das Unternehmen durch zwei Ströme verbunden, einen Güter- und einen Geldstrom.

Von den Faktormärkten bezieht das Unternehmen Produktionsfaktoren. So nennt man die in der Produktion benötigten Güter (Arbeitsleistung, Material, Maschinen etc.). Hieraus entstehen in dem Produktionsprozess — in der Abbildung durch einen Kasten symbolisiert — neue Güter und Dienstleistungen, die auf den Absatzmärkten verkauft werden.

Gegründet und aufrechterhalten wird das erwerbswirtschaftliche Unternehmen wegen des Geldstroms. Der Güterstrom ist nur Mittel zum Zweck; alle Beteiligten wollen Geld verdienen. In der Abbildung ist ein Zahlungsmittelbehälter (die „Kasse") zu erkennen. Eigenkapitalgeber legen Geld ein, um mehr Geld zurückzugewinnen. Fremdkapitalgeber gewähren Kredit, um Zinsen zu verdienen. Von den Absatzmärkten kommt Geld aus den

Umsatzerlösen; der größte Teil davon fließt an Mitarbeiter, Lieferanten, Kreditgeber und den Staat. Der Überschuss geht an die Eigentümer; wenn es keinen gibt, gehen sie leer aus oder verlieren gar einen Teil ihres Kapitals. Besonderes Augenmerk muss darauf gerichtet werden, dass der Zahlungsmittelbestand jederzeit ausreicht, fällige Schulden zu bezahlen. Anderenfalls ist das Unternehmen „insolvent" und es wird ein Verfahren eingeleitet, das zur Zerschlagung des Unternehmens führen kann, um die Gläubiger aus dem Verkaufserlös der Vermögensgegenstände zu befriedigen (vgl. Kapitel 6.8).

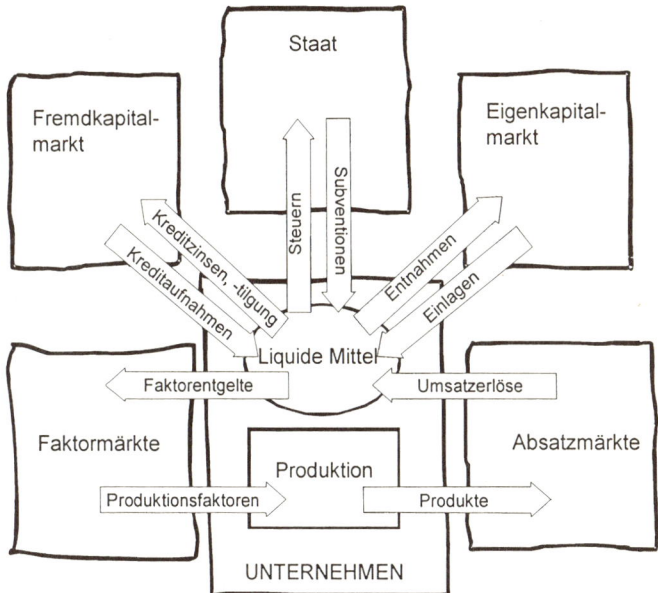

Abb. 1-1: Das Unternehmen und seine Umwelt

Ein Unternehmen ist also ein Ort, an dem sich viele treffen, um Einkommen zu erzielen. Die Betriebswirtschaftslehre interessiert sich dafür, wie dieser Prozess abläuft und wie er erfolgreich gestaltet werden kann. Typische betriebswirtschaftliche Fragestellungen betreffen z.B.

- die Auswahl der Märkte, auf denen ein Unternehmen tätig wird, und die Möglichkeiten der Beeinflussung der Abnehmer,
- die Prinzipien, nach denen der arbeitsteilige Prozess organisiert wird,
- die Planungs- und Kontrollmechanismen, mit denen der Prozess gesteuert wird,
- die Methoden zur Rationalisierung der Produktions- und Verwaltungsprozesse.

1.2 Erkenntnisziele der Betriebswirtschaftslehre

Die Betriebswirtschaftslehre hat wie die Volkswirtschaftslehre und andere Realwissenschaften sowohl eine deskriptive wie eine präskriptive Blickrichtung. Deskription ist die Beschreibung und Erklärung der realen Phänomene, Präskription die Hilfestellung bei praktischen Entscheidungen.

1.2.1 Deskription

Der *deskriptive* Zweck wird verfolgt durch

- *Datensammlung.* Zum Beispiel führt man statistische Erhebungen über Anzahl, Größe und Rechtsformen von Unternehmen, über den Grad ihrer Konzentration oder über die Kostenstrukturen in verschiedenen Branchen durch.
- *Klassifikation.* Empirische Phänomene werden kategorisiert. Beispielsweise fasst man gewisse Tatbestände unter dem Namen „Konzern" zusammen und unterscheidet Konzerne von anderen Arten von Unternehmensverbindungen.
- *Beschreibungsmodelle.* Modelle sind symbolhafte, vereinfachte Darstellungen realer Sachverhalte. Beschreibungsmodelle sind wie Landkarten, die einen abstrahierten Ausschnitt der Wirklichkeit zeigen, etwa in graphischer Form (Beispiel: Organisationsplan), verbal oder in Form von mathematischen Funktionen (Beispiel: Statistischer Zusammenhang zwischen Marktanteil und Stückkosten).
- *Erklärungsmodelle.* Diese enthalten Ursache-Wirkungs-Hypothesen, mit denen man Dinge erklären und prognostizieren kann. Beispiele sind die Hypothesen: „Durch Beteiligung

an Entscheidungen werden die Mitarbeiter motiviert" und „Durch Lerneffekte sinken mit wachsender Produktionsmenge die Stückkosten".

Zusammenhänge werden in den Wirtschaftswissenschaften, wie auch in anderen Wissenschaften, oft in formalen mathematischen Modellen ausgedrückt, d.h. in Gleichungen.

Die Gewinnung und Überprüfung von Ursache-Wirkungs-Hypothesen ist insofern schwieriger als in den Naturwissenschaften, als kontrollierte Experimente in der Wirtschaft schwer möglich sind. Als Ausweg werden Korrelationsstudien durchgeführt. So würde man etwa eine Korrelation (=statistischer Zusammenhang) zwischen

- Betriebsgröße und Verwaltungskosten pro Produkteinheit,
- Führungsstil des Vorgesetzten und Motivation der Mitarbeiter,
- kumulierter Produktmenge und Stückkosten,
- Ausprägungen gewisser Liquiditätskennziffern und später eingetretener Zahlungsunfähigkeit,
- Dynamik der Umweltbedingungen und Organisationsformen

durch Stichprobenerhebung ermitteln.

Mit Korrelationsstudien kann man allerdings grundsätzlich keine Ursache-Wirkungs-Beziehungen beweisen, denn eine Korrelation besagt nicht, ob eine Variable die *Ursache* der anderen ist. Würde beispielsweise eine Studie einen positiven Zusammenhang zwischen kooperativem Führungsstil des Vorgesetzten und Motivation des Mitarbeiters ergeben, dann könnte das bedeuten, der Führungsstil wirke sich auf die Motivation aus. Ebenso gut wäre aber auch die umgekehrte Kausalität möglich: Vorgesetzte kooperieren lieber mit Mitarbeitern, die motiviert sind (vgl. Kapitel 3.4.2).

Unternehmen als sozioökonomische Systeme und ihre Verflechtungen mit dem übergeordneten System Marktwirtschaft sind so komplex, dass einfache Ursache-Wirkungs-Beziehungen selten festzustellen sind. Meist muss ein Phänomen durch eine Vielzahl von Variablen erklärt werden. „Gesetzmäßigkeiten" in den Wirtschaftswissenschaften sind also im Vergleich zu den Naturwissenschaften sehr viel schwächer und unsicherer.

1.2.2 Präskription

Die *präskriptive* Zielsetzung der Betriebswirtschaftslehre versucht, dem Unternehmer oder Manager Arbeits- und Entscheidungshilfen zu geben.

Diese können in einer wissenschaftlichen Betriebswirtschaftslehre nicht einfach intuitive „Erfahrungssätze" der Praxis sein, wie sie oft in den Memoiren erfolgreicher Unternehmensführer publiziert werden. Sie können zum einen auf systematischen empirischen Untersuchungen beruhen oder zum anderen logisch überprüfbar aus bestimmten Voraussetzungen abgeleitet werden.

Zur Unterstützung von Entscheidungen arbeitet man vielfach mit *Entscheidungsmodellen*. Dabei handelt es sich um vermutete, mathematisch formulierte Ursache-Wirkungs-Beziehungen, aus denen man in Verbindung mit einer „Zielfunktion" die optimale Handlungsalternative ableiten kann. Als Beispiele werden Sie in diesem Buch einfache Entscheidungsmodelle finden wie die Bestimmung eines gewinnmaximierenden Produktpreises (vgl. Kapitel 9) oder einer kostenminimierenden Fertigungslosgröße (vgl. Kapitel 10).

Formale Modelle finden bei Managern nicht immer Anklang; ihr hoher Abstraktionsgrad scheint der Komplexität der realen Welt nicht gerecht zu werden. Dennoch können sie für die Entscheidungsfindung wertvoll sein. Formale Modellierung zwingt zur gedanklichen Durchdringung und Strukturierung des Problems und macht Schlussfolgerungen aus den getroffenen Annahmen nachvollziehbar.

Modell- und Verfahrenswissen verhilft tendenziell zu besseren Problemlösungen als ein rein intuitives Vorgehen.

* Ein Fabrikant hat den Preis eines neuen Produkts „kalkuliert", muss aber nun feststellen, dass die Absatzmenge, auf der die Kalkulation basierte, bei weitem nicht erreicht wird. Das heißt, er arbeitet nicht kostendeckend. Was soll er tun? Insbesondere: Soll er den Preis erhöhen oder senken?
* Eine Werkzeugmaschine ist technisch noch gut verwendbar. Allerdings gibt es auf dem Markt bessere, die auch schneller arbeiten. Der Finanzchef plädiert dafür, erst dann eine neue zu kaufen, wenn die alte abgeschrieben ist. Der Chef der

Buchhaltung meint dagegen, wenn die alte erstmal abgeschrieben sei, dann könne man die Preise niedriger kalkulieren und sei konkurrenzfähiger. Wer hat recht?

• Ein Kunde verweigert wegen angeblicher Mängel einer gelieferten Anlage die volle Zahlung. Der Hersteller droht mit einer Klage. Schließlich erklärt sich der Kunde bereit, den halben Kaufpreis zu zahlen. Der Lieferant muss entscheiden, ob er dieses Angebot annimmt. Der Ausgang eines Prozesses ist nicht zweifelsfrei vorherzusehen. Wie kann er dieses Problem rational lösen?

Die Betriebswirtschaftslehre bietet Instrumente, solche Probleme zu strukturieren und auf der Basis gewisser Annahmen auch zu lösen. Nur darf man nicht vergessen, dass das Modell nur eine Entscheidungshilfe ist und nicht die Entscheidung trifft.

1.3 Methoden der Betriebswirtschaftslehre

Die Betriebswirtschaftslehre bedient sich der gleichen Methoden wie die übrigen Realwissenschaften (=Natur- und Kulturwissenschaften), die sich um die Erklärung realer Phänomene bemühen. Sie weist allerdings eine starke Überlappung mit anderen Disziplinen auf. Je nach Spezialisierung muss sich der Betriebswirt mit Kenntnissen aus anderen Wissensgebieten wappnen; dazu gehören

• juristische Vorschriften und Denkweisen (z.B. im Gesellschaftsrecht, Arbeitsrecht, Steuerrecht),

• statistische Methoden der empirischen Forschung,

• mathematische Verfahren zur Formulierung und Lösung von Modellen,

• technisches Know-how im Bereich industrieller Produktion oder

• psychologische Theorien, die z.B. für die Erklärung des Verhaltens von Konsumenten oder Mitarbeitern relevant sind.

Diese Vielfalt der Methoden eröffnet dem Studierenden wie dem Lehrenden die Auswahl derjenigen betriebswirtschaftlichen Spezialisierungsrichtungen, die seinen Neigungen entsprechen.

1.4 Die Gliederung der Betriebswirtschaftslehre

Man kann zunächst grundlegende Managementfunktionen erkennen, wie Planen, Entscheiden, Kontrollieren, Organisieren
und Menschen führen. Diese *Grundfunktionen* müssen zu den
Gegenständen der Betriebswirtschaftslehre gezählt werden,
obwohl sie über diese hinausreichen. Sie werden in diesem Buch
in den Kapiteln 2 bis 4 behandelt.

Der über diese allgemeinen Managementfunktionen hinaus-
gehende Stoff der Betriebswirtschaftslehre wird einerseits nach
Funktionen, andererseits nach *Wirtschaftszweigen* (Branchen)
gegliedert. Die Allgemeine Betriebswirtschaftslehre umfasst dabei denjenigen Stoff, der nicht branchenspezifisch ist, sondern
für alle Unternehmen oder mindestens für eine größere Menge
von ihnen gilt. Die speziellen Branchenlehren gehen auf die Besonderheiten der Wirtschaftszweige ein, wie etwa Handel, Industrie, Versicherungen oder Krankenhäuser.

Unter „Funktionen" werden hier die Arbeitsbereiche verstanden, die in den Unternehmen in aller Regel von speziellen Abteilungen wahrgenommen werden, also vor allem Forschung und
Entwicklung, Beschaffung, Produktionswirtschaft, Absatzwirtschaft, Personalwirtschaft, Finanzwirtschaft und Rechnungswesen. Kapitel 6 bis 10 dieses Buches sind den wichtigsten Funktionen gewidmet.

Die Domäne der *Allgemeinen Betriebswirtschaftslehre* ist in
der Abbildung 1-2 getönt dargestellt. Sie umfasst die allgemeinen Grundfunktionen sowie Basiswissen der Funktionslehren.

Eine *spezielle Betriebswirtschaftslehre*, wie etwa die Industriebetriebslehre, Bank- oder Versicherungsbetriebslehre, fokus-
siert ihre Betrachtung auf einen Wirtschaftszweig. Sie wäre in
der Abbildung als senkrechter, funktionsübergreifender Balken
unter „Spezielle Branchen" einzuzeichnen.

Zwar werden Wahlfächer, die über eine Funktionslehre definiert sind (wie Organisationslehre, Finanzwirtschaftslehre) häufig ebenfalls als Spezielle Betriebswirtschaftslehren bezeichnet.
Dennoch bleibt das Basiswissen dieser Fächer (auch) Bestandteil
der Allgemeinen Betriebswirtschaftslehre.

Was den Branchenbezug betrifft, so hat sich die Betriebswirtschaftslehre traditionell an Unternehmen der Sachgüterproduk-

tion orientiert. Auch innerhalb der industriellen Produktion ist das Interesse der akademischen Betriebswirtschaftslehre ungleich verteilt. Das Schwergewicht liegt auf fertigungstechnischen Betrieben (z.B. Maschinenbau, Möbel, Automobile, Haushaltsgeräte und dergl.), während die verfahrenstechnische Produktion (z.B. Chemie, Petrochemie, Pharma) weniger berücksichtigt wird.

Der Dienstleistungssektor findet noch keine seiner heutigen Bedeutung entsprechende Berücksichtigung. Zwar gibt es an größeren Fakultäten Lehrstühle und Wahlfächer für Handels-, Bank- und Versicherungsbetriebslehre. Doch besteht ein erhebliches Defizit in anderen wichtigen Dienstleistungsbereichen, wie Universitäten, Krankenhäusern, Verkehrsbetrieben, Kulturbetrieben und öffentlichen Verwaltungen.

		Alle Unternehmen		Spezielle Branchen	
Allgemeine Management-funktionen	Planung und Kontrolle				
	Entscheidung				
	Personalführung				
	Organisation				
	...				
Spezielle Funktions-bereiche	Finanzwirtschaft				
	Personalwirtschaft				
	Rechnungswesen				
	Absatzwirtschaft				
	Produktionswirtschaft				
	...				

Abb. 1-2: Gliederung der Betriebswirtschaftslehre

1.5 Ausbildungsziele

Ziel der akademischen Ausbildung in Betriebswirtschaftslehre ist es, die Eignung der Studierenden zur Ausübung von Führungs- oder Stabsfunktionen in Unternehmen zu fördern. Dies geschieht fast ausschließlich auf dem Weg der Wissensvermittlung. Andere Dimensionen der Befähigung, wie Kreativität, Überzeugungsfähigkeit, Kooperativität, Verhandlungsgeschick u.ä. können an einer wissenschaftlichen Hochschule kaum gefördert werden – allenfalls gelegentlich in Fallstudienseminaren oder bei Unternehmensplanspielen.

Das in der Lehre vermittelte Wissen betrifft zum einen die Fachterminologie und faktisches Wissen, zum anderen Modelle und Verfahren, die es erleichtern, Situationen so zu strukturieren, dass man Problemlösungen findet. Das ist nicht anders als im Studium der Medizin oder des Maschinenbaus. Kenntnis der *Fachterminologie* ist erforderlich, um in der Praxis mit Fachleuten der verschiedenen Aufgabengebiete kommunizieren und Fachliteratur verstehen zu können. *Sachwissen,* z.B. über Institutionen, rechtliche Rahmenbedingungen oder empirische Gesetzmäßigkeiten, ist erforderlich, um Handlungszwänge und Handlungsspielräume zu erkennen. *Modell- und Verfahrenswissen* hilft, neuartige Probleme zu strukturieren und zu analysieren.

Von Studenten und Praktikern wird der Stoff der akademischen Betriebswirtschaftslehre manchmal als „zu theoretisch" und „praxisfern" empfunden. Dabei ist jedoch zu bedenken, dass die Studenten auf ein sehr breites Aufgabenspektrum vorbereitet werden sollen. Die Kategorien und Instrumente müssen daher abstrakt und allgemein sein. Darin liegt kein Mangel, sondern eine Stärke.

Schon 1911 schrieb Johann Friedrich Schär im 1. Band seiner „Allgemeinen Handelsbetriebslehre":

> Freilich fällt es niemandem ein, zu glauben, dass nun die Handelshochschule fertige Kaufleute erziehen könne. So wenig wie die die Universitäten verlassenden Studenten fertige Juristen, Ärzte, Theologen, Lehrer sind, die technischen Hochschulen fertige Ingenieure und Chemiker entlassen, so wenig wird es die Handelshochschule dahin bringen, ihren diplomierten Studenten die Praxis zu ersetzen. ...
>
> Überhaupt ist es heute im Zeitalter der Erfindungen und des Fortschritts nicht mehr angängig, einen unüberbrückbaren Gegensatz zwischen Theorie und Praxis zu konstruieren. Wer nach dem alten Goetheschen Schlagwort „von der grauen Theorie" und „dem grünen Lebensbaum der Praxis" die Notwendigkeit einer höheren theoretischen Ausbildung bekämpfen will, der übersieht vollständig die Entwicklung eines ganzen Jahrhunderts. Beweisen uns nicht alle Erfindungen auf dem Gebiete der Mechanik, der Metallurgie, Chemie, Elektrizität usw. in engster Verbindung zwischen Praxis

und Theorie, dass die Praxis eben nichts anderes ist, als ange-
wandte Theorie, und die Theorie nur die abstrakte Praxis ist. Ja
noch mehr, dass die Praxis ihre Hauptfortschritte der Theorie ver-
dankt. (Zitiert nach Brockhoff, K. (2000), S. 133.)

Literaturhinweis

Zur Studien- und Berufswahl:

Staufenbiel, J. E./ Friedenberger, T. (2003): Berufsplanung für den Management-Nachwuchs. Staufenbiel

Kapitel 2
Planung, Entscheidung und Kontrolle

2.1 Aufgaben des Managements

Management bezeichnet einerseits die Ausübung von Leitungs-funktionen, andererseits die Person oder das Gremium, das die Leitungsfunktionen wahrnimmt. Leitungsfunktionen werden nicht allein an der institutionellen Spitze, im *Top Management*, sondern auf allen Führungsebenen *(Middle Management, Lower Management)* ausgeübt. Die allgemeinen Managementfunktio-nen, die nicht nur in sämtlichen Teilbereichen eines Unterneh-mens, sondern in Organisationen aller Art wahrgenommen wer-den, gleichgültig, ob es sich dabei um Behörden, Sportvereine, Kirchen oder Armeen handelt, sind folgende:

- Planung und Entscheidung,
- Kontrolle,
- Mitarbeiterführung,
- Organisation und
- Repräsentation.

Dieses Kapitel geht auf Planung, Entscheidung und Kontrolle ein. Die Mitarbeiterführung wird in Kapitel 3, die Organisation in Kapitel 4 behandelt. Repräsentation ist die Vertretung des Un-ternehmens gegenüber Externen, wie Kunden, Verbänden, Kommunen und Öffentlichkeit, sowie gegenüber Internen, d.h. den Mitarbeitern.

2.2 Planung im Unternehmen

2.2.1 Planung wozu?

Unternehmerisches Handeln sollte, wie jedes zweckgerichtete Handeln, möglichst rational begründet sein. Das bedeutet, der Handelnde sollte sich seine Ziele klar machen und die Konse-quenzen alternativer Handlungsmöglichkeiten im Voraus über-legen. Aus diesen Überlegungen sollten sich die Handlungsent-scheidungen ergeben. Diesen geistigen Prozess nennen wir Pla-nung. Das Gegenteil von geplantem ist improvisiertes Handeln, das immer nur kurzfristig auf Herausforderungen reagiert. Je turbulenter die Umwelt ist, desto weniger ist Planung möglich.

In Unternehmen ist in der Regel nicht nur ein Entscheidungsträger tätig, sondern mehrere. Durch Planung werden die Tätigkeiten der einzelnen Unternehmensbereiche, Abteilungen etc.
aufeinander abgestimmt. Davon handelt der nächste Abschnitt.

Planung hat auch eine motivierende Funktion. Durch Pläne
werden konkrete Soll-Ergebnisse festgelegt, die zu erreichen
man von den Führungskräften und Mitarbeitern erwartet. Das
Erreichen dieser Ergebnisse hat für die Verantwortlichen ange-
nehmere Konsequenzen als das Nichterreichen, das sie unter Er-
klärungsdruck setzt. Näheres zur Frage der Motivation folgt im
Kapitel 3.

2.2.2 Planaufteilung und Plankoordination

Es gibt einmalige, projektbezogene Planungen, wie die für einen
Werksneubau oder eine Produkteinführung. Daneben gibt es in
vielen Unternehmen eine mehr oder weniger routinemäßige,
zeitraumbezogene Gesamtplanung, die alle Aktivitätsbereiche
umfasst. Sie wird als *Unternehmensplanung* oder laufende Planung bezeichnet. Mit ihr beschäftigt sich dieser Abschnitt.

Die Gesamtplanung für ein Unternehmen ist (Kleinbetriebe
ausgenommen) zu komplex, als dass sie „auf einen Schlag" und
von einer Person geleistet werden könnte. Sie muss in drei Dimensionen aufgeteilt werden: der zeitlichen, der hierarchischen
und der funktionalen Dimension.

Zeitliche Dimension. Wegen der Unsicherheit der Zukunft
kann die Planung für die nächsten fünf Jahre nicht so konkret
und detailliert sein wie die für das nächste Quartal. Dazu besteht auch keine Notwendigkeit. Man benötigt exakte und de-
tailreiche Pläne für die nahe Zukunft und als Orientierung für
die eigenen Entscheidungen eine wenn auch nur grob umrisse-
ne Planung für die lange Sicht. Man spricht von kurz-, mittel-
und langfristiger Planung, neuerdings lieber von operativer, tak-
tischer und strategischer Planung. Um die Dinge einfach zu halten, kann man sich aber auch mit der Zweiteilung operativ/
strategisch begnügen.

Strategische Planung bezieht sich auf Gegenstände von hoher
Bedeutung. Eine langfristige Planung der Grünanlagen am fir-
meneigenen Gästehaus fällt nicht in diese Kategorie. Trotzdem
ist eine hohe Korrelation zwischen dem Planungshorizont und

der Bedeutung der Planung anzunehmen.

Strategische Planung besteht in der Formulierung langfristiger Ziele und Strategien. Diese können sich auf das Gesamtunternehmen beziehen (z.B. Auswahl von Märkten), auf einzelne Geschäftsfelder (z.B. Wettbewerbsstrategien) oder auf Funktionen (z.B. Entwicklungs-, Beschaffungs-, Vertriebsstrategien).

Zwischen der strategischen und der operativen Planung besteht eine hierarchische Beziehung. Die strategische Planung ist übergeordnet, die operative Planung muss sich ihr anpassen.

Hierarchische Dimension. Geplant wird auf allen Management-Ebenen. Die Unternehmensleitung ist für das Gesamtunternehmen zuständig. Sie kann aber nicht alles wissen, was an relevanter Information vorhanden ist. Unzählige Detailinformationen sind auf den mittleren und unteren Ebenen angesiedelt. Deshalb ist eine vertikale Arbeitsteilung erforderlich. Manager unterhalb der Leitung erstellen Teilpläne für ihre eigenen Bereiche.

Auch hier ist offensichtlich eine hierarchische Beziehung gegeben in dem Sinn, dass Pläne der jeweils höheren Ebene für die Planung weiter unten verbindlich sind.

Funktionale Dimension. Absatzplanung, Produktionsplanung, Beschaffungsplanung, Personalplanung, Finanzplanung u.a. müssen getrennt voneinander erstellt werden, weil wegen der Fachkompetenz unterschiedliche Funktionsbereiche dafür zuständig sind. Wir können das als horizontale Arbeitsteilung bezeichnen.

Zwischen den verschiedenen Funktionsplänen ist keine offensichtlich hierarchische Beziehung erkennbar. Sie kann sich aber daraus ergeben, dass ein Funktionsbereich als Engpass erkannt wird. In einer Wettbewerbswirtschaft ist es meist der Absatzbereich, der die Aktivitäten der übrigen Bereiche begrenzt. Einfach ausgedrückt: Man könnte mehr produzieren, aber die Nachfrage ist nicht so hoch. Der Engpass kann aber auch einmal anderswo liegen, zum Beispiel im Personal (Beratungsfirmen können zu manchen Zeiten nicht genug qualifizierte Mitarbeiter finden) oder in der Materialverfügbarkeit (z.B. herrscht eine Knappheit bei Computerchips) oder bei der Finanzierung (z.B. beschränkt das Spendenaufkommen die Aktivitäten von Hilfsorganisationen).

Der Engpassbereich hat eine Sonderstellung, da er die anderen Bereiche dominiert. Alle Funktionsbereiche müssen sich nach dem Engpasssektor richten.

Die Tatsache, dass die Planung in Teilplanungen aufgespalten werden muss, ruft Koordinationsbedarf hervor. Würden alle Teilpläne unabhängig voneinander erstellt, so würden sie nicht zusammenpassen und wären wertlos. Pläne sollen koordinierende Wirkung haben, und das setzt voraus, dass sie koordiniert sind. Wie kann man Plankoordination herstellen?

Ein *sequentielles* Vorgehen ist unvermeidlich. Irgendein Planungsbereich A fängt an und erstellt einen Plan. Diesen Plan gibt er an einen anderen Planungsbereich B weiter, und dieser muss die Plandaten akzeptieren und sich an sie anpassen. Wenn B seine Planung fertig hat, ist sie mit der A-Planung kompatibel. B reicht die Planung A+B an C weiter, der sich mit seiner Planung an die Vorgaben anpasst. Wenn alle Teilpläne fertig sind, haben wir einen abgestimmten Gesamtplan.

Zweierlei Unglücke sind programmiert. Erstens wird irgendein Teilbereich in der Kette feststellen, dass er die Plandaten der Vorgänger nicht umsetzen kann. D.h. es tut sich ein Engpass auf, der vorher nicht zu erkennen war. Ein Werksleiter hat nicht die Produktionskapazitäten, die der Absatzplan erfordert, oder benötigte Zukaufteile lassen sich nicht rechtzeitig beschaffen. Oder es stellt sich ein Engpass bei der Finanzierung heraus. Konsequenz: Die Planung vorgelagerter Bereiche muss revidiert werden. Die Pläne wandern zurück. Aus der sequentiellen wird eine *rekursive* Planung.

Das zweite mögliche Unglück: Der resultierende Gesamtplan ist zwar abgestimmt, aber alles andere als optimal oder auch nur zufrieden stellend. Die Unternehmensleitung ist enttäuscht von den geplanten Ergebnissen (Umsatz, Gewinn) und fordert eine Revision der Pläne.

Eine rein sequentielle Planung ist also oftmals unmöglich oder unbefriedigend. Es müssen Rücksprünge und Planrevisionen in den Prozess eingebaut werden.

Planungsrichtung. Es ist sicher nicht beliebig, mit welchem Teilplan man beginnt. Wegen der oben genannten hierarchischen Beziehungen scheint es sinnvoll, mit der jeweils übergeordneten Planung zu beginnen. Das heißt, am Anfang steht die

strategische Planung, für die die Unternehmensleitung zuständig ist und die im Engpassbereich (Absatzmärkte) beginnt. Aus
ihr werden grobe Vorgaben für die operative Planung abgeleitet,
etwa Umsatz-, Gewinn- und Kostenziele für das kommende Jahr.
Diese werden nun auf der mittleren Managementebene in Ziele
für Produkt- und Funktionsbereiche umgesetzt, und es werden
Maßnahmen zur Zielerreichung geplant. Auf der mittleren Ebene stimmen die Bereiche ihre Planungen miteinander ab; ist ein
Engpassbereich erkennbar, beginnen sie mit diesem. Haben sie
eine stimmige Planung, so reichen sie sie auf die untere Ebene
weiter, wo die operative Planung im Detail gemacht wird. Man
erarbeitet Absatzziele für jedes einzelne Produkt, Kosteneinsparungen pro Abteilung und Kostenart etc.

Ein Vorgehen von oben nach unten heißt *Top-down-Planung.*
Es wird in reiner Form aber nicht immer durchzuhalten sein,
weil die geschilderten Probleme auftreten. Das genau entgegen-
gesetzte Verfahren ist *Bottom-up.* Hier werden zunächst die unteren Ebenen zur operativen Planung aufgefordert. Die Verkäufer schätzen ihre Absatzmöglichkeiten für das nächste Jahr, die
Leute in der Produktion ihre Produktionskapazitäten usw. Alle
reichen ihre Pläne bei der übergeordneten Hierarchieebene ein.
Dort werden die funktionalen Teilpläne aufeinander abgestimmt
und zu einem Gesamtplan aggregiert. Der fertige operative Gesamtplan erreicht die Unternehmensleitung. Diese passt ihre
strategische Planung daran an. Auch dieses Verfahren wird nicht
so funktionieren. Die mittlere Ebene wird Planrevisionen auf der
unteren Ebene anmahnen müssen, weil beispielsweise Produktionsplan und Personalbestandsplan nicht vereinbar sind. Die
Unternehmensleitung wird gewöhnlich mit dem Plan der mittleren Ebene nicht zufrieden sein, weil sie ehrgeizigere Ziele hat
oder die Planung nicht ins strategische Konzept passt.

Fazit: Wo man auch anfängt, die Planung muss *rekursiv* angelegt sein, also Rücksprünge zulassen. Hierfür hat sich in der
deutschen Literatur das Wort *„Gegenstromverfahren"* eingebür-
gert. Fraglich ist nur, wo man am besten anfängt, Top-down
oder Bottom-up. Beides hat seine Vor- und Nachteile. Der Top-
down-Ansatz sichert am ehesten die einheitliche Ausrichtung
der Gesamtplanung an strategischen Zielen. Sein Nachteil ist,
dass bei der Formulierung der Vorgaben durch das Top Ma-

nagement möglicherweise relevantes Wissen fehlt, das auf den
unteren Hierarchieebenen vorhanden ist, zum Beispiel über Reaktionen der Kunden auf ein neues Konkurrenzprodukt oder
über Kosteneinsparungspotentiale. Dann können die Vorgaben
überzogen oder auch zu wenig ehrgeizig geraten. Beim Bottom-
up-Ansatz geht das Wissen der Basis in die Planung ein, aber der
resultierende Gesamtplan ist vielleicht mit der strategischen
Zielrichtung nicht vereinbar, die dem Top Management vor-
schwebt.

Wie auch immer die Unternehmensplanung abläuft, zum
Schluss werden der Gesamtplan und damit auch die Teilpläne
durch die Unternehmensleitung offiziell in Kraft gesetzt. Die
Pläne entfalten während der Geltungsdauer koordinierende und
motivierende Wirkung: Die Entscheidungsträger kennen ihre
Planziele und suchen sie zu erreichen, notfalls auch durch zusätzliche Anstrengungen, wenn die Umweltbedingungen härter
werden als erwartet.

2.3 Entscheidungen

2.3.1 Komplexität von Entscheidungsproblemen

Dieser Abschnitt soll Ihnen bewusst machen, wo die Hauptursa-
chen für die Komplexität von Entscheidungsproblemen liegen,
und einige konzeptuelle Hilfsmittel aus dem präskriptiven Arsenal aufzeigen, mit denen man sich die Behandlung komplexer
Probleme etwas erleichtern kann.

Planung soll in rationalen Entscheidungen enden. Rationale
Entscheidungen sind das Gegenteil von spontanen, intuitiven.
Während intuitive Entscheidungen nicht nachvollziehbar sind,
lassen sich rationale Entscheidungen aus Prämissen ableiten.
Jede Entscheidungssituation lässt sich durch folgende Elemente
charakterisieren:

- Handlungsalternativen (Was können wir tun?)
- Ziele (Was wollen wir?)
- Erwartungen (Was wird passieren?)

Jedes dieser drei Elemente kann Ursache von Komplexität sein.
Ist die Zahl der *Handlungsalternativen* sehr groß (Wenn Sie z.B.
einen gebrauchten VW Golf suchen) oder die notwendigen In-

formationen über sie schwer zu beschaffen sind (Personen, Auslandsimmobilien), ist die Entscheidung komplexer, als wenn man sich für das Mittagessen nur zwischen McDonald's und Shanghai entscheiden will. Je mehr *Ziele* bei einer Entscheidung von Bedeutung sind (z.B. bei der Auswahl von Bewerbern für Führungspositionen; hier verlangt man Fachkenntnisse, Durchsetzungsfähigkeit, Kreativität, Charisma usw.), desto komplexer wird das Problem, denn die Ziele stehen im Konflikt miteinander. Was die *Erwartungen* betrifft, so ist die Komplexität um so größer, je unsicherer sie sind. Zum Beispiel ist die Entscheidung, ob die Forschung für ein bestimmtes Medikament abgebrochen oder fortgesetzt werden soll, von unsicheren Aussichten bezüglich des medizinischen Erfolgs, der Arzneimittelzulassung und des Auftretens von Konkurrenzprodukten bestimmt.

Lassen wir die Handlungsalternativen außer Acht und teilen Entscheidungssituationen danach ein, ob subjektiv sichere oder unsichere Erwartungen gebildet und einfache oder mehrfache Ziele formuliert werden, so ergeben sich folgende vier Möglichkeiten (siehe Abb. 2-1).

Ein Ziel, Sicherheit. Viele Lehrbuchbeispiele der Betriebswirtschaftslehre fallen in diese einfache Kategorie. Als einziges Ziel wird meist Gewinnmaximierung unterstellt, alle Daten sind sicher. Beispiele sind die Bestimmung des optimalen Angebotspreises bei gegebenen Nachfrage- und Kostenfunktionen (vgl. Kapitel 9.4.2) oder die Ermittlung der kostenminimalen Maschinenbelegung bei gegebenen Aufträgen. Gerade das letztgenannte Beispiel zeigt, dass diese Kategorie dennoch nicht trivial sein muss, wenn es eine sehr große Anzahl von Lösungsmöglichkeiten gibt.

Ein Ziel, Unsicherheit. Ein Beispiel ist die Entscheidung, ob man für einen Fahrzeugpark eine Vollkaskoversicherung abschließen oder von Fall zu Fall einen auftretenden Schaden selbst tragen soll. Das Ziel ist Minimierung der Kosten, bedeutsam für die Entscheidung ist die Wahrscheinlichkeitsverteilung der zu erwartenden Schäden.

Mehrere Ziele, Sicherheit. Bei der Wahl zwischen verschiedenen Fabrikaten eines Maschinentyps sind eine Menge Kriterien von Belang, wie Kosten, Rüstzeiten, Lärmentwicklung, Flexibilität, Raumbedarf. Diese Daten sind für jedes Fabrikat bekannt.

Das Problem liegt in der Gewichtung der einzelnen Ziele, die sich im Konflikt miteinander befinden, weil kein Fabrikat in jeder Hinsicht besser als alle anderen ist.

Mehrere Ziele, Unsicherheit. Als Beispiele für diesen komplexesten Fall seien Personalentscheidungen und Entscheidungen über Werksstandorte genannt. Hier werden die Alternativen an vielfältigen Kriterien gemessen, gleichzeitig kann beträchtliche Ungewissheit darüber bestehen, welche Merkmalsausprägungen die einzelne Alternative aufweisen wird oder wie bedeutsam das einzelne Merkmal in Zukunft für das Unternehmen sein wird.

	Ein Ziel	Mehrere Ziele
Sicherheit	Wahl des Lkw mit den geringsten Jahreskosten. Die Kosten aller Alternativen sind bekannt	Auswahl zwischen Softwarepaketen. Ziele betreffen Leistungsmerkmale und Kosten; alle Daten sind bekannt
Unsicherheit	Wie viele Torten soll der Besitzer eines Waldcafés für Sonntag kaufen? Ziel ist Gewinnmaximierung; unsicher ist die Nachfrage	Personalauswahl. Ziele betreffen Fachkenntnisse und Persönlichkeitseigenschaften. Ausprägungen dieser Merkmale bei den Bewerbern sind teilweise ungewiss

Abb. 2-1: Klassifikation von Entscheidungssituationen

Abbildung 2-1 zeigt die vier Fälle und gibt je ein zusätzliches Beispiel. Tendenziell steigt die Komplexität mit der Anzahl der unsicheren Einflussfaktoren und der Anzahl der Zielvariablen.

Eine eigene Disziplin, die *Entscheidungstheorie*, befasst sich mit der Strukturierung und Lösung komplexer Entscheidungen. Die folgenden Abschnitte skizzieren Lösungsansätze für Entscheidungen bei Zielkonflikten unter Sicherheit und für Entscheidungen bei einfacher Zielsetzung unter Unsicherheit.

2.3.2 Erhöhung der Transparenz durch Einflussdiagramme

Komplexe Entscheidungen lassen sich besser handhaben, wenn man sich gewisser visueller Hilfen bedient. Eine davon ist das Einflussdiagramm. Hier werden Entscheidungen durch Vierecke, externe Einflüsse durch Ellipsen und Zielvariablen durch doppelt gerahmte Ellipsen gekennzeichnet. Durchgezogene Pfeile bedeuten Einflüsse, gestrichelte Pfeile Information. Am besten sehen Sie sich Abbildung 2-2 an, in der eine Produktentwicklungs- und Produktionsentscheidung dargestellt ist.

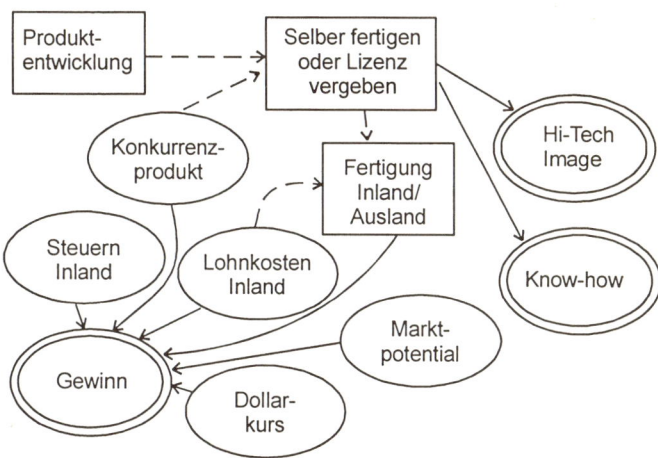

Abb. 2-2: Einflussdiagramm

Zunächst ist eine Produktentwicklungsentscheidung zu treffen. Diese Entscheidung ist bekannt, wenn die nächste Entscheidung über Fertigen oder Lizenzvergabe ansteht (gestrichelter Informationspfeil). Ebenfalls ist vor dieser zweiten Entscheidung bekannt, ob die Konkurrenz mit einem Produkt hervorgetreten ist. Die Entscheidung, ob man selbst fertigt, hat Einfluss auf die Ziele „Hi-Tech-Image" und „Fertigungs-Know-how" (durchgezogene Pfeile). Bei der dritten Entscheidung − ob ggf. im Inland oder Ausland gefertigt wird − ist natürlich die zweite Entscheidung bekannt, außerdem lassen sich dann die inländischen Lohnkosten gut abschätzen (gestrichelte Pfeile). Die Standortentscheidung hat, zusammen mit einer Anzahl externer Faktoren, wie inländische Steuern und Dollarkurs, Einfluss auf die Zielgröße „Gewinn".

Einflussdiagramme sind insbesondere gut dazu geeignet, in der Anfangsphase eines Planungsprozesses relevante Ziele, Faktoren und Einflüsse zu identifizieren, auf Vollständigkeit zu prüfen und sich hierüber in einer Gruppe auszutauschen.

Selbstverständlich lässt sich aus dem Einflussdiagramm noch keine Lösung des Problems gewinnen. Diese erfordert, dass die Unsicherheiten in den Einflussfaktoren spezifiziert und die Zielkonflikte gelöst werden. Darauf kommen wir später zurück.

2.4 Unternehmensziele

Wir wenden uns nun den Zielen zu, die für unternehmerische Entscheidungen bedeutsam sind. In jeder Institution ist die Existenz und Bekanntheit längerfristig gültiger Ziele die Voraussetzung dafür, im Zeitablauf konsistente Entscheidungen treffen und den Anstrengungen der im Unternehmen Beschäftigten Ansporn und Richtung geben zu können. Unternehmensziele sind die übergeordneten strategischen Ziele, aus denen sich die Entscheidungsziele für die vielen operativen Einzelentscheidungen ableiten lassen.

2.4.1 Ein einziges Unternehmensziel oder Zielpluralismus?

Sind Entscheidungen in Unternehmen von einem einzigen Ziel oder von Zielkonflikten gekennzeichnet? Aus der Definition des Unternehmens als fremdbedarfsdeckender Einheit könnte man folgern, einziges Ziel des Unternehmens sei die Deckung von Bedarf. In einem planwirtschaftlichen System mag dies richtig sein, in einer Marktwirtschaft kaum. Rieger drückte es so aus:

> Die Unternehmung ist eine Veranstaltung zur Erzielung von Geldeinkommen – hier Gewinn genannt – durch Betätigung im Wirtschaftsleben. Wenn wir also von einem Zweck der Unternehmung reden, so kann es nur dieser sein, Gewinn zu erzielen. ... Dass eine Unternehmung sich als Aufgabe die Versorgung des Marktes setzt, ist eine ganz unmögliche Vorstellung. ... Von den Unternehmern

könnte man eher behaupten, dass sie es außerordentlich bedauern, wenn sie den Markt versorgen; denn je länger er nicht versorgt ist, desto länger die Aussicht auf Absatz und Gewinn. ... Man ist versucht, zu sagen: Die Unternehmung kann es leider nicht verhindern, dass sie im Verfolg ihres Strebens nach Gewinn den Markt versorgen muss.

(Rieger, W.: Einführung in die Privatwirtschaftslehre, 3. Aufl. 1964)

Bedarfsdeckung ist demnach aus der Sicht des Unternehmers nur ein Mittel zum Zweck der Erreichung des eigentlichen Ziels, der „Gewinnmaximierung". Diese klassische Sicht eines monistischen Unternehmensziels lebt in leicht veränderter Form wieder auf in der Forderung nach Maximierung des *Shareholder Value*. Danach ist es zumindest bei Kapitalgesellschaften die Aufgabe der Manager, das Vermögen der Anteilseigner, also bei börsennotierten Unternehmen den Börsenwert der Anteile, zu maximieren.

In der Praxis findet man allerdings häufig unternehmerisches Verhalten, das mit der Vorstellung der Vermögenswertmaximierung nicht vereinbar ist. Unternehmer, die ihr Unternehmen selbst leiten, befinden sich z.B. im Konflikt zwischen dem Gewinnstreben und dem Wunsch nach mehr Muße und Familienleben. Auch steht das Streben nach Unabhängigkeit häufig der Erweiterung des Geschäftsbetriebes entgegen, weil der Inhaber weder neue Gesellschafter aufnehmen noch den Banken wachsenden Einfluss einräumen will. Scheu vor Offenlegung der Vermögensverhältnisse kann ein Motiv sein, in der Rechtsform des Einzelunternehmens zu bleiben, obwohl ein Gang an die Börse größeres Wachstum ermöglichen würde. Schließlich ist auch jeder Unternehmer frei, sein Unternehmen in den Dienst nicht-ökonomischer Ziele zu stellen, wie Umweltschutz, Beschäftigung Behinderter oder Schaffung besonders angenehmer Arbeitsbedingungen.

Neben diesen Zielkonflikten innerhalb der Seele des Unternehmers entstehen weitere Zielkonflikte daraus, dass jeder Manager, ob Eigentümer oder Angestellter, bei seinen Entscheidungen mit den Interessen folgender Gruppen *(Stakeholders)* konfrontiert ist:

• Gläubiger. Diese sind daran interessiert, dass Zinsen und Tilgungen termingemäß gezahlt werden.

- *Abnehmer.* Die Kunden haben Interesse an hoher Qualität, möglichst niedrigen Preisen, pünktlicher Lieferung und kulanter Behandlung.
- *Lieferanten.* Ihr Interesse geht dahin, das Unternehmen als langfristigen Kunden zu behalten, das hohe Preise pünktlich zahlt.
- *Beschäftigte.* Sie möchten gute Arbeitsbedingungen, hohe Bezahlung, interessante Tätigkeit und einen sicheren Arbeitsplatz. Nachwuchs-Führungskräfte suchen Bewährungsmöglichkeiten und Aufstiegschancen.
- *Politische Instanzen und Öffentlichkeit.* Kommunen, Bundesländer und die weitere Öffentlichkeit sind interessiert an Unternehmen, die Arbeitsplätze bieten, Steuern zahlen, möglichst geringe Anforderungen an die Infrastruktur stellen, sozial und kulturell engagiert sind und die Umwelt wenig belasten.

Die Unternehmensleitung ist auf die Kooperation mit jeder dieser Gruppen angewiesen. Infolgedessen kann das Unternehmen keine Politik verfolgen, die sich über die Interessen einer Gruppe völlig hinwegsetzt. Bei den unternehmerischen Entscheidungen werden daher neben dem Gewinnziel auch andere Ziele berücksichtigt, so dass oftmals eine Kompromisslösung herauskommt. Unternehmen publizieren allgemeine Unternehmensziele; wie diese im Konfliktfall gewichtet werden, bleibt offen.

> Die technische und wirtschaftliche Kompetenz von Bayer ist für uns mit der Verantwortung verbunden, zum Nutzen der Menschen zu arbeiten und unseren Beitrag für eine dauerhafte und umweltgerechte Entwicklung zu leisten. Dabei ist unser Ziel, den Unternehmenswert nachhaltig zu steigern und im Interesse der Aktionäre, der Mitarbeiterinnen und Mitarbeiter sowie der gesamten Gesellschaft in allen Ländern, in denen wir vertreten sind, eine hohe Wertschöpfung zu erwirtschaften (www.bayer.de).

Besonders deutlich werden Interessenkonflikte bei Entscheidungen über Stilllegungen, Betriebsverlagerungen oder Rationalisierungen, die mit der Vernichtung von Arbeitsplätzen verbunden sind. Solange das Unternehmen wirtschaftlich erfolgreich ist, neigen Manager manchmal dazu, Entlassungen zu vermeiden, weil diese den Betriebsfrieden und die Motivation der Beschäftigten beeinträchtigen und das Image des Unternehmens in der Öffentlichkeit schädigen könnten. Eine durch die unpopulären Maßnahmen erzielbare Steigerung des Unternehmenswertes wird unterlassen.

Befürworter des *Shareholder Value* argumentieren, dass die Maximierung des Unternehmenswertes eine volkswirtschaftlich gebotene Zielsetzung sei. Nur so würden die Produktionsfaktoren in ihre beste Verwendung gelenkt. Behält zum Beispiel ein Unternehmen Arbeitnehmer, die ihre eigenen Lohn- und Lohnnebenkosten durch das Produkt ihrer Tätigkeit nicht erwirtschaften, so wird verhindert, dass ihre Arbeitskraft in einer anderen, produktiveren Tätigkeit eingesetzt werden kann. Diese Arbeitnehmer sollten entlassen werden und sich neue Tätigkeiten suchen. Das Argument beruht allerdings auf der Annahme vollkommener Märkte, in denen sich im Gleichgewicht stets Angebot und Nachfrage ausgleichen. Gerade der Arbeitsmarkt ist jedoch in Deutschland alles andere als vollkommen. Die Löhne werden zwischen Arbeitgeberverbänden und Gewerkschaften ausgehandelt und sind in der Regel so hoch, dass die Nachfrage nach Arbeit geringer ist als das Angebot. Wer entlassen wird, hat dann häufig geringe Chancen auf einen neuen Job.

Da man dem Funktionieren der Märkte nicht zutraut, alle *Stakeholder* hinreichend zu schützen, hat der Gesetzgeber eine Fülle von Schutzvorschriften erlassen.

- Die Gläubiger werden – abgesehen vom allgemeinen Schuldrecht – vor allem durch die Pflicht zur Rechenschaftslegung im Handelsgesetzbuch (HGB – vgl. Kapitel 8) und das Verbot der Rückgewährung von Einlagen im Aktiengesetz (AktG) sowie das Insolvenzrecht (vgl. Kapitel 6) geschützt;
- die Beschäftigten genießen weitgehenden Schutz durch Sozialversicherung, Tarifverträge, Gesetze über Urlaub, Lohnfortzahlung, Kündigungsschutz etc., Mitbestimmung im Betrieb durch das Betriebsverfassungsgesetz (vgl. Kapitel 7) und im Aufsichtsrat von Kapitalgesellschaften durch verschiedene Mitbestimmungsgesetze (vgl. Kapitel 5),
- die Abnehmer werden z.B. durch das Gesetz gegen Wettbewerbsbeschränkungen, das eine funktionierende Konkurrenz sichern soll, das Gesetz gegen unlauteren Wettbewerb, lebensmittel- und arzneimittelrechtliche Vorschriften oder die Produzentenhaftung geschützt (vgl. Kapitel 5 und 9),

- den Belangen der Öffentlichkeit dienen Vorschriften über den Umweltschutz.

Schutzvorschriften schränken allerdings häufig die Funktionsfähigkeit der Märkte weiter ein. So behindert weitgehender Kündigungsschutz die Neigung der Unternehmer, neues Personal fest anzustellen.

Unabhängig davon, ob man die normative Forderung nach Unternehmenswertmaximierung aus Gründen volkswirtschaftlicher Effizienz befürwortet, ist in der Praxis die Situation der Unternehmensleitungen dadurch gekennzeichnet, dass sie bei ihren Entscheidungen Kompromisse zwischen den Zielvorstellungen aller beteiligten Interessengruppen schließen müssen.

2.4.2 Managerziele und das *Agency*-Problem

In Unternehmen, bei denen die Eigentümer nicht selbst die Leitung ausüben, müssen die angestellten Top-Manager als Personengruppe mit eigenen Interessen angesehen werden. Gerade die großen und bedeutenden Unternehmen werden in der Regel von bezahlten Managern geleitet, die keine oder keine nennenswerten Anteile am Unternehmen halten. Man hat dies als „Managerkapitalismus" bezeichnet.

Die volkstümliche Vorstellung, dass Führungskräfte beflissen die Interessen „des Kapitals", also der Eigentümer bzw. Anteilseigner, verfolgen, ist zu einfach, obwohl die Manager ihre Entscheidungsbefugnisse von den Eigentümern ableiten und ihnen Rechenschaft schuldig sind, ggf. auch Schadensersatz leisten müssen.

Manager haben ein primäres Interesse an der Steigerung des Unternehmenswertes nur insoweit, als sie Aktien oder Aktienoptionen des Unternehmens halten. Daneben haben sie andere Motive, die mit dem Vermögensstreben der Eigentümer kollidieren können. Die Eigentümer sind im Prinzip für den angestellten Manager nur eine *Stakeholder*-Gruppe neben anderen, und es kann sein, dass der Betriebsrat oder die Arbeitnehmervertreter im Aufsichtsrat dem Vorstand mehr Ärger machen können als die Gesellschafter.

Untersuchungen sprechen dafür, dass Manager nicht nur durch ein starkes Leistungsbedürfnis, sondern auch durch Stre-

ben nach Macht und Unabhängigkeit motiviert sind. *Machtstreben* lässt sich durch Ausdehnung der eigenen Herrschaft über
Menschen und Ressourcen befriedigen, und es wird gelegentlich
geargwöhnt, dass der Aufbau von Konzernimperien zumindest
auch durch Machtstreben motiviert ist. Das Streben nach *Unabhängigkeit* bedeutet, dass Manager sich einen großen Entschei-
dungsfreiraum bewahren wollen, auch gegenüber den Eigentümern. So werden sie nicht daran interessiert sein, mehr Gewinn
an die Anteilseigner auszuschütten, als nötig ist, um deren Un-
mut zu vermeiden.

Wären Führungskräfte bloße Vollstrecker des Eigentümerin-
teresses, so müsste es ihnen gleichgültig sein, wer diese Eigentümer sind. Dem ist aber nicht so. Unternehmensleitungen tun
zum Beispiel, was sie können, um „feindliche Übernahmen"
(den Erwerb einer Anteilsmehrheit ohne Zustimmung der Geschäftsleitung) zu vereiteln – obwohl diese durchaus im Interesse der Anteilseigner liegen können. Eindrucksvolle Beispiele lie-
ferten Thyssen und Mannesmann bei der Abwehrschlacht gegen
die Übernahme durch Krupp bzw. Vodafone Airtouch.

Schließlich gibt es für Manager auch Möglichkeiten, zu Lasten des Unternehmens persönliche Bedürfnisse in Bezug auf
Komfort, Geltungsstreben oder Freizeitgestaltung zu befriedigen. In gewissen Grenzen kann die Angemessenheit des Auf-
wands, der z.B. für Dienstreisen, Raumausstattung, Fahrzeugpark oder Stabspersonal getrieben wird, von Außenstehenden –
und dazu gehören die Anteilseigner häufig – nicht beurteilt
werden. So bleibt den Führungskräften ein Spielraum, den sie
zum eigenen Vorteil und zum Nachteil der Eigentümer nutzen
können.

Der mögliche Interessenkonflikt zwischen Eigentümern und
Managern ist Gegenstand einer umfangreichen Literatur geworden, die sich mit der Frage beschäftigt, wie ein *„Principal"* einen
von ihm beauftragten *„Agent"* dazu bringen kann, seinen notwendigen Entscheidungsspielraum nicht eigennützig, sondern
im Interesse des Principal zu verwenden (*Agency*-Problem). Die
Schwierigkeit für den Principal liegt darin, dass er nicht über die
Informationen verfügt, die der Agent hat, und die Handlungen
desselben nicht vollständig überwachen und beurteilen kann.
Man bezeichnet diesen Sachverhalt als Informations-Asymme-

trie. Das Agency-Problem tritt uns nicht nur in Unternehmen, sondern z.B. auch im Verhältnis Patient/ Arzt, Mandant/ Anwalt u.ä. entgegen.

Grundsätzlich kann der Prinzipal entweder *Anreizschemata* installieren, die den Agenten veranlassen, im Interesse des Prinzipals zu handeln, weil er so die höchste Prämie verdient. (Im alten China sollen die Ärzte nur dann bezahlt worden sein, wenn der Patient gesund war). Oder aber man entwirft *Kontrollmechanismen.* In die erste Kategorie fallen Gewinn- und Kapitalbeteiligungen der Top-Manager, in die zweite Kategorie die Aufsicht durch Gremien, wie etwa in deutschen Aktiengesellschaften durch den Aufsichtsrat (vgl. Kapitel 5), und die gesetzlich vorgeschriebene Rechenschaftslegung (vgl. Kapitel 8.) Beide Möglichkeiten verursachen Kosten; dies ist ein Teil des Preises, den die Eigentümer von Unternehmen dafür entrichten müssen, dass sie die Leitung, die sie nicht selbst ausüben können, bezahlten Agenten übertragen.

2.4.3 Ziele bei Entscheidungen

Das System von Unternehmenszielen ist ein komplexes und meist eher implizites (in den Köpfen der Top Manager enthaltenes) als offen und klar spezifiziertes Zielsystem. Es ist nicht geeignet, in jeder einzelnen Entscheidungssituation auf jeder Managementebene als Richtschnur zu dienen. Für jede Entscheidung müssen die Ziele spezifiziert werden, die im Kontext dieser Entscheidung relevant sein sollen. Sicher ist anzustreben, dass diese spezifischen Ziele mit dem Zielsystem der Unternehmensleitung kompatibel sind.

Unter einem Ziel wird hier eine Zielvariable (=Attribut) verstanden, die eine relevante Eigenschaft der Entscheidungskonsequenz beschreibt, und eine Vorschrift, welche Ausprägungsrichtung der Variablen der Entscheider präferiert. Beispiele:

Zielvariable	Präferierte Richtung
Gewinn	Möglichst hoch
Kosten	Möglichst niedrig
Motivation der Mitarbeiter	Möglichst hoch
Markenbekanntheit	Möglichst hoch
Umweltbelastung	Möglichst niedrig
Unfallrate	Möglichst niedrig

2.4.3.1 Oberziele und Unterziele

Zwischen Zielen können hierarchische Beziehungen bestehen, sie können in Bezug zueinander Ober- und Unterziel sein. Die Begriffsbildung ist in der Literatur uneinheitlich. Hier folgt daher eine klare Festlegung: *ein Unterziel ist ein Teilaspekt des Oberziels.*

Es ist immer eine gute Idee, vor einer Entscheidung seine Ziele in eine hierarchische Ordnung zu bringen. Löst man ein Ziel in Unterziele auf, so erklären die Unterziele in ihrer Gesamtheit das Oberziel. Die Auflösung ist nützlich, um die Bedeutung des Ziels zu erklären und das Ziel besser messbar zu machen. Zum Beispiel kann die Zielvariable „Produktqualität" durch Auflösung in die Unterziele „Lebensdauer", „Energieverbrauch" und „Recycling-Eigenschaften" expliziert werden; dadurch wird klar, was im speziellen Kontext gemeint ist. Eine Zielhierarchie erleichtert es auch, die Vollständigkeit und Überschneidungsfreiheit der Ziele sicherzustellen. Sie können sich – vielleicht anhand des folgenden Beispiels – selbst überlegen, dass das stimmt.

Es geht um die Auswahl eines Bewerbers für eine bestimmte Position. „Oberstes Ziel" ist die möglichst hohe Qualifikation. Die Entscheidungsträger sind sich einig, dass folgende Eigenschaften für die Wahl entscheidend sein sollen: Bildung, Fachkenntnisse, Berufserfahrung, Führungsfähigkeit, Verhandlungsgeschick, Einsatzfreude. Dies sind Unterziele der Zielgröße „Qualifikation". Um das Kriterium „Bildung" zu konkretisieren, wird es in Unter-Unterziele aufgeteilt. Man legt Wert auf eine gute Allgemeinbildung, aber auch auf Sprachkenntnisse. Für den betreffenden Job sind Englisch und Spanisch von Bedeutung. Bei den Fachkenntnissen kommt es sowohl auf technische wie kaufmännische Zusammenhänge an. Was die Einsatzfreude betrifft, so erscheinen vor allem die Bereitschaft der Kandidaten, bei Engpässen Überstunden zu machen, und die Bereitschaft zu dienstlichen Reisen wichtig. Es resultiert die in Abbildung 2-3 gezeigte Zielhierarchie. Zur Bewertung der Handlungsalternativen werden nur die Ziele der untersten Hierarchiestufe herangezogen, die aus technischen Gründen in der Abbildung rechts erscheinen.

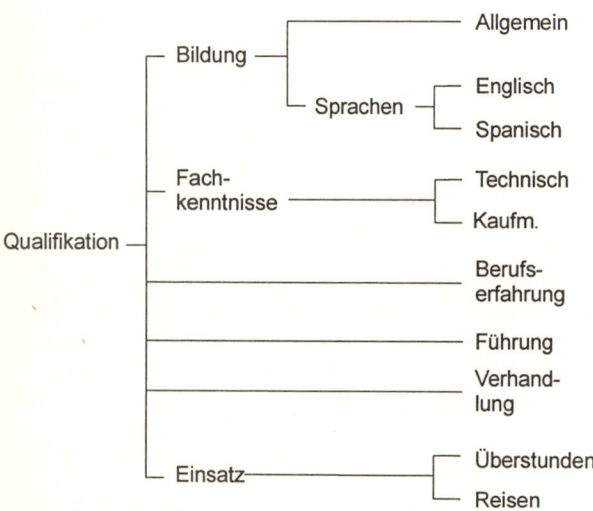

Abb. 2-3: Zielhierarchie für eine Personalauswahl

2.4.3.2 Fundamentalziele und Instrumentalziele

Zwei Ziele können im Verhältnis zueinander Fundamentalziel und Instrumentalziel sein. Ein Instrumentalziel ist ein Ziel, das nicht um seiner selbst willen, sondern zur besseren Erreichung eines anderen Ziels (des Fundamentalziels) angestrebt wird. Ist zum Beispiel „Minimierung der Arbeitsunfälle" ein (fundamentales) Ziel, so können „Durchsetzung der Beachtung der Helmpflicht" und „Minimierung des Alkoholkonsums bei der Arbeit" Instrumentalziele sein, die dem Oberziel dienen, aber sie sind keine fundamentalen Ziele.

Die Abgrenzung zwischen dem Begriffspaar Fundamentalziel/Instrumentalziel und Oberziel/Unterziel wird deutlich, wenn Sie sich klarmachen, wer die Ziele formuliert. Es ist ausschließlich die subjektive Sache des Entscheiders, seine Ziele in Unterziele aufzulösen, denn damit spezifiziert er seine Ziele. Dagegen ist die Identifikation von Instrumentalzielen Sache von Experten. Ob zur Unfallvermeidung die Durchsetzung der Helmpflicht ein geeignetes Instrument ist, ist prinzipiell eine Frage der Erwartungen und keine Frage der Zielsetzung.

Ein Problem mit Instrumentalzielen ist, dass die Instrumentalität oft nicht sicher ist. Man glaubt, durch Verfolgung eines Ziels ein anderes zu fördern, aber man kann sich irren. So glaubte man lange Zeit, durch Verbesserung des Betriebsklimas die Arbeitsmotivation zu fördern. Später zeigten ausgedehnte Studien, dass diese Hypothese sehr zweifelhaft ist. Instrumentalziele haben es an sich, dass man sie verfolgt, ohne zu hinterfragen, ob das eigentlich nützlich ist und wofür.

Ein zweites Problem liegt darin, dass Instrumentalziele gut für ein Fundamentalziel und schlecht für ein anderes sein können. Senkung der Lagerbestände mag ein gutes Ziel sein, wenn man damit die Kapitalbindungskosten verringern will, aber sie wirkt ungünstig auf das Ziel, ab Lager zu liefern oder eine Unterbrechung der Zufuhr von Zukaufteilen überbrücken zu können.

Die Unterscheidung zwischen Fundamentalziel und Instrumentalziel ist immer auf einen bestimmten *Entscheidungskontext* bezogen. Ein Ziel kann in einem engen Kontext Fundamentalziel sein, in einem weiteren Kontext Instrumentalziel. Für den Betriebsleiter ist beispielsweise die Senkung der Abwesenheitsrate in einer bestimmten Situation ein fundamentales Ziel. Aus der Sicht der Unternehmensleitung hat sie nur den Charakter eines Instrumentalziels, von dessen Verfolgung man sich Kostensenkung und schnellere Belieferung der Abnehmer verspricht.

Bei der Zielformulierung für eine bestimmte Entscheidung ist es gut, sich zu fragen: *Warum* will ich dieses Ziel verfolgen? Ist es ein eigenständiges Ziel oder geht es mir um etwas anderes? Wenn es nur ein Instrumentalziel ist, sollte man überlegen, in

wie weit die Instrumentalität wirklich zutrifft, und im Zweifels-
fall nach einem besser geeigneten Ziel suchen.

Die Verwendung von Instrumentalzielen lässt sich jedoch in
Unternehmen nicht vermeiden. Selbst wenn die Unternehmensleitung nur ein einziges Fundamentalziel, die Gewinnmaximierung, verfolgte, wäre es nicht hilfreich, dieses Ziel allen Mitarbeitern als Handlungsmaxime vorzugeben. Denn der Einzelne
kann in seinem beschränkten Handlungsbereich und mit seinen
beschränkten Informationen nicht ermessen, welche Entschei-
dungsalternative jeweils die gewinnträchtigste wäre. Er muss
sich nach klaren, messbaren Kriterien richten, auf deren Erreichung er auch Einfluss hat. Solche Kriterien sind z.B.

● im Absatzbereich: Markenbekanntheit, Marktanteil, Reklama-
  tionen,

● im Produktionsbereich: Durchlaufzeiten der Produkte, Kapazitätsauslastung, Ausschuss,

● im Personalbereich: Fehlzeiten, Weiterbildung, Fluktuation.

Viele Unternehmen arbeiten mit Kennzahlen solcher Art, um die
Anstrengungen der unteren Führungskräfte und Spezialisten in
die Richtung zu lenken, die (vermutlich) dem eigentlichen, fundamentalen Unternehmensziel förderlich ist.

2.4.3.3 Extremierungsziele und Punktziele

„Möglichst gut Tennis spielen" ist ein Extremierungsziel, „Platz
drei auf der Clubrangliste erreichen" ein Punktziel. Als Maximie-
rungs- bzw. Minimierungsvorschrift ausgedrückte Ziele besa-
gen, dass jede weitere Änderung in die gewünschte Richtung
noch einen Nutzen bringt. Allerdings findet man in Unterneh-
mensplänen nicht die Forderung „Möglichst viel Gewinn! Möglichst wenig Unfälle!", sondern man findet Punktziele, zum Beispiel „Gewinn um 10% gegenüber dem Vorjahr steigern", „Un-
fallrate auf 50% des jetzigen Stands drücken." Das bedeutet
nicht, dass man den Gewinn nicht gern noch weiter steigern
und die Unfälle nicht am liebsten auf null reduzieren würde.

Punktziele sind konkreter als Extremierungsziele und haben
sich als wirksamer erwiesen, wenn es darum geht, Anstrengungen zu mobilisieren. Untersuchungen haben ergeben (vgl. Abschnitt 3.3.6), dass konkrete und anspruchsvolle, aber realisier-

bare Ziele bessere Leistungen hervorbringen als vage Ziele („Tue dein Bestes"). Punktziele dienen somit *indirekt* der Maximierung bzw. Minimierung einer Zielvariablen im Zeitablauf. Zudem lässt sich mit Punktzielen eine bessere *Koordination* erreichen: Wenn eine Absatzmenge von 3.500 Tonnen angestrebt wird, kann sich die Personal- und die Materialplanung darauf einstellen; wird dagegen ein „möglichst großer Absatz" gefordert, so fehlt die konkrete Basis für diese Planungen.

2.4.3.4 Entscheidung durch Zielgewichtung

Da man bei wichtigen Entscheidungen in der Regel mehrere Ziele gleichzeitig verfolgt und diese miteinander konkurrieren, gehört zur Zielsetzung auch die *Zielgewichtung*. Es ist eine ureigene und entscheidende Aufgabe der Manager, diese Gewichte zu setzen. Zwar wird man sie nicht immer öffentlich formulieren können; sie berühren unmittelbar die Interessen der beteiligten Gruppen und könnten Widerstand hervorrufen, wenn sie am Schwarzen Brett ausgehängt würden. Dies meinte Wrapp mit dem provokanten Aufsatztitel „Good managers don't make policy decisions" (Harvard Business Review, 1967). Nach außen behilft man sich mit Leerformeln („Arbeitsplätze und Gewinn sind uns *gleich wichtig*").

In Entscheidungssituationen muss man jedoch spezifisch werden. Intuitive Aussagen wie „Gewinn ist wichtiger als Marktanteil" oder „Umweltschutz ist wichtiger als Umsatz" sind inhaltslos und helfen nicht zur Entscheidung. Zielgewichtungen kommen z.B. durch *Trade-offs* (Austauschraten) zum Ausdruck wie „10% Schadstoffreduzierung im Werk X sind uns allenfalls 50.000 Euro Kosten pro Jahr wert, nicht mehr."

Folgendes kleines Beispiel soll zeigen, wie ein Zielkonflikt durch Zielgewichtung gelöst werden kann. Zur Wahl stehen drei Entwürfe für ein neues Produkt, sagen wir einen Designer-Toaströster. Jeder hat gegenüber den anderen Vor- und Nachteile. Der Einfachheit halber unterscheiden wir nur vier Ziele: Gutes Design, hohe Funktionalität, gute Recyclingeigenschaft und niedrige Herstellungskosten. Jedes der drei Modelle *A*, *B* und *C* hat bezüglich der drei ersten Zielvariablen eine Punktbewertung auf einer Skala von 0 bis 10 bekommen. Abbildung 2-4 zeigt die Bewertungen. Welcher Entwurf ist der beste? Zum Beispiel ist

Modell *B* beim Design einen Punkt besser als Modell *A*, beim Recycling aber einen Punkt schlechter. Hebt sich das auf, oder ist eins der beiden Merkmale wichtiger als das andere?

Alternativen	Design	Funktion	Recycling	Kosten
A	8	6	6	40 €
B	9	7	5	50 €
C	6	5	4	20 €

Abb. 2-4: Punktbewertung bei mehrfachen Zielen

Fundierte Prozeduren zur Bestimmung korrekter Zielgewichte werden in (manchen) Lehrbüchern der Entscheidungstheorie beschrieben. In der Praxis behilft man sich mit Intuition, wovor aber zu warnen ist. Die Gewichtungsfaktoren kann man korrekt dadurch bestimmen, dass man die drei Attribute Design, Funktion und Recycling in Stückkosten „umrechnet". Man fragt sich, welche Erhöhung der Stückkosten durch eine Verbesserung des Designs um einen Punkt gerade ausgeglichen würde. Angenommen, die Antwort laute 6 Euro. Das bedeutet, dass ein Design-Punkt den Wert von 6 Euro hat. Wir müssen also die Design-Punkte mit dem Gewichtungsfaktor 6 multiplizieren.

Alternativen	Design	Funktion	Recycling	Kosten	Gesamtwert
A	48	54	9	−40	71
B	54	63	7,5	−50	**74,5**
C	36	45	6	−20	67

Abb. 2-5: Gesamtbewertung als Summe gewichteter Teilwerte

Entsprechend ergeben sich die anderen Austauschraten. Ein Punkt für Funktion sei 9 Euro wert, ein Punkt für Recycling 1,5 Euro. Wir fassen die mit den Gewichtungsfaktoren multiplizierten Bewertungen in Tabelle 2-5 zusammen. Dabei müssen wir aufpassen, dass die Stückkosten ein negatives Vorzeichen bekommen, denn „mehr" ist hier, anders als bei den übrigen Attributen, nicht besser, sondern schlechter. Die Alternative mit dem höchsten Gesamtwert, nämlich *B*, ist die beste.

Solche additiven Punktbewertungsverfahren sind in der Praxis verbreitet, z.B. bei Warentests, in der Arbeitsbewertung (vgl. Kapitel 7.6.5), bei der Bewertung von Prüfungsleistungen, im Sport oder bei der Beurteilung technischer Systeme. Sie laufen auch unter Namen wie Scoring-Modell oder Nutzwertanalyse.

2.5 Unsichere Erwartungen

2.5.1 Arten von Prognosen

Durch die Entscheidung für eine Alternative wird die Zukunft oft nur teilweise determiniert; viele Einflüsse entziehen sich der Kontrolle durch das Unternehmen. Man kann sich über sie nur *Erwartungen* (Prognosen) bilden. Welchen Absatz ein neues Produkt erreichen wird, wie der Wechselkurs des Dollars sich entwickelt, was die Wettbewerber als nächstes tun und wann, kann nur erwartet, aber nicht sicher vorhergesehen werden.

Prognosen können *subjektiv sicher oder unsicher* sein. Im ersten Fall wird eine bestimmte Ausprägung vorhergesagt, z.B. ein bestimmtes Wirtschaftswachstum, ein bestimmter Energieverbrauch, ein Dollarkurs, ein Ecklohnsatz. Man spricht von „sicheren" Erwartungen. Obwohl nichts Zukünftiges wirklich sicher ist, lässt sich die Annahme subjektiv sicherer Erwartungen dann rechtfertigen, wenn die Unsicherheit vernachlässigbar gering erscheint. Im obigen Beispiel waren die Eigenschaften der drei Toaströster-Modelle praktisch sicher bekannt.

Im Fall subjektiv unsicherer Erwartungen werden mehrere Ausprägungen als alternativ möglich angesehen und ggf. mit Wahrscheinlichkeitsaussagen verknüpft, zum Beispiel ein Dollarkurs unter 0,75 Euro mit einer Wahrscheinlichkeit von 25%, zwischen 0,75 und 0,85 Euro mit 60% und über 0,85 Euro mit 15% Wahrscheinlichkeit.

Für die Unternehmensplanung wichtig sind Erwartungen über die Entwicklung der relevanten Umweltfaktoren *(Entwicklungsprognosen)*. Für einen Automobilhersteller gehören dazu das Wachstum des Bruttosozialprodukts, die Ölpreisentwicklung und die Einstellung der Parteien zum Tempolimit, für einen Kneipenwirt die Anzahl der Studenten am Ort. Die Gesamtheit der relevanten generellen Daten bezeichnet man als *Datenkonstellation* oder *Szenario*.

Andere Erwartungen betreffen die Wirkungen eigener Aktionen. Zum Beispiel: Wie wird die Konkurrenz reagieren, wenn wir den Preis um 10% senken? Diese Erwartungen bezeichnet man als *Wirkungsprognosen.*

Generelle Entwicklungsprognosen wird sich das Unternehmen in der Regel aus fremden Quellen bilden, wie Informationen von Ministerien oder Wirtschaftsforschungsinstituten. Beispielsweise sind Prognosen über die Entwicklung von Bevölkerungszahl und -struktur für viele Unternehmen sowohl hinsichtlich der Absatzmärkte als auch der Rekrutierung von Arbeitskräften bedeutsam. Langfristige Prognosen sind allerdings mit einem hohen Fehlerrisiko behaftet, wie folgendes Beispiel zeigt.

Im Jahr 1955 wurde eine erlesene Gruppe amerikanischer Führungskräfte gebeten, die Lebensumstände im Jahr 1980 vorauszusagen. Der Gruppe gehörten der Vorsitzende des Obersten Gerichtshofes, der Präsident des (Gewerkschaftsdachverbandes) AFL-CIO, der Schatzminister, die Chefs von RCA und Du Pont, der Präsident der Harvard-Universität, ein berühmter Mathematiker und Naturwissenschaftler und andere von internationaler Statur an. Wenn ihre Vorhersagen eingetroffen wären, so wäre 1980 unter anderem folgendes wahr gewesen:

* Energie (elektrische, atomare und solare) wäre „gratis wie Luft".
* Frisches Meerwasser im Überfluss ließe die Wüsten erblühen.
* Ferngelenkte Raketen und unbemannte Flugzeuge transportierten Fracht, Post und Passagiere im Inland und in das Ausland.
* Krebs, Kinderlähmung und Tuberkulose wären eliminiert.

(Wren, D. A./Voich, D.: Management, 1984, S. 121).

2.5.2 Entscheidung bei Unsicherheit

2.5.2.1 Der Entscheidungsbaum

Entscheidungen unter Unsicherheit lassen sich durch Entscheidungsbäume bildlich darstellen. Der Entscheidungsbaum ist weniger kompakt als das Einflussdiagramm, enthält aber spezifischere Informationen.

Eine Entscheidung wird durch ein Viereck symbolisiert. Von einem Entscheidungssymbol gehen so viele Pfeile aus, wie Alternativen vorhanden sind. Unsichere Ereignisse werden durch Kreise dargestellt. Von einem Ereignissymbol gehen so viele Pfeile aus, wie Ereignis-Ausprägungen betrachtet werden. Die Pfeilspitzen werden weggelassen, weil die Pfeilrichtung generell von links nach rechts festgelegt ist. An den Ereignisausprägungen können Zahlen eingetragen werden, die die Wahrscheinlichkeit der jeweiligen Ausprägung ausdrücken. Jeder Pfad durch den Entscheidungsbaum endet in einer Konsequenz, dargestellt durch ein Dreieck. Die Konsequenz ist durch eine Bewertungsziffer zu charakterisieren.

Entscheidungsbäume sind vor allem gut zur Darstellung mehrstufiger Entscheidungen geeignet. Auf eine Anfangsentscheidung folgen unsichere Ereignisse, in Abhängigkeit von deren Ausprägung werden schon heute die möglichen Reaktionen in das Kalkül gezogen. Abbildung 2-6 zeigt als Beispiel eine Modifikation der schon bekannten Produktentwicklungs-Entscheidung.

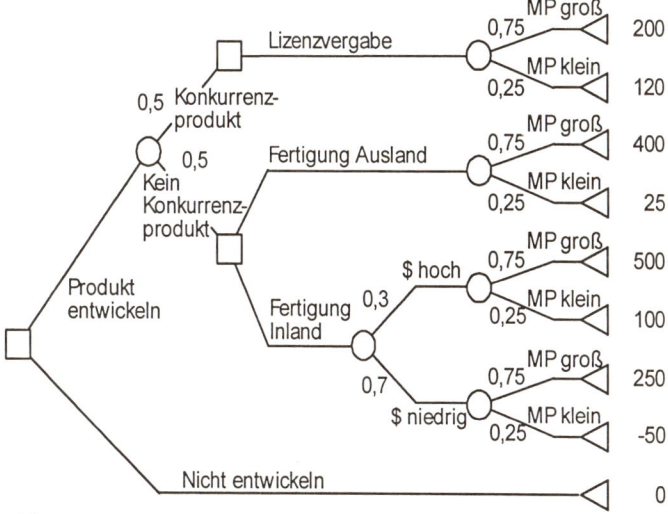

Abb. 2-6: Entscheidungsbaum (MP = Marktpotential)

Es ist zunächst über den Beginn einer Produktentwicklung zu entscheiden. Eine spätere Entscheidung betrifft die Frage, ob man das resultierende Erzeugnis selbst produzieren oder nur Lizenzen vergeben soll. Bei Eigenproduktion ist zwischen einem inländischen und einem ausländischen Standort zu wählen. Eine Unsicherheit liegt darin, ob die Konkurrenz ein ähnliches Produkt auf den Markt bringen will (die Wahrscheinlichkeit sei mit 50% beziffert). Man nimmt an, dass man dies bis zur Fertigstellung des Produkts weiß. Die Unternehmensleitung entscheidet vorab, dass eine eigene Produktion nicht aussichtsreich ist, wenn ein Konkurrenzprodukt auf den Markt kommt. Liegt der Standort im Ausland, so hängt der Erfolg nur vom Marktpotential (MP) ab, also der Aufnahmebereitschaft des Marktes für das Produkt. Bei Fertigung im Inland kommt der Dollarkurs als Erfolgsfaktor hinzu. Mit 30% Wahrscheinlichkeit wird er hoch sein, mit 70% niedrig. Die Zahlen rechts an den Konsequenzpunkten sollen den Gesamterfolg in Millionen Euro bedeuten.

2.5.2.2 Entscheidung nach dem Erwartungswert

Das Unternehmen hat im vorangehenden Beispiel folgende drei Alternativen:

A   Produkt entwickeln,
    falls Konkurrenzprodukt: Lizenzvergabe
    falls kein Konkurrenzprodukt: Fertigung im Ausland
B   Produkt entwickeln,
    falls Konkurrenzprodukt: Lizenzvergabe
    falls kein Konkurrenzprodukt: Fertigung Inland
C   Nicht entwickeln.

Alternative 1 und 2 sind mehrstufig. Die generelle Bezeichnung für ein- und mehrstufige Alternativen lautet *Strategien.*

Die möglichen Konsequenzen (Gewinne) dieser Alternativen sind in der Abbildung 2-7 angegeben. Ihre Wahrscheinlichkeiten sind ebenfalls eingetragen. Sie ergeben sich durch Multiplikation der an den Ereignisästen im Entscheidungsbaum stehenden Wahrscheinlichkeiten. Wenn zum Beispiel Alternative 1 gewählt wird, kommt mit 50% Wahrscheinlichkeit ein Konkurrenzprodukt, und mit 75% ist das Marktpotential groß. Der Gewinn von 200 Mio. Euro tritt also mit der Wahrscheinlichkeit von $0,5 \cdot 0,75$ = 0,375 = 37,5% ein.

Wie soll man sich entscheiden? Die beste Alternative könnte auf die Weise gefunden werden, dass man für jede Alternative den mathematischen *Erwartungswert* des Gewinns berechnet. Das ist die Summe der mit ihren Wahrscheinlichkeiten multiplizierten Gewinne. Darin kommt zum Ausdruck, dass für die Bewertung einer Alternative die Gewinne, die mit ihr erreichbar sind, relevant sind, und dass jeder Gewinn um so mehr ins Gewicht fällt, je wahrscheinlicher er ist.

Die letzte Spalte der Tabelle in Abbildung 2-7 gibt die Gewinnerwartungswerte der drei Alternativen an. Als optimal erscheint Alternative 1.

	Gewinn (Mio. Euro)	Wahrschein-lichkeit	Gewinnerwar-tungswert
Alternative A	200	0,3750	
	120	0,1250	
	400	0,3750	
	25	0,1250	**243,125**
Alternative B	200	0,3750	
	120	0,1250	
	500	0,1125	
	100	0,0375	
	250	0,2625	
	–50	0,0875	211,250
Alternative C	0	1,0000	0,000

Abb. 2-7: Gewinnerwartungswerte

Es ist allerdings zweifelhaft, ob der Gewinnerwartungswert dem Management als das richtige Entscheidungskriterium erscheint. Wenn man eine Münze wirft und bei „Zahl" eine Million Euro kassiert, bei „Adler" aber eine Million zahlen muss, ist der Erwartungswert null. Die Teilnahme an diesem Spiel wird nach dem Erwartungswertkriterium genau so bewertet wie die Nichtteilnahme, d.h. ein sicherer Gewinn von null. Die meisten Entscheider werden aber hier nicht indifferent sein, sondern vor dem Risiko des Verlusts zurückschrecken. Solches Verhalten wird als Risikoscheu bezeichnet. Der Gewinnerwartungswert ist nur für risikoneutrale Entscheider ein sinnvolles Kriterium. Ob man sich bei einer bestimmten Entscheidung risikoneutral oder risikoscheu verhalten möchte, hängt auch von der Tragweite der Entscheidung ab. Wenn der Gewinn oder Verlust im eben genannten Spiel nur einen Euro beträgt, wird es jedem von uns gleichgültig sein, ob wir daran teilnehmen oder nicht.

Was tun bei Risikoscheu? Schon vor über 200 Jahren kam der Mathematiker Daniel Bernoulli auf die Idee, dass Menschen intuitiv nicht den Erwartungswert des Gewinns, sondern den *Erwartungswert des Nutzens* maximieren. Der Nutzen nimmt nicht proportional mit dem Gewinn zu. Jede weitere Steigerung um 1.000 Euro pro Monat bringt zwar noch einen Nutzen, aber dieser zusätzliche Nutzen wird immer geringer. Das kann man in einer *Nutzenfunktion* über dem Gewinn ausdrücken, die degressiv ansteigt. Wie eine solche Nutzenfunktion korrekt zu bestimmen ist, um die Einstellung des Entscheiders zum Risiko zu erfassen, wurde erst in den vierziger Jahren des 20. Jahrhunderts durch John von Neumann gezeigt. Es kann an dieser Stelle nicht referiert werden, steht aber in (fast allen) Lehrbüchern der Entscheidungstheorie.

Hat man eine Nutzenfunktion über den Gewinnen ermittelt, so sind im Entscheidungsbaum anstelle der Gewinnbeträge deren Nutzenwerte einzusetzen, und die Alternative mit dem höchsten Erwartungswert des Nutzens ist die optimale.

2.6 Kontrolle

Kontrolle bedeutet, Sachverhalte mit Standards zu vergleichen. Die *Verhaltenskontrolle* dient der Sicherung des rollenkonformen Verhaltens der Organisationsmitglieder, z.B. in Bezug auf Pünktlichkeit, Anwendung vorgeschriebener Arbeitsverfahren oder Einhaltung von Sicherheitsvorschriften. Die *Ergebniskontrolle* dagegen vergleicht die erreichten Werte von Zielgrößen, wie Umsätze, Kosten, Gewinne, Ausschussquoten etc., mit den geplanten Werten oder anderen Bezugsgrößen, etwa aus vergleichbaren Betrieben oder aus der eigenen Vergangenheit.

In diesem Abschnitt soll Kontrolle als Bestandteil eines Planungs- und Kontrollsystems gesehen werden und bezieht sich auf Ergebnisse, also den Vergleich der Ist-Ergebnisse mit dem Plan.

2.6.1 Zwecke der Kontrolle

Es gibt gute Gründe dafür, nicht nur Ergebnisse zu planen, sondern auch deren Erreichung zu kontrollieren:

- Kontrolle ist die Voraussetzung dafür, *aus Fehlern zu lernen.*
- Kontrolle, sofern sie begleitend erfolgt, ist die Grundlage für rechtzeitige *korrigierende Aktionen.*
- Kontrolle ist eine Basis für die *Beurteilung der Leistung von Mitarbeitern* und deshalb auch
- eine notwendige Voraussetzung für deren *Leistungsmotivation* (siehe nächstes Kapitel).
- Kontrolle ist eine Voraussetzung dafür, dass *sorgfältig geplant* wird. Denn wer wird sich bei der Planung Mühe geben, wenn er weiß, dass die Einhaltung des Plans nicht überwacht wird?

Lernen. Die Ursachen für Differenzen zwischen Plan und Ist können in Mängeln der Planung liegen. Ohne Kontrolle des Ist würden sie nicht erkannt und immer wieder die gleichen Planungsfehler begangen. Es kann sich aber auch zeigen, dass ungenügende oder in die falsche Richtung gehende Anstrengungen zur Zielerreichung unternommen wurden. Das ist zwar peinlich, setzt aber einen wirkungsvollen Lernprozess in Gang.

Nicht jede fehlgeschlagene Entscheidung weist allerdings auf einen fehlerhaften Entscheidungsprozess hin. Bei unsicheren Erwartungen kann man Pech haben. Ebenso ist nicht jede erfolgreiche Entscheidung das Ergebnis eines rationalen Entscheidungsprozesses: Auch Glück ist möglich. Lernen aus Erfahrungen darf sich nicht allein an den Ergebnissen orientieren, sondern muss die Entscheidungsprämissen, insbesondere die Erwartungen zum Zeitpunkt der Entscheidung, mit einbeziehen. Mit anderen Worten, die Frage muss lauten: Hätten wir es damals besser wissen können?

Korrektur. Vorausgesetzt, es handelt sich um eine begleitende Kontrolle, können Fehlentwicklungen rechtzeitig erkannt und korrigierende Aktionen ergriffen werden.

Mitarbeiterbeurteilung. Eine möglichst objektive und wenig konfliktträchtige Leistungsbeurteilung verlangt klare Leistungsmaßstäbe. Diese sind in den Planvorgaben verfügbar. Wird die Ist-Leistung nicht erfasst, so ist der beurteilende Vorgesetzte darauf angewiesen, intuitive Eindrücke und das beobachtete Verhalten heranzuziehen. Darüber hinaus sind leistungsorientierte Mitarbeiter demotiviert, wenn ihre Leistungen nicht registriert werden.

Planqualität. Wenn sich nach Planablauf niemand mehr dafür interessiert, ob die Pläne eingehalten wurden, ist in der nächsten Planungsrunde nicht zu erwarten, dass die Planung ernst genommen wird. Die Planung wird zum Ritual. Pläne verlieren an Wert hinsichtlich ihrer koordinierenden Funktion, weil sie nicht stimmen, und hinsichtlich der motivierenden Funktion, weil die Erreichung der Planziele nicht als erstrebenswertes Ziel gesehen wird.

2.6.2 Nebenwirkungen der Kontrolle

Obwohl Kontrolle im Sinne von Rückmeldung der Arbeitsergebnisse und Vergleich mit einer Norm die Anstrengungen stimulieren kann, sind andererseits auch *unerwünschte Nebenwirkungen* möglich, wenn Nichterreichung der Planziele Sanktionen nach sich zieht.

Werden z.B. nur monetäre Ergebnisse kontrolliert, so werden langfristig wichtige Aspekte, wie Pflege des Betriebsklimas, Qualitätsbewusstsein, technische Innovation, Umweltbewusstsein oder Unfallsicherheit vernachlässigt.

Ziele sollten erreichbar sein. Werden nahezu unerreichbare Ziele vorgegeben, so ist leicht Stress und Resignation die Folge. Um die Akzeptanz einer Zielvorgabe zu erhöhen, wird man den Untergebenen Einfluss darauf einräumen. Dies ist dann unvermeidlich, wenn die nächst höhere Ebene nicht genug Sachkenntnis hat, um beurteilen zu können, welche Leistung der Mitarbeiter bei einiger Anstrengung bringen könnte. Zum Beispiel kann der Vertriebsleiter den Marktwiderstand in einem bestimmten Marktsegment nicht so gut beurteilen wie der Verkäufer vor Ort. Er ist zur Vorgabe sinnvoller Planziele auf die Mitwirkung des Verkäufers angewiesen. Das bedeutet für diesen aber die Chance, durch Dramatisierung der Schwierigkeiten auf Planziele hinzuwirken, die komfortabel erreichbar sind. Die Planung wird zum Verhandlungsprozess, in dem beide Seiten ihre Interessen bestmöglich durchzusetzen versuchen.

2.7 Controlling

Der englische Begriff *Control* bedeutet Steuerung und ist somit umfassender als Kontrolle. Da die Steuerung eines Unternehmens Aufgabe der Manager ist, fragt man sich, welche Funktion die Controller bzw. das Controlling im Unternehmen ausüben. Dazu gibt es keine einheitliche Definition; von verschiedenen Autoren wird die Controllingfunktion unterschiedlich weit gefasst. Man kann jedoch sagen, dass Controlling eine Hilfsfunktion ist, die die Entscheidungs- und Kontrollaufgaben des Managements unterstützt. Dabei geht es vor allem darum, Entscheidungsträgern die richtigen Informationen zur Verfügung zu stellen, sie bei deren Analyse zu beraten und Entscheidungen durch adäquate Planungsrechnungen vorzubereiten. Controller treffen keine Unternehmensentscheidungen, sondern schaffen die informatorische Infrastruktur dafür.

In kleinen und mittleren Unternehmen kann die Controlling-Aufgabe von ohnehin vorhandenen Funktionsträgern etwa im Rechnungswesen oder der Finanzwirtschaft wahrgenommen werden. In größeren Unternehmen existieren meist eigene Controllerstellen, deren organisatorische Einbindung sehr unterschiedlich sein kann. In Großunternehmen findet man neben dem zentralen Controlling auch dezentrale Controller für die einzelnen Geschäftsbereiche oder auch für bestimmte Funktionen oder Projekte. Diese unterstützen die verantwortlichen Leiter der Geschäfts- bzw. Funktionsbereiche oder Projekte, sind aber andererseits dem Zentralcontroller fachlich unterstellt, um eine gewisse Einheitlichkeit der Systeme zu gewährleisten.

Literaturhinweise

Bamberg, G./ Coenenberg, A. G. (2002): Betriebswirtschaftliche Entscheidungslehre. 11. Auflage. Vahlen

Eisenführ, F./ Weber, M. (2003): Rationales Entscheiden, 4. Auflage. Springer

Horváth, P. (2003): Controlling. 9. Auflage. Vahlen

Mag, W. (1995): Unternehmensplanung. Vahlen

von Nitzsch, R. (1998): Planung, Entscheidung und Kontrolle. In: Springers Handbuch der Betriebswirtschaftslehre, Band 1, hrsg. von Berndt, R. et al., S. 129-184. Springer

Weber, J. (2002): Einführung in das Controlling, 9. Auflage. Schäffer-Poeschel

Nachschlagewerk

Szyperski, N. (Hrsg.) (1998): Handwörterbuch der Planung. Schäffer-Poeschel

Kapitel 3
Mitarbeiterführung

3.1 Bestimmungsfaktoren der Leistung

Manager haben die Aufgabe, leistungsfähige Mitarbeiter zu gewinnen, sie zu halten und ihre Bereitschaft und Fähigkeit zur Leistung zu fördern. Leistung ist hier vieldimensional gemeint und bezeichnet die Ausfüllung der Rolle des Individuums in der Organisation. Die „Rolle" ist die Gesamtheit der Verhaltenserwartungen, die das Unternehmen an den Mitarbeiter richtet. Sie bezieht sich nicht nur auf die Lösung der in einer Stellenbeschreibung enthaltenen Aufgaben, sondern auf viele andere Facetten des Verhaltens. Eine Bank erwartet z.B. von ihren Anlageberatern ein seriöses Erscheinungsbild und diskretes Auftreten. Zur Rolle eines Mitarbeiters in der Redaktion einer Lifestyle-Zeitschrift gehören Kreativität, Teamgeist und die Bereitschaft, gelegentlich das Wochenende der Arbeit zu opfern.

Wovon hängt es ab, wie gut ein Organisationsmitglied seine Rolle ausfüllt? Mit anderen Worten: welche Faktoren bestimmen die Leistung? Wir unterscheiden externe und interne Faktoren. *Externe Faktoren* sind die Arbeitsbedingungen, die die Leistung erleichtern oder erschweren, wie Räume, materielle Hilfsmittel, Kommunikationsmöglichkeiten und Umwelteinflüsse. *Interne Faktoren* sind mit dem Individuum verknüpft:

- Seine Fähigkeiten im Verhältnis zu den Anforderungen der Stelle,
- seine Rollenwahrnehmung, d.h. das richtige Verständnis seiner Rolle,
- seine Motivation, d.h. der innere Antrieb zu hoher Leistung.

Fähigkeiten. Hiermit ist die Gesamtheit der Voraussetzungen zur Ausführung der Tätigkeiten gemeint. Der Begriff umfasst sowohl angeborene Eigenschaften wie erlernte Fähigkeiten, generelle (wie manuelle Geschicklichkeit) und spezielle (Bedienung einer bestimmten Maschine). Bei gegebenem Arbeitsinhalt wird die Leistung potentiell umso besser sein, je besser die Fähigkeiten der Aufgabe angepasst sind.

Rollenwahrnehmung. Wesentlich ist, dass die Person ihre Rolle korrekt wahrnimmt. Dies wird einerseits durch explizite Instruktionen angestrebt, d.h. durch Stellenbeschreibung und schriftliche oder mündliche Anweisungen des Vorgesetzten. Andererseits erlernt man seine Rolle auch durch eine Vielzahl von Erfahrungen durch eigenes oder fremdes, falsches oder richtiges Rollenverhalten.

Motivation. Fähigkeiten und richtige Rollenwahrnehmung garantieren noch nicht das gewünschte Rollenverhalten. Hinzukommen muss der Wille der Person, der Rolle zu entsprechen, also die erwartete Leistung zu bringen. Motivation zu einer bestimmten Verhaltensweise ist die Kraft oder der Antrieb, der das Individuum zu diesem Verhalten hin bewegt. Die Motivation eines Individuums wird beschrieben durch die Richtung seines Verhaltens, d.h. die Entscheidung für eine von mehreren möglichen Handlungsalternativen, die Anstrengung, mit der die eingeschlagene Richtung verfolgt wird, sowie die Dauer, für die an der gewählten Richtung festgehalten wird (Campbell et al. 1970, S. 340).

Der Wille, der Rolle zu entsprechen, wird auf die Dauer nur vorhanden sein, wenn das geforderte Verhalten im Einklang mit den persönlichen Bedürfnissen der Person steht. In Freizeitorganisationen ist das weitgehend der Fall; Taubenzüchter- und Karnevalsvereine haben kaum Motivationsprobleme. Auf Zwang basierende Organisationen wie Gefängnisse oder Wehrpflichtarmeen müssen mit einer starken Divergenz zwischen persönlichen Bedürfnissen und Organisationszielen rechnen. Unternehmen liegen in der Mitte zwischen diesen Extremen; man tritt ihnen zwar freiwillig bei, hat aber auch unangenehme Pflichten zu erfüllen.

Die Wirkung der Faktoren Fähigkeiten, Rollenwahrnehmung und Motivation kann man sich nicht rein additiv vorstellen; dies würde ja bedeuten, dass auch ein Faktor völlig fehlen und man dennoch eine gute Leistung erzielen könnte, wenn nur die anderen Faktoren stark ausgeprägt sind. In Wirklichkeit sind die Faktoren nur in Grenzen gegeneinander ersetzbar. Zum Beispiel kann ein völliger Mangel an jobspezifischer Befähigung nicht durch noch so hohen Einsatzwillen ausgeglichen werden. Man kann daher eher an eine multiplikative Verknüpfung denken: Ist ein Faktor null, ist das Ergebnis ebenfalls null.

Die relative Bedeutung von Fähigkeiten, Rollenwahrnehmung und Motivation ist von Job zu Job unterschiedlich. Auf die Motivation kommt es weniger an, wenn die Leistung durch technische Anlagen vorbestimmt wird (z.B. Fließband, automatisierte Anlage) oder wenn sie den Menschen ohnehin nicht fordert.

Erscheint die Leistung eines bestimmten Organisationsmitgliedes auf seinem Arbeitsplatz unzureichend, so ist zu analysieren, welches die für den Mangel verantwortlichen kritischen Faktoren sind. Liegt es an individuellen Eigenschaften oder wird das Individuum durch äußere Faktoren behindert? Mangelt es an Fähigkeiten, an der Rollenwahrnehmung oder an der Motivation?

Wir werden die Mitarbeiterführung in diesem Kapitel unter dem Motivationsaspekt diskutieren. Zunächst folgt ein Überblick über die gängigsten Motivationstheorien.

3.2 Arten der Motivation

3.2.1 Motive

Zu Zeiten F. W. Taylors, im späten 19. und frühen 20. Jahrhundert, schien das Motivationsproblem simpel: Man musste den Arbeitern Prämien für die Erfüllung der Leistungsnormen zahlen. Geld würde genügen, sie dazu zu bewegen, die öde und repetitive Tätigkeit anzunehmen und nach besten Kräften zu erledigen. Mit der Zeit entstanden jedoch Probleme. Arbeiter hielten teilweise unter dem Einfluss informeller Gruppen ihre Leistung zurück, um die Entlassung weniger leistungsfähiger Kollegen zu verhindern. Amerikanische Arbeitsstudien in den dreißiger Jahren führten ferner zu der Vermutung, dass die extrem eintönige Arbeit den Werktätigen jede Möglichkeit genommen hatte, Befriedigung in der Tätigkeit zu finden. Die daraus resultierende *Human-Relations*-Bewegung sah den Ausweg primär darin, die sozialen Bedürfnisse der Mitarbeiter zu befriedigen. Die Arbeitskräfte müssten als menschliche Wesen ernst genommen, die Beziehungen untereinander und zu den Vorgesetzten verbessert werden. Umfragen über Arbeitsmoral und Betriebsklima kamen in Mode.

Die eindimensionalen Theorien der Arbeitsmotivation − Geld bzw. soziale Beziehungen als einzige Motivatoren − wurden seit den fünfziger Jahren in Frage gestellt. An die Stelle des Human-Relations-Ansatzes trat der *Human-Resources*-Ansatz. Er geht

davon aus, dass menschliches Verhalten von einer Vielzahl verschiedener Bedürfnisse gesteuert wird. Die Menschen unterscheiden sich voneinander; ihre Bedürfnisse sind nicht die gleichen. Vor allem wird aber jetzt die Bedeutung einer sinnvollen,
befriedigenden Arbeit in den Vordergrund gerückt. Während die
älteren Theorien davon ausgehen, dass die Arbeit grundsätzlich
unangenehm und ungeliebt ist, so dass man die Arbeitskräfte
anderweitig entschädigen muss, postulieren die neueren Ansätze die Bereitschaft des Menschen, sich von einer sinnvollen Tätigkeit motivieren zu lassen, und fordern eine entsprechende
Gestaltung der Aufgaben.

Das Konzept der Motivation soll zur Erklärung zielgerichte-
ten Handelns dienen. Als Schlüssel dazu dient der Begriff des
„Bedürfnisses" *(need)*. Die Bereitschaft zu einer bestimmten
Handlung oder Verhaltensweise wird erklärt durch die Existenz
eines oder mehrerer Bedürfnisse des Individuums und die empfundene Erwartung, dass die betreffende Handlung oder Verhaltensweise zur Befriedigung dieser Bedürfnisse führen kann.

Bedürfnisse werden auch als *Motive* bezeichnet. Motive sind
relativ stabile, angeborene oder über längere Zeit erworbene individuelle Dispositionen. Sie sind von Person zu Person unterschiedlich stark ausgeprägt.

Die psychologische Motivationsforschung versucht zu erklären, welche Grundbedürfnisse für das menschliche Handeln von
Bedeutung sind: Was treibt die Menschen letztlich um? Motivationstheorien beschäftigen sich unter anderem mit folgenden
Problemen:

- Definition und Beschreibung von Motiven,
- Entwicklung von Messvorschriften für die Messung der Mo-
  tivstärke,
- Untersuchung interindividueller Unterschiede,
- Ermittlung von Zusammenhängen zwischen der Stärke des
  Motivs und den Handlungen der Person,
- Entstehung und Beeinflussbarkeit von Motiven (Vererbung,
  Erziehung, Lernen).

Motive können nicht direkt beobachtet, sondern nur aus Intro-
spektion (= Selbstbeobachtung) oder aus Äußerungen oder
Handlungen anderer erschlossen werden. Dabei mischen sich
jedoch die Wirkungen mehrerer Motive, so dass es schwer ist,

aus einer beobachteten Verhaltensweise auf das Vorliegen oder Fehlen eines bestimmten Bedürfnisses zu schließen. Dass ein Mann auf einer Party keinen Alkohol trinkt, erlaubt nicht den Schluss, dass er kein Bedürfnis danach habe; andere Bedürfnisse können ihn veranlasst haben, auf Alkoholgenuss zu verzichten.

Für die Selektion und Platzierung von Organisationsmitgliedern ist die Kenntnis von deren Motivstruktur wichtig, weil eine Person sich um so mehr für die Ziele einsetzen wird, die sie in ihrer Tätigkeit zu verfolgen hat, je mehr diese sich mit ihren individuellen Bedürfnissen decken. Eine Person mit ausgeprägtem Kontaktbedürfnis passt eher in die Kundenberatung als in einen Fließbandjob, wo wegen des Lärms keine Unterhaltung möglich ist. Eine Person mit ausgeprägtem Leistungsbedürfnis wird in einer Position, wo messbare Leistungen erbracht werden können (z.B. im Vertrieb), besseres leisten als in der Buchhaltung oder der Telefonzentrale. Je besser die mit einer Stelle verbundene Rolle sich mit den Bedürfnissen des Stelleninhabers deckt, desto besser wird die Leistung und desto höher die Arbeitszufriedenheit sein.

Neben der Kenntnis der Bedürfnisse des Einzelnen ist es daher wichtig, das Potential des Arbeitsplatzes und der Arbeitsumgebung daraufhin zu analysieren, wie weit sie geeignet sind, solche Bedürfnisse zu befriedigen.

Es gibt eine große Anzahl von psychologischen Theorien über Motive und Motivation. Es folgt ein Überblick über die bekanntesten, für die Arbeitssituation relevanten Ansätze.

3.2.2 Intrinsische und extrinsische Motivation

Eine Person ist intrinsisch motiviert, wenn sie eine bestimmte Tätigkeit nicht um einer externen Belohnung willen, sondern um der Tätigkeit selbst willen ausübt. Nimmt ein Uhrmacher eine Kuckucksuhr auseinander, um sie zu reparieren, so ist er dazu *extrinsisch* motiviert: er will den Reparaturlohn verdienen. Versuchen Sie sich dagegen an der Uhr, weil Sie die Herausforderung reizt, so ist die Motivation *intrinsischer* Art. Die Tätigkeit selbst befriedigt.

Intrinsisch motiviertes Verhalten gibt es besonders bei spielerischen, künstlerischen und sportlichen Tätigkeiten im Frei-

zeitbereich, aber auch im Berufsleben bei Aufgaben, die intellek-
tuell oder kreativ anspruchsvoll sind. Welche Bedürfnisse sind
es, die in der Tätigkeit selbst ihre Befriedigung finden? Deci
(1975) führt intrinsische Motivation auf ein menschliches
Grundbedürfnis nach Kompetenz und Selbstbestimmung zurück. Der Mensch möchte das Gefühl haben, seine Umwelt zu
meistern und freie Entscheidungen treffen zu können. Deshalb
sucht er Situationen, in denen er diese Bestätigung erfährt.

> Langweilt man sich, so sucht man eine Gelegenheit, seine Kreativi-
> tät und seinen Einfallsreichtum zu nützen. Ist man überfordert
> und daher ängstlich, so sucht man eine andere Situation, in der
> man mit der Herausforderung fertig wird. Kurz, dieser motivatio-
> nale Mechanismus führt Menschen in Situationen mit Herausfor-
> derungen, zu deren Bewältigung sie optimalen Gebrauch von ihren
> Fähigkeiten machen können. ...
> Ich nehme daher an, dass das Bedürfnis, sich kompetent und
> selbstbestimmend zu fühlen, zu zwei Arten von Verhalten moti-
> viert: Verhaltensweisen, die optimale Herausforderungen „su-
> chen", und Verhaltensweisen, die Herausforderungen „bezwin-
> gen". (Deci, E. L.: Intrinsic motivation, 1975.)

Intrinsische Motivation kennt verschiedene Ausprägungen (Frey/
Osterloh 2002, S. 24f.):

- Eine Tätigkeit selbst bereitet Vergnügen, d.h. ermöglicht ein
  „freudiges Fluss-Erlebnis" (z.B. Skilaufen, Musizieren).
- Den Menschen ist das Einhalten bestimmter Normen um ihrer selbst willen wichtig (z.B. Gerechtigkeit, Fairness, Teamgeist).
- Das Erreichen selbstgesetzter Ziele, z.B. das Bezwingen eines
  Berggipfels, verschafft Befriedigung.

Extrinsische Motivation ergibt sich aus der Erwartung, dass eine
Tätigkeit zu Belohnungen von Seiten der Umwelt führt. Das
können beispielsweise Bezahlung, Beförderung, Erreichen von
Statussymbolen und Macht über andere sein. Die Tätigkeit ist in
diesem Fall nur ein Instrument, um mit Hilfe der in Aussicht ge-
stellten Belohnungen die eigentlichen Bedürfnisse, etwa die
Durchführung einer Urlaubsreise, zu befriedigen. Anders als intrinsische Motivation entspringt extrinsische Motivation einer
mittelbaren (instrumentellen) Bedürfnisbefriedigung.

Es liegt im Interesse jeder Organisation, wenn ihre Mitglieder zur Erfüllung ihrer Rollen intrinsisch motiviert sind:

- Das Bedürfnis nach Kompetenz und Selbstbestimmung ist „unersättlich", es lässt nicht nach, wenn es befriedigt wird. Hat der Mensch ein Ziel erreicht und die Befriedigung daraus gezogen, wird er sich ein neues, tendenziell höheres Ziel setzen. Demgegenüber haben externe Belohnungen wie Einkommen, Freizeit oder Status die Eigenschaft, dass viele Menschen ein gewisses Niveau als hinreichend empfinden und, wenn sie dies erreicht haben, nicht motiviert sind, für eine weitere Steigerung zusätzliche Anstrengungen zu unternehmen.

- Die intrinsische Motivation zielt auf die Befriedigung ab, die das Meistern einer schwierigen, die eigenen Fähigkeiten herausfordernden Aufgabe stellt. Der intrinsisch Motivierte sucht sich also nicht unbedingt den leichtesten Weg. Er strebt eher *Perfektion* an. Der extrinsisch Motivierte wird dagegen den einfachsten Weg zur Belohnung wählen. Er wird nicht mehr einsetzen als nötig.

- Intrinsische Motivation ist im Gegensatz zu finanziellen Belohnungen *gratis* – die Tätigkeit gewährt ihren eigenen Lohn.

Intrinsische und extrinsische Motivation stehen in vielschichtigen Wechselbeziehungen zueinander. In der neueren Motivationsforschung geht man davon aus, dass Anstrengungen zur Steigerung der extrinsischen Motivation, z.B. die Einführung von Leistungszulagen, je nach den Bedingungen des Einzelfalls die intrinsische Motivation erhöhen, unberührt lassen oder auch vermindern können. Der letztgenannte Effekt, den Frey und Osterloh (2002) als Verdrängungseffekt bezeichnen, wird neuerdings häufiger als Argument gegen die Variabilisierung von Entgelten vorgebracht. Als mögliche Ursachen für das Auftreten des Verdrängungseffekts werden u.a. von den Mitarbeitern wahrgenommene Fairness-Defizite bei der Entgeltfestsetzung sowie eine subjektiv empfundene Einschränkung der Selbstbestimmung des Handelns genannt.

3.3 Motivationstheorien

3.3.1 Maslows Bedürfnishierarchie

Die populärsten Theorien zur Erklärung von Arbeitsmotivation sind die von A. H. Maslow und seinen Nachfolgern. Sie haben die Entwicklung der Theorie und auch die Praxis stark beeinflusst und werden in vielen Management-Lehrbüchern verbreitet. Im Gegensatz zu der in der Zeit des Taylorismus herrschenden Annahme, Motivation sei durch Bezahlung allein zu erreichen, und dem in der Human-Relations-Bewegung geltenden Glauben an die motivierende Wirkung sozialer Beziehungen werden jetzt die intrinsischen Bedürfnisse in den Vordergrund gestellt.

Maslow unterscheidet fünf Grundbedürfnisse, die eine Hierarchie bilden (Abbildung 3-1). Nach Maslows Theorie befindet sich ein Mensch zu jedem Zeitpunkt seines Lebens auf einem bestimmten Punkt der Bedürfnishierarchie. Die Bedürfnisse, die befriedigt sind, liegen *unter* ihm; sie sind nicht mehr verhaltensrelevant. Sein Verhalten wird nur von den *über* ihm liegenden Bedürfnissen gesteuert, und zwar am stärksten von dem jeweils nächstfolgenden in der Hierarchie. Beispiel: Eine Person hat ein sicheres, ausreichendes Einkommen und fühlt sich nicht wesentlich bedroht. Die beiden untersten Stufen der Motivhierarchie sind nicht mehr verhaltensbeeinflussend. Diese Person wird jetzt das Bedürfnis nach sozialen Beziehungen am stärksten empfinden. Die Geltungs- und Selbstverwirklichungsmotive sind dagegen vergleichsweise (noch) schwach ausgeprägt.

Die vier unteren Bedürfnisse werden als „Defizitmotive" bezeichnet, das oberste Bedürfnis als „Entwicklungsmotiv" *(growth need)* oder „Selbstverwirklichungs"motiv *(self-actualization)*. Das heißt: das Fehlen von Nahrung, Sicherheit, Zuwendung oder Geltung wird als Defizit empfunden; wenn dem Mangel abgeholfen ist, verliert das Bedürfnis seine Bedeutung. Das Streben nach Selbstverwirklichung jedoch ist im Prinzip unersättlich.

Ein Musiker muss Musik machen, ein Maler muss malen, ein Dichter muss schreiben, um letztlich glücklich zu sein. Was ein Mensch sein *kann,* das *muss* er sein. Dieses Bedürfnis nennen wir Selbstverwirklichung. ... Diese Tendenz kann als der Wunsch formuliert werden, mehr und mehr das zu werden, was man ist, alles zu werden, was zu werden man fähig ist.

(Maslow, A. H.: A theory of human motivation, 1943, abgedruckt in Leavitt, H. J./ Pondy, L. R. (Hrsg.): Readings in managerial psychology, 1964, S. 16.)

Die Theorie ist empirisch nur wenig getestet worden und kann nicht als bestätigt gelten. Einige Autoren gehen im Rahmen ihrer kritischen Analyse sogar so weit, den Inhaltstheorien der Motivation, denen auch Maslows Bedürfnishierarchie zuzurechnen ist, jegliche wissenschaftliche Bedeutung abzusprechen: „Bedürfnisbefriedigungs-Modelle haben mehr wegen ihrer Ästhetik denn ihrer wissenschaftlichen Bedeutung überlebt." (Salancik/ Pfeffer 1977, S. 453).

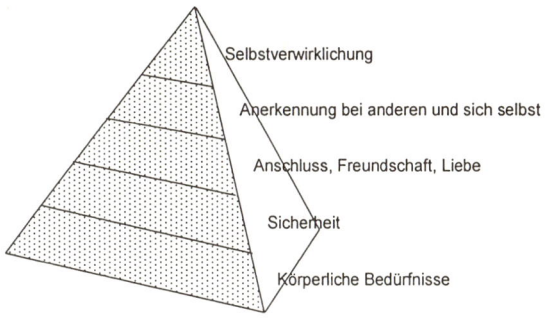

Abb. 3-1: Maslows Bedürfnishierarchie

3.3.2 Herzbergs Zweifaktoren-Theorie

Auf Maslows Theorie aufbauend und nach einer Analyse vieler früherer empirischer Untersuchungen entwickelte Frederick Herzberg seine Zweifaktorentheorie der Arbeitsmotivation (Herzberg/Mausner/Snyderman 1959; Herzberg 1968a). In Anlehnung an Maslow unterscheidet er zwei Arten von menschlichen Bedürfnissen: Defizit-Bedürfnisse und Entwicklungsbedürfnisse.

Defizit-Bedürfnisse stammen aus der animalischen Natur des Menschen; sie sind Mensch und Tier mehr oder weniger gemeinsam. Daher gibt es auch keine allzu großen Unterschiede zwischen Personen. Die Bedürfnisse bestehen darin, Schmerz zu vermeiden oder ein Defizit zu beseitigen. Ein Defizit wird als unbefriedigend empfunden, aber die Beseitigung des Defizits schafft keine Befriedigung, sondern nur Beseitigung der Unzufriedenheit.

Faktoren, die die Unzufriedenheit beseitigen, können darüber hinaus nicht motivierend wirken: mehr als das Loch stopfen ist nicht möglich. Diese Faktoren nennt Herzberg in Bezug auf die Arbeitssituation *hygiene factors.* Damit ist gemeint, dass wie bei der medizinischen Hygiene nur ein gewisses Niveau erreicht sein muss, um Schaden zu vermeiden; darüber hinaus bringt eine Steigerung keinen Nutzen. Zu den Hygienefaktoren zählen

- Geschäftspolitik, Verwaltung,
- das Verhältnis zum Vorgesetzten,
- interpersonelle Beziehungen,
- Arbeitsbedingungen,
- Bezahlung,
- Status,
- Sicherheit.

Entwicklungsbedürfnisse sind spezifisch menschlich, da sie ein Ichbewusstsein voraussetzen. Sie richten sich auf die Steigerung des Selbstgefühls durch Erreichen einer Leistung, auf Anerkennung durch andere, Übernehmen von Verantwortung, die Entwicklung neuer Fähigkeiten. Faktoren, die diese Bedürfnisse befriedigen, führen zu hoher Motivation. Diese Faktoren nennt Herzberg *motivators:*

- Leistung,
- Anerkennung,
- die Arbeit selbst,
- Beförderung,
- Weiterentwicklung der eigenen Fähigkeiten.

Die Faktoren, die Zufriedenheit erzeugen (und damit, so wird unterstellt, auch Motivation), beziehen sich alle auf den *Arbeitsinhalt (job content).* Die Hygienefaktoren dagegen kommen aus dem *Umfeld (job context).*

Herzberg und seine Mitarbeiter stützten sich nicht nur auf die Analyse fremder Untersuchungen, sondern führten auch umfangreiche eigene Forschungsarbeiten durch. Zahlreiche Arbeitnehmer aus unterschiedlichen Ländern und Funktionen wurden nach Erlebnissen gefragt, die bei ihnen außergewöhnliche Befriedigung bzw. außergewöhnliche Unzufriedenheit ausgelöst hatten. Die Antworten wurden sorgfältig ausgewertet und 16 verschiedenen Faktoren zugeordnet. Dabei stellte sich heraus, dass einige dieser Faktoren häufiger im Zusammenhang mit positiven Erlebnissen genannt wurden, andere häufiger im Zusammenhang mit negativen. So wurden die erstgenannten als Motivatoren, die letzteren als Hygienefaktoren klassifiziert (siehe Abbildung 3-2).

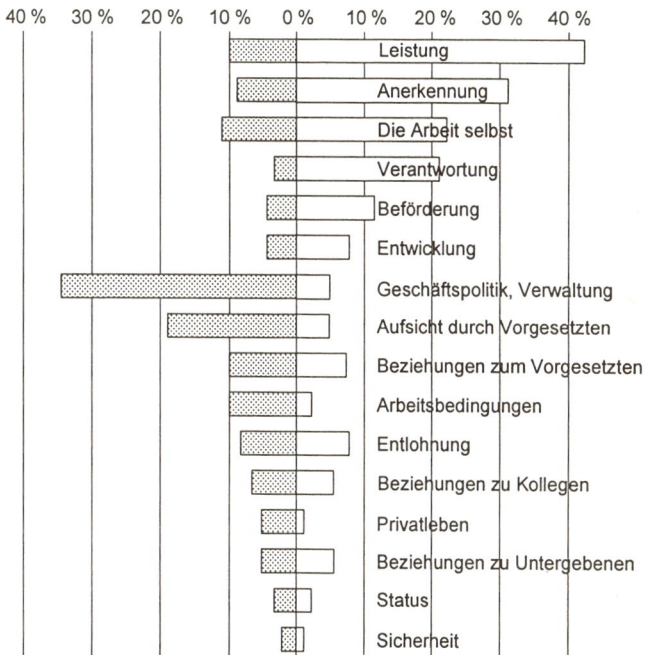

Abb. 3-2: Einflussfaktoren auf die Einstellungen am Arbeitsplatz aus 12 Untersuchungen (Herzberg, F.: One more time: How do you motivate employees? In: Harvard Business Review 1968, no. 1, S. 53-62)

Die Grafik gibt die Antworten in Prozent der gesamten „positiven" und „negativen" Ereignisse. Von allen positiven Nennungen konzentrieren sich 81% auf die Faktoren, die Herzberg „Motivatoren" nennt; von allen negativen Nennungen konzentrieren sich 69% auf die „Hygienefaktoren". Motivatoren tragen also oft zu hoher Befriedigung bei, jedoch seltener zu Unzufriedenheit. Hygienefaktoren dagegen sind für Unzufriedenheit verantwortlich, führen jedoch selten zu Gefühlen hoher Befriedigung.

Herzberg folgert: Zur Motivation von Mitarbeitern eignen sich nur solche Mittel, die mit der Arbeit selbst zusammenhängen, denn nur durch die Aufgabe kann psychologische Entwicklung gefördert und Befriedigung erreicht werden. Anders ausgedrückt: In der Arbeitssituation ist überhaupt nur intrinsische Motivation wirkungsvoll. Der Einsatz von Hygienefaktoren kann nur bewirken, dass die Leute nicht unzufrieden mit der Arbeit sind.

Herzberg wendet sich gegen die nach seiner Ansicht vergeblichen Versuche, mit Hygienefaktoren wie Arbeitszeitverkürzung, Lohnerhöhungen, Nebenvergünstigungen oder Verbesserungen des Führungsstils die Motivation zu steigern. Er verurteilt diese Anreizmethoden nicht nur wegen ihrer angeblichen Wirkungslosigkeit, sondern auch als moralisch verwerflich, weil durch sie der Mensch „verführt" werden solle, etwas zu tun, was er in Wirklichkeit gar nicht will.

Die Theorie Herzbergs ist in vielen eigenen und fremden Untersuchungen getestet worden. Die Ergebnisse sind teils bestätigend, teils auch nicht. Diejenigen Untersuchungen, die sich Herzbergs eigener Methode bedienten, bestätigten seine Ergebnisse; andere weniger. Die Methode ist stark kritisiert worden. Gravierend ist vor allem folgendes Argument: Menschen neigen dazu, Erfolge sich selbst, Niederlagen anderen oder den Umständen zuzuschreiben. Das könnte die Ergebnisse verfälscht haben: Auf die Frage nach besonders angenehmen Erlebnissen werden überwiegend solche genannt, die auf eigene Mitwirkung hindeuten (Lösung einer schwierigen Aufgabe, Beförderung); auf die Frage nach besonders enttäuschenden Vorkommnissen wird jedoch nicht das eigene Versagen oder die ausgebliebene Beförderung genannt, sondern die Schuld bei anderen gesucht: administrative Praktiken, Bezahlung, Verhältnis zum Vorgesetzten. Insgesamt scheinen die Ergebnisse der Forschergruppe um Herzberg daher stark methodenbedingt zu sein.

Weiter wurde Kritik an der Hypothese geübt, dass es zwei Dimensionen von Nutzen (Unzufriedenheit, Zufriedenheit) gebe, und dass zwei Klassen von Jobeigenschaften (Faktoren) mit je einer Dimension existierten. Ebenso wurde die Behauptung kritisiert, dass nur solche Umstände, die mit der Arbeit selbst zu tun haben, Befriedigung verschaffen, während äußere Umstände lediglich Unzufriedenheit hervorrufen können. Beide Einwände, selbst wenn sie berechtigt sein sollten, treffen jedoch nicht den Kern der Aussagen von Herzberg:

> Wenn wir alle Erkenntnisse und alle Behauptungen zusammennehmen, die Theorie sei fehlinterpretiert worden und ihre Hauptkonzepte seien nicht angemessen überprüft worden, so wissen wir mehr als 20 Jahre danach noch immer nicht wirklich, ob die Theorie ernst zu nehmen ist, geschweige denn, ob man sie in Organisationen praktizieren sollte. ... Aber der Zweifaktoren-Aspekt der Theorie – ihr einzigartiges Merkmal – ist kein wirklich notwendiges Element, um die Theorie für die Arbeitsgestaltung nutzbar zu machen. Man muss nur glauben, dass es Arbeitsplätze befriedigender und motivierender macht, wenn man sie so gestaltet, dass sie Verantwortlichkeit, Zielerreichung, Anerkennung und Beförderung bieten. Es ist nicht notwendig, anzunehmen, dass Abwesenheit dieser Faktoren nicht zu Unzufriedenheit führt, oder dass das Angebot gewisser Hygienefaktoren am Arbeitsplatz nicht auch im wahren Sinne des Wortes motivieren kann. (Pinder, C. C.: Work motivation, 1984, S. 28 f.)

Obwohl Herzbergs Zweifaktorentheorie wissenschaftlich umstritten ist, hat sie erheblichen praktischen Einfluss gehabt. Sie steht im Einklang mit Bestrebungen zur „Humanisierung der Arbeitswelt". Herzbergs Botschaft lautet „Job Enrichment". Die Arbeit muss so gestaltet werden, dass sie den Einzelnen herausfordert, seine Selbstentfaltung ermöglicht, ihm Anerkennung und Bestätigung der eigenen Leistung gewährt; dann ist sowohl Motivation als auch individuelle Zufriedenheit zu erreichen.

3.3.3 McGregors Theorie X und Theorie Y

Douglas McGregor geht ebenfalls von Maslows Bedürfnishierarchie aus. Er unterstellt insbesondere, dass der durchschnittliche Mensch durchaus ein Bedürfnis nach Selbstverwirklichung hat. Dies werde jedoch unter der herrschenden Managementphilosophie nicht erkannt und erhalte keine Chance auf Befriedigung.

Die traditionellen Ansichten über die Natur des arbeitenden Menschen nennt McGregor „Theorie X". Er fasst sie in folgenden Sätzen zusammen (McGregor 1970, S. 47f.):

- Der Durchschnittsmensch hat eine angeborene Abneigung gegen Arbeit und versucht, ihr aus dem Weg zu gehen, wo er kann.
- Weil der Mensch durch Arbeitsunlust gekennzeichnet ist, muss er zumeist gezwungen, gelenkt, geführt und mit Strafe bedroht werden, um ihn mit Nachdruck dazu zu bewegen, das vom Unternehmen gesetzte Soll zu erreichen.
- Der Durchschnittsmensch zieht es vor, an die Hand genommen zu werden, möchte sich vor Verantwortung drücken, besitzt verhältnismäßig wenig Ehrgeiz und ist vor allem auf Sicherheit aus.

Nun ist nicht zu verkennen, dass es in den meisten Organisationen auch Mitarbeiter gibt, die diesem Bild entsprechen. McGregor leugnet nicht, dass viele Leute die Theorie X zu bestätigen scheinen. Doch liegt das seiner Meinung nach nicht in ihrer Natur, sondern ist die Folge davon, dass sie für ihre Selbstverwirklichungswünsche keine Erfüllungschance sehen oder – im Sinne Maslows – noch um die Befriedigung ihrer sozialen und Statusbedürfnisse kämpfen, so dass das Selbstverwirklichungsbedürfnis noch nicht verhaltensrelevant wird.

McGregor vertritt nicht Herzbergs Theorie, wonach die unteren Stufen der Bedürfnis-Hierarchie – physiologische und Sicherheitsbedürfnisse – nicht motivieren können. Doch seien diese Bedürfnisse in unserer Gesellschaft bereits so weitgehend gesättigt, dass sie nicht mehr verhaltensrelevant sind.

Der herrschenden Theorie X setzt McGregor seine eigene Auffassung, die Theorie Y, entgegen:

- Die Verausgabung durch körperliche und geistige Anstrengung beim Arbeiten kann als ebenso natürlich gelten wie Spiel oder Ruhe. ...
- Von anderen überwacht und mit Strafe bedroht zu werden, ist nicht das einzige Mittel, jemanden zu bewegen, sich für die Ziele des Unternehmens einzusetzen. Zugunsten von Zielen, denen er sich verpflichtet fühlt, wird sich der Mensch der Selbstdisziplin und Selbstkontrolle unterwerfen.

- Wie sehr er sich Zielen verpflichtet fühlt, ist eine Funktion der Belohnungen, die mit ihrem Erreichen verbunden sind. Die bedeutendste solcher Belohnungen, die Möglichkeit, Bedürfnisse der Persönlichkeit und ihrer Entfaltung zu befriedigen, kann nachgerade aus Bemühungen um die Ziele des Unternehmens herrühren.
- Der Durchschnittsmensch lernt, unter geeigneten Bedingungen Verantwortung nicht nur zu übernehmen, sondern sogar zu suchen. Flucht vor Verantwortung, Mangel an Ehrgeiz und Drang nach Sicherheit sind im Allgemeinen Folgen schlechter Erfahrungen, nicht angeborene menschliche Eigenschaften.
- Die Anlage zu einem verhältnismäßig hohen Grad von Vorstellungskraft, Urteilsvermögen und Erfindungsgabe für die Lösung organisatorischer Probleme ist in der Bevölkerung weit verbreitet und nicht nur hier und da anzutreffen.
- Unter den Bedingungen des modernen industriellen Lebens ist das Vermögen an Verstandeskräften, über das der Durchschnittsmensch verfügt, nur zum Teil genutzt. (McGregor, D.: Der Mensch im Unternehmen, 1970, S. 61 f.)

Als organisatorische Möglichkeiten, „höhere" Motive anzusprechen, empfiehlt McGregor

- Dezentralisation und Delegation,
- Job Enrichment im Sinne von erhöhter Verantwortung auf der ausführenden Ebene,
- Partizipation (kooperative Führung),
- Leistungsbeurteilung nicht durch Vorgabe und Kontrolle, sondern durch selbstgesetzte Ziele („Management by Objectives", MbO, wobei die Ziele zwischen dem Vorgesetzten und Untergebenen vereinbart werden) und Selbstkontrolle.

Maslow, Herzberg und McGregor werden als „humanistische" Motivationstheoretiker bezeichnet. Sie gehen von der Prämisse aus, dass in jedem Menschen das Bedürfnis nach Selbstverwirklichung angelegt ist. Nun lassen viele Menschen dieses Bedürfnis zumindest am Arbeitsplatz nicht erkennen. Das kann nach Maslow daran liegen, dass sie die „niedrigeren" Bedürfnisse noch nicht dauerhaft befriedigt haben. Es kann auch sein, dass eine solche Person die Befriedigung dieses Bedürfnisses nicht am Arbeitsplatz, sondern in anderen Aktivitäten sucht, oder

dass dieses Bedürfnis bei ihr schwach ausgeprägt ist. Die Prämisse vom grundsätzlich vorhandenen Selbstverwirklichungs-
motiv ist natürlich kaum zu beweisen. Doch deutet manches
darauf hin, dass Menschen heute am Arbeitsplatz höhere Anforderungen an die Arbeit stellen als früher.

3.3.4 Alderfers ERG-Theorie

Clayton Alderfer (1969) hat Maslows Theorie überarbeitet und
neuformuliert. Er unterscheidet nur noch drei Motive, Existenz-,
Soziale und Entwicklungsbedürfnisse *(Existence, Relatedness,
Growth)*. Der wesentliche Unterschied zu Maslow ist, dass er
nicht eine starre Fortbewegung von der Basis zur Spitze der Pyramide unterstellt. Nichtbefriedigung (Frustration) eines Bedürfnisses kann auch dazu führen, dass das hierarchisch niedrigere dominant wird, oder sie kann zur Persönlichkeitsentwick-
lung beitragen und höhere Bedürfnisse aktivieren. Die ERG-
Theorie ist empirisch recht gut abgesichert. Aufgrund der starken Aufweichung der Maslow'schen Hierarchisierungs- und De-
fizitprämisse wirkt sie allerdings etwas beliebig und ist wohl
aus diesem Grund nie aus dem Schatten der Bedürfnishierarchie
getreten.

3.3.5 McClellands Drei-Bedürfnisse-Theorie

Auch David McClelland unterscheidet drei organisationsrelevan-
te Motive: Leistung, Macht und soziale Beziehungen (McClelland
1961 und 1975). Das *Leistungsbedürfnis (need for achievement)*
bringt Menschen dazu, sich in Situationen zu begeben, wo Leistungsmaßstäbe existieren und die Chance besteht, Überdurch-
schnittliches zu leisten. Je schwerer die Aufgabe ist, desto attraktiver, aber auch desto unwahrscheinlicher der Erfolg. Deshalb suchen Leistungsmotivierte Herausforderungen mittleren
Schwierigkeitsgrades; leichte Aufgaben sind nicht attraktiv, aber
sehr schwere auch nicht, weil die Wahrscheinlichkeit des Schei-
terns zu groß ist.

Das *Machtbedürfnis (need for power)* richtet sich auf Einfluss
und Kontrolle über andere; man strebt nach Aufstieg in höhere

Positionen. Das Bedürfnis nach *sozialem Kontakt (need for affili-ation)* ist auf Akzeptanz durch andere gerichtet; Kontaktbedürf-tige suchen eher kooperative als kompetitive Situationen.

3.3.6 Lockes Zielsetzungs-Theorie *(Goal Setting Theory)*

Edwin Locke (1968) entwickelte eine Theorie über den Einfluss von Zielen auf die Leistung. Sie lässt sich in zwei Aussagen zu-sammenfassen:

- Spezifische Ziele stimulieren die Leistung besser als allge-meine, vage. Zum Beispiel bewirkt der Vorsatz, die Telefon-kosten auf 2.000 Euro pro Jahr zu begrenzen, mehr als das Ziel „Telefonkosten sparen".
- Schwierige Ziele führen, wenn der Mitarbeiter sie akzeptiert, zu höherer Leistung als leichte.

Spezifische und schwierige Ziele sind demnach leistungsför-dernd, sofern sie von dem Mitarbeiter akzeptiert werden. Nun kann man erwarten, dass ab einem gewissen Punkt der Wider-stand gegen eine weitere Zielerhöhung wächst. Es stellt sich die Frage, ob Personen stärker motiviert sind, wenn sie bei der Ziel-setzung beteiligt waren. Diese geläufige Annahme konnte so nicht allgemein bestätigt werden. Es scheint aber, dass Men-schen *schwierige Ziele eher akzeptieren,* wenn sie an der Ziel-setzung beteiligt wurden; insofern ist Partizipation förderlich. Akzeptiert der Mitarbeiter das Ziel jedoch nicht, dann wirkt auch seine Partizipation nicht auf die Leistung.

Die reichhaltige empirische Forschung zur Theorie der Ziel-setzung war vor allem darauf ausgerichtet, den Zusammenhang zwischen Zielsetzung und Leistung besser zu verstehen. Die Un-tersuchungen haben die wichtige Funktion von Moderatoren und Wirkmechanismen verdeutlicht.

Moderatoren bestimmen die Stärke des Zusammenhangs zwischen Zielen und Leistung. Locke und Latham (1990) nennen fünf wesentliche Faktoren:

- *Fähigkeiten* und *situative Zwänge:* Sie begrenzen die Mög-lichkeit eines Mitarbeiters, auf eine Herausforderung zu rea-gieren.

- *Zielbindung* (Commitment): Fühlen sich Mitarbeiter an ihre Ziele gebunden, wird der Ziel-Leistungs-Zusammenhang enger. Die Zielbindung hängt u.a. vom Partizipationsgrad und der Autorität des Vorgesetzten ab.

- *Feedback:* Die möglichst schnelle Rückmeldung über die eigenen Ergebnisse fördert die Leistung, da Feedback die Verfolgung des Fortschritts im Verhältnis zum Ziel erlaubt und so ggf. zur Zielerreichung notwendige Leistungssteigerungen anregt.

- *Aufgabenkomplexität:* Je komplexer die Aufgabe ist, desto loser ist der Zusammenhang zwischen Zielen und Leistung.

- *Selbstwirksamkeit* (self-efficacy): Hohes aufgabenspezifisches Selbstvertrauen begünstigt die Bindung an herausfordernde Ziele und die Mobilisierung aller Reserven.

Locke und Latham (1990) unterscheiden ferner vier Wirkmechanismen, durch die die Zielsetzung die Leistung beeinflusst:

- *Richtung:* Ziele lenken die Aufmerksamkeit auf Aktivitäten, die der Zielerreichung dienen, und lenken zugleich von nicht zielführenden Aktivitäten ab.

- *Intensität:* Die Höhe der Ziele bestimmt die aufgewandte Anstrengung.

- *Persistenz:* Ziele beeinflussen die Beharrlichkeit, mit der Mitarbeiter sich einer Aufgabe widmen.

- *Aufgabenspezifische Strategien:* Ziele berühren die Leistung indirekt, indem sie die Mitarbeiter bei komplexen Aufgaben zur Entwicklung aufgabenspezifischer Strategien und Pläne motivieren.

3.3.7 Banduras Theorie der Selbstregulation

In der Zielsetzungs-Theorie wird die leistungssteigernde Wirkung von Zielen und Feedback-Informationen betont. Bei kurzfristigen Zielen sind Kenntnisse über den Fortschritt häufig ohne weiteres verfügbar. Tatsächlich werden in Unternehmen jedoch vielfach langfristige Ziele gesetzt. Im Rahmen des Management by Objectives (MbO, vgl. Kapitel 3.4.4) z.B. ist die Vereinbarung von Jahreszielen üblich. Wie gelingt es Mitarbeitern, ihr Handeln über einen so langen Zeitraum auf ein Ziel auszurichten? Woher stammt die nötige Motivation und Selbstdisziplin? Darauf gibt die Theorie der Selbstregulation von Bandura (1991) eine Antwort (Abb. 3-3).

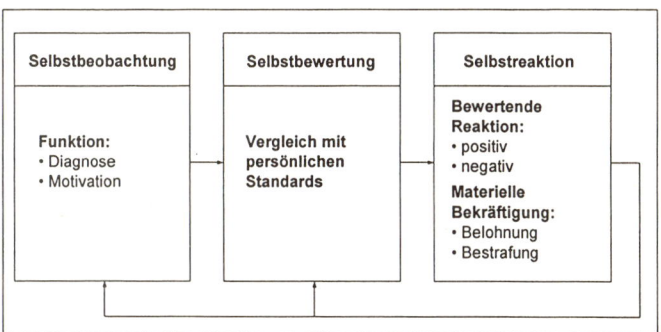

Abb. 3-3: Mechanismus der Selbstregulation (Nerdinger 2001, S. 362, nach Bandura 1991)

Im Mittelpunkt der Theorie der Selbstregulation stehen drei Prozesse, durch die Menschen ihre Motivation und ihr Verhalten steuern: Selbstbeobachtung, Selbstbewertung, Selbstreaktion. Im Rahmen der *Selbstbeobachtung* werden Informationen über die eigenen Leistungen, die Bedingungen, unter denen sie auftreten, und ihre kurz- und langfristigen Wirkungen gewonnen. Dies erlaubt es, das eigene Verhalten zu steuern und den jeweiligen Anforderungen anzupassen. Selbstbeobachtung hat neben der Diagnose- auch eine Motivationsfunktion, da – bei allerdings großen situations- und persönlichkeitsbedingten Unterschieden – Menschen dazu neigen, sich bei Betrachtung des eigenen Verhaltens und der eigenen Leistung zunehmend schwierigere Ziele zu setzen.

Im Rahmen der *Selbstbewertung* wird das beobachtete Verhalten mit persönlichen Standards verglichen. Diese Standards sind nicht fremdgesetzt, doch werden sie oft durch den Vergleich mit den Leistungen anderer Menschen, z.B. Kollegen, beeinflusst. Der Vergleich kann in *Selbstreaktionen* in Form bewertender Reaktionen oder materieller Bekräftigungen münden. Bewertende Reaktionen sind z.B. Stolz auf das Erreichte oder (Un-)Zufriedenheit mit sich selbst. Materielle Bekräftigungen haben oft den Charakter von „Belohnungsritualen": die Zigarette

nach dem erfolgreichen Kundengespräch, die kleine Erholungs-
pause, das Gespräch mit den Kollegen. Derartige Belohnungen
sichern ebenso wie positive Selbstbewertungen die notwendige
Anstrengung zur Erledigung bestimmter Aufgaben. Sie vergrö-
ßern die Wahrscheinlichkeit, dass in Zukunft in ähnlichen Situationen in vergleichbarer Weise gehandelt wird.

3.3.8 Adams' Theorie des sozialen Vergleichs
(Equity Theory)

In den sechziger Jahren entwickelte J. S. Adams (1965) eine Theorie, die postuliert, dass der Mensch am Arbeitsplatz nach einem gerechten Verhältnis zwischen den Beiträgen, die er leistet,
und den Belohnungen, die er empfängt, strebt. Dieses Verhältnis
sei durch den *Quotienten aus Outputs und Inputs, O/I,* angedeu-
tet. Dabei ist O ein aggregiertes Maß für alle Arten von Bedürfnisbefriedigung, die die Person aus dem Arbeitsverhältnis gewinnt, also nicht nur die Bezahlung, sondern auch die Befriedigung aus der Tätigkeit, Statussymbolen, sozialen Beziehungen
usw. Entsprechend ist unter I eine Aggregation all dessen, was
die Person einbringt, zu verstehen: Ausbildung, Erfahrung, Einsatz etc.

Der Quotient O/I wird dann als fair oder gerecht empfunden,
wenn er etwa gleich dem ist, den die Person für eine Referenzperson wahrnimmt. Sei A die Person und B die Vergleichsperson,
so empfindet A Gerechtigkeit, wenn sie meint, dass

$$\frac{O_A}{I_A} = \frac{O_B}{I_B}.$$

Gilt statt des Gleichheitszeichens das $<$, so fühlt A sich relativ
unterbelohnt; gilt $>$, so empfindet A sich als überbelohnt.

Würde beispielsweise ein 26jähriger Diplom-Kaufmann mit
der Examensnote Drei in seiner Anfangsstellung bei einer Versicherungsgesellschaft ein Monatsgehalt von 3.000 Euro bekommen und einer seiner Kommilitonen, mit der gleichen Note, bei
einer anderen Versicherungsgesellschaft für 4.000 Euro anfan-
gen, so prognostiziert die Theorie ein subjektives Ungerechtig-
keitsgefühl, es sei denn, der Gehaltsunterschied würde durch
andere Unterschiede in den Outputs (Freizeit, Sozialleistungen)
oder in den Inputs (höhere Arbeitsanforderungen, zusätzliche

Qualifikationen, Fahrtwege) ausgeglichen.

Nach der Equity-Theorie entsteht das Gefühl der Ungerechtigkeit nicht notwendig schon dadurch, dass hohem Einsatz niedrige Belohnungen gegenüberstehen, sondern erst durch den sozialen Vergleich mit anderen. Man fühlt sich nicht ungerecht behandelt, wenn es den Vergleichspersonen nicht besser oder schlechter geht als einem selbst.

Der Equity-Theorie liegt die Vermutung eines Bedürfnisses nach Gerechtigkeit oder Gleichbehandlung zugrunde. Dieses Bedürfnis wird sowohl bei Unter- wie bei Überbelohnung verletzt. Es entsteht eine Spannung im Individuum, die dazu motiviert, die Ungerechtigkeit aufzuheben. Dann stehen dem Individuum verschiedene Reaktionsmöglichkeiten offen:

- Variation des eigenen Inputs, z.B. bei empfundener Unterbelohnung geringere eigene Anstrengung oder häufigeres Fehlen;
- Variation des eigenen Outputs, z.B. bei empfundener Unterbelohnung eine Aufbesserung durch Benutzung dienstlicher Ressourcen für private Zwecke;
- Veränderte Wahrnehmung der eigenen Inputs oder Outputs. Wer sich z.B. überbelohnt fühlt, korrigiert die Einschätzung seiner Leistung nach oben oder sucht nach negativen Aspekten seiner Arbeitsbedingungen;
- Veränderte Wahrnehmung der Inputs oder Outputs der Vergleichsperson;
- Wechsel der Vergleichsperson. Wer sich beispielsweise unterprivilegiert fühlt, vergleicht sich daraufhin mit jemandem, der weniger günstig dasteht als die erste Vergleichsperson;
- Wechsel des Arbeitsplatzes.

Die Theorie ist in zahlreichen experimentellen Studien bestätigt worden. Es zeigte sich, dass Personen auf Unterbelohnung stärker reagierten als auf Überbelohnung.

Leider ist die Theorie nicht sehr prognosestark. Sie sagt nicht voraus, wen sich das Individuum als Referenzperson sucht. Und was passiert, wenn im Vergleich mit mehreren Referenzpersonen sowohl Unter- als auch Überbelohnungen empfunden werden? Auch ist nicht klar, wie der Einzelne die verschiedenen Inputfaktoren (Ausbildung, Alter, Anstrengung etc.) aggregiert;

das gleiche gilt für die Outputfaktoren (Einkommen, Anerkennung, Prestige etc.). Ferner kann die Theorie nur in sehr grober Weise angeben, welchen Ausweg eine Person bei empfundener Ungerechtigkeit wählen wird.

3.3.9 Erwartungs-Valenz-Theorie (E×V)

3.3.9.1 Das Modell

Für die Organisationspsychologie hat die Erwartungs-Valenz-Theorie der Motivation beträchtliche Bedeutung gewonnen. Sie beruht auf dem Modell von Vroom (1964) und seiner Weiterentwicklung durch Porter und Lawler (1968) sowie Lawler (1973). Im Englischen wird die Theorie als *„Expectancy Theory"* oder auch als *„Valence-Instrumentality-Expectancy (VIE) Theory"* bezeichnet.

Die E×V-Theorie beschäftigt sich nicht, wie viele der bisher aufgeführten, mit den Inhalten der Motive, sondern mit dem Prozess der Motivation. Sie postuliert, dass die Motivation zu einem bestimmten Verhalten multiplikativ durch Valenzen und Erwartungen bestimmt wird. *Valenzen* sind erwartete Bedürfnisbefriedigungen, die das Subjekt als mögliche Ergebnisse des Verhaltens ansieht; je nachdem, ob ein Ergebnis geschätzt wird (z.B. Beförderung) oder möglichst vermieden wird (z.B. Anstrengung), haben Valenzen positive oder negative Vorzeichen. Die Valenz „0" besagt, dass ein Individuum der (Nicht-)Erreichung eines Ergebnisses indifferent gegenübersteht. *Erwartungen* sind subjektive Wahrscheinlichkeiten dafür, dass das betreffende Verhalten die Bedürfnisbefriedigung nach sich zieht. Sei

E_{ij} die Erwartung, dass das Verhalten i die Konsequenz j hat (mit $0 \le E_{ij} \le 1$),

V_j die Valenz der Konsequenz j,

so ist

$$M_i = f(\sum_j E_{ij} V_j)$$

die Stärke der Motivation für das Verhalten i. Die multiplikative Verknüpfung zeigt an, dass Erwartungen und Valenzen sich nicht gegenseitig ersetzen können. Das Individuum wählt das

Verhalten mit der höchsten Motivationsstärke.

Viele Ergebnisse des Verhaltens verschaffen nicht unmittelbar Bedürfnisbefriedigung. Sie werden vielmehr angestrebt, weil sie Mittel darstellen, die die Erreichung bestimmter Zwecke ermöglichen. Die Erwartung, dass ein bestimmtes Handlungsergebnis (first-level outcome) zur Erreichung bestimmter Zwecke (second-level outcomes; Graen 1969) führt, wird als Instrumentalität bezeichnet. Die Valenz vieler Handlungsergebnisse (z.B. einer Gehaltserhöhung) resultiert dann aus ihrer Instrumentalität für die Erreichung letztlich angestrebter Ziele (z.B. Kauf eines neuen PKW) und der Valenz der *second-level outcomes*. Sei

V_j die Valenz der Konsequenz (first-level outcome) *j*,

V_k die Valenz der Konsequenz (second-level outcome) *k*,

I_{jk} die Instrumentalität von Konsequenz j für die Erreichung von Ziel k $(-1 \le I_{jk} \le +1)$ so ist

$$V_j = f(\sum_k V_k I_{jk})$$

Unter Vernachlässigung möglicher Mittel-Zweck-Beziehungen (Instrumentalitäten) soll ein einfaches Beispiel den Grundgedanken erläutern. Ein Mitarbeiter muss sich am Freitag entscheiden, ob er am Samstagvormittag ins Büro gehen soll, um eine bestimmte Aufgabe fertig zu stellen. Wenn er es tut, ist allerdings nicht sicher, ob es ihm wirklich gelingt, das Projekt zu beenden. Er schätzt die Wahrscheinlichkeit auf 50%. Geht er nicht ins Büro, so kann er den Vormittag im Garten verbringen, falls schönes Wetter ist; die Wahrscheinlichkeit für schönes Wetter beziffert er auf 70%. Den Konsequenzen ordnet er Valenzen zu, wie in Abbildung 3-4 angegeben.

Die Stärke der Motivation für Alternative 1 ist

$M_1 = 0{,}5 \cdot 14 + 0{,}5 \cdot (\text{-}5) = 4{,}5,$

die Stärke der Motivation für Alternative 2 ist

$M_2 = 0{,}7 \cdot 10 + 0{,}3 \cdot 3 = 7{,}9.$

Die E×V-Theorie sagt also voraus, dass der Mitarbeiter zu Hause bleiben möchte.

Beziehen wir Motivation auf die *Anstrengung*. Die Motivation, sich stark anzustrengen, hängt davon ab,

- wie stark die Erwartung ist, durch diese erhöhte Anstrengung bestimmte Ergebnisse *(outcomes)* zu erzielen, z.B. Lob,
  Leistungsprämie, Ermüdung und
- wie erwünscht bzw. unerwünscht (im Sinne der Befriedigung von Bedürfnissen) die Ergebnisse sind (Valenzen). Die
  Ergebnisse können in sich befriedigend sein (intrinsische Belohnung) oder als Mittel zum Zweck eines Ergebnisses zweiter Ordnung dienen.

Alternativen i	Konsequenzen j	Wahrschein-lichkeiten E_{ij}	Valenzen V_j
Ins Büro gehen	Projekt wird fer-tig; Vormittag im Büro	0,5	14
	Projekt wird nicht fertig; Vormittag im Büro	0,5	-5
Zu Hause bleiben	Projekt wird nicht fertig, Vormittag im Garten	0,7	10
	Projekt wird nicht fertig; Vormittag im Haus	0,3	3

Abb. 3-4: Beispiel zur $E \times V$-Theorie

Porter und Lawler haben das Modell verfeinert (Abb. 3-5). Hier
sind die Fähigkeiten und die Rollenwahrnehmung als weitere
Bestimmungsfaktoren der Leistung eingebaut. Ferner hängt die
Befriedigung und damit der Wert der Belohnung nicht nur von
ihrer erwarteten Höhe ab, sondern auch davon, was das Individuum als „gerecht" empfindet; die Equity Theory wird also mit
berücksichtigt.

Die Erwartungs-Komponente wird in zwei Teile gespalten,
nämlich die

- Erwartung, dass mit Anstrengung eine bestimmte Leistung
  erzielt wird und die
- Erwartung, dass eine bestimmte Leistung zu einer bestimmten Valenz (Belohnung, Bedürfnisbefriedigung) führt.

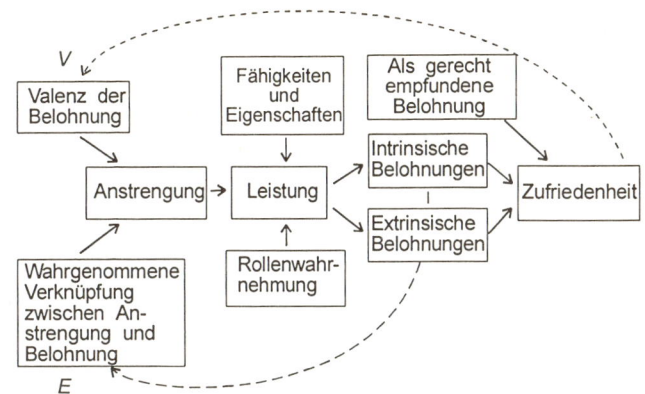

Abb. 3-5: Motivation zur Anstrengung nach Porter und Lawler

Die Motivation zu relativ hoher Anstrengung hängt also ab von

- der Erwartung, durch höhere Anstrengung ein besseres Arbeitsergebnis zu erzielen,
- der Erwartung, dass ein besseres Arbeitsergebnis (intrinsische und/oder extrinsische) Belohnungen nach sich zieht,
- der Stärke der empfundenen Valenz der Belohnungen.

Die empirischen Überprüfungen der Theorie sind im Großen und Ganzen positiv verlaufen, so dass es sinnvoll erscheint, zu untersuchen, welche Folgerungen sich daraus für die Personalführung ergeben.

3.3.9.2 Folgerungen aus der E×V-Theorie

Zusammenhang zwischen Anstrengung und Ergebnis. Die erste notwendige Bedingung für Motivation zu hoher Anstrengung ist die Erwartung, dass höhere Anstrengung zu einem besseren Arbeitsergebnis führt als geringere Anstrengung. Wenn Sie sich auf eine Klausur vorbereiten und keine Ahnung haben, aus welchem Gebiet die Fragen kommen werden, werden Sie kaum zu großen Anstrengungen motiviert sein.

In Unternehmen ist es oft ähnlich. Es fehlen z.B. klare Leistungskriterien; man weiß nicht, wonach man eigentlich beurteilt werden wird. Daher ist man sich nicht sicher, ob mehr Anstrengung das Ergebnis im Sinne des Vorgesetzten verbessert. Ist er daran interessiert, dass ich mich mit den Kunden freundlich unterhalte? Empfindet er die sorgfältige Gestaltung von Briefen als Qualitätsverbesserung oder sind ihm „Äußerlichkeiten" gleichgültig? Hier ist es am Vorgesetzten, die Rollenwahrnehmung zu verbessern. Möglicherweise ist das Ergebnis vom Einzelnen aber auch nicht wesentlich zu beeinflussen, es kann zufallsabhängig, von der Technikausstattung (z.B. Fließband) oder von der Leistung anderer determiniert sein.

Schätzt ein Mitarbeiter seine Selbstwirksamkeit gering ein, d.h. besitzt er keine hohe Meinung von seiner Leistungsfähigkeit, so sieht er ebenfalls keinen Sinn in erhöhter Anstrengung. Möglicherweise kann der Vorgesetzte beim Untergebenen ein höheres Selbstvertrauen aufbauen. Wird ein sehr hohes, aus der Sicht des Mitarbeiters unerreichbares Ziel gesetzt, so ist erhöhte Anstrengung nicht sinnvoll. Aber auch im umgekehrten Fall — die Aufgabe ist so einfach, dass keine Anstrengung erforderlich ist — besteht die Erwartung nicht, dass Anstrengung sich auszahlt. Das Setzen herausfordernder, aber erreichbarer Ziele gilt als eine wesentliche Voraussetzung für die Leistungsmotivation.

Zusammenhang zwischen Ergebnis und Belohnung. Motivation zu erhöhter Anstrengung verlangt, dass das bessere Arbeitsergebnis auch belohnt wird, sei es intrinsisch oder extrinsisch. Dieser Zusammenhang fehlt beispielsweise bei mangelnder Messbarkeit der Ergebnisse. Der Mitarbeiter kann sich zwar bemühen, Strom- und Telefonkosten zu sparen, aber wenn er keinen eigenen Stromzähler hat und seine Telefonate nicht gesondert erfasst werden, kann er weder stolz auf das Erreichte sein (intrinsische Belohnung) noch hat er Aussicht auf Würdigung seiner Anstrengungen (extrinsische Belohnung).

Andere Probleme ergeben sich bei leistungsunabhängigen oder unklaren Bezahlungs- und Beförderungssystemen. Ein deutlicher Zusammenhang zwischen Leistung und Bezahlung fehlt beispielsweise bei den meisten abhängigen Tätigkeiten. Die Bezahlung ist durch Tarifvertrag geregelt. Mehr als durchschnittliche Leistung zahlt sich kurzfristig gar nicht aus, allenfalls längerfristig bei Aufstieg in eine höhere Position. Dieser Aufstieg ist aber häufig weit entfernt und ungewiss. Abhilfe können *Cost-Center-* und *Profit-Center*-Konzepte, *Management by Objectives* (Zielvereinbarung zwischen Vorgesetztem und Untergebenem), systematische Personalbeurteilungsverfahren und eindeutige Anreizsysteme schaffen.

Valenzen. Es gibt ein großes Arsenal von Anreizen, das den Bedürfnissen gemäß eingesetzt werden muss. Eine Tätigkeit ist für Person A intrinsisch reizvoll, für Person B langweilig. Für einen jung verheirateten Mitarbeiter ist die Aussicht auf eine Prämie von 2.000 Euro ein großer Leistungsanreiz, für die ledige Mitarbeiterin wäre ein Sonderurlaub von zwei Wochen viel reizvoller. Die Chance einer Versetzung ins Ausland ist für den einen Stimulus, für den anderen abschreckend. Der ältere, dem Ende der Karriere nahe Mitarbeiter ist weder durch zusätzliches Einkommen noch zusätzlichen Urlaub stark motivierbar, doch würde er alles geben, wenn er eine Chance sähe, sich noch den Direktorentitel zu verdienen. Das Problem liegt für das Management darin, die wahren Bedürfnisse der Mitarbeiter zu erkennen und das betriebliche Anreizsystem darauf abzustimmen, z.B. durch die Einräumung von Wahlmöglichkeiten im Rahmen eines sog. Cafeteria-Systems (Wagner 1991). Allerdings bestehen durch arbeitsrechtliche Normen und das Erfordernis der Gleichbehandlung Beschränkungen bei der Wahl der extrinsischen Belohnungen.

Nicht nur die Art, sondern auch die Höhe der Anreize muss stimmen, denn die Valenz hängt davon ab, was der Mitarbeiter im sozialen Vergleich als angemessen empfindet. Auch in Relation zum Grundgehalt sehr kleine Prämien entfalten mangels Wertschätzung durch die Mitarbeiter keine Anreizwirkung.

3.3.9.3 Fazit

Die Fülle der motivationstheoretischen Ansätze verwirrt, aber sie sind doch weitgehend miteinander vereinbar. Als prozesstheoretisches Rahmenmodell kann die E×V-Theorie dienen. Danach hängt die Motivation zur Anstrengung davon ab, ob das Individuum erwartet, durch höhere Anstrengung eine bessere Leistung zu erreichen und als Folge der höheren Leistung höhere Belohnungen. Die Inhaltstheorien weisen auf die Bedeutung intrinsischer Belohnungen hin; dies hat Konsequenzen für die Gestaltung von Arbeitsplätzen und Arbeitsaufgaben. Die Goal Setting Theory betont die Bedeutung von expliziten und anspruchsvollen Zielen: Sie steigern den intrinsischen Wert guter Leistung. Die Theorie der Selbstregulation erklärt, wie Mitarbeiter die für die Verfolgung laufender Ziele nötige Selbstdisziplin entwickeln. Die Equity Theory stellt heraus, dass der Wert einer extrinsischen Belohnung nicht von ihrer absoluten Höhe abhängt, sondern von dem sozialen Vergleich mit anderen Personen.

3.4 Führungsstile

3.4.1 Führungseigenschaften oder Führungsstil?

Offenkundig gibt es Vorgesetzte, die in hohem Maß Motivation und Leistung ihrer Untergebenen stimulieren, und andere, die in dieser Hinsicht versagen. Was einen guten Führer ausmacht, ist eine schon in grauer Vorzeit gestellte und bis heute nur unzureichend zu beantwortende Frage.

Der historisch ältere Ansatz ist die „Eigenschaftstheorie": Führungsqualität ist eine angeborene *Eigenschaft*, die man hat oder nicht hat („Führerpersönlichkeit"). Existiert etwas, das erfolgreiche Führer haben und andere Menschen nicht? Offenbar ja; es gibt dafür den Begriff „Charisma" (= Ausstrahlung). Zahlreiche empirische Untersuchungen, die diese Führungseigenschaft näher erforschen sollten, haben in 70 Jahren jedoch nicht zu eindrucksvollen Ergebnissen geführt. Zwar wiesen Eigenschaften wie Intelligenz, Dominanz, Selbstvertrauen, Energie und aufgabenbezogenes Wissen positive Korrelationen mit der Führungsposition auf. Doch sind die Korrelationskoeffizienten allgemein ziemlich gering. Außerdem zeigen Korrelationsstudien nicht Ursache und Wirkung auf. Ist z.B. Selbstvertrauen die Voraussetzung oder die Folge des Erreichens einer Führungsposition? Ferner ist das Erreichen einer Führungsposition auch noch kein sicherer Hinweis auf die Qualität des Führers.

Nach dem Stand der Forschung kann man sagen, dass die genannten Eigenschaften sicher nützlich für einen Vorgesetzten sind, aber keineswegs garantieren, dass er erfolgreich darin ist, Mitarbeiter zu hoher Leistung und Zufriedenheit zu führen.

Ein zweiter Ansatz sieht die Effektivität des Führers als durch *Verhaltensweisen* („Führungsstil") bedingt an. Verhalten ist danach zumindest bis zu einem gewissen Grad erlernbar, Führungsqualitäten können nach dieser Theorie also geschult werden.

Die Abgrenzung zwischen Eigenschaften und Verhalten ist nicht eindeutig; manche Eigenschaften lassen sich nur durch Verhaltensweisen beschreiben (z.B. Güte, Freundlichkeit, Ehrgeiz).

Die Forschung hat sich immer wieder auf zwei Aspekte konzentriert. Zum einen auf die Frage, ob der erfolgreiche Führer sich auf die *Aufgabe oder die Menschen* konzentrieren sollte — oder ob beides miteinander kombinierbar ist. Zum anderen wird die Frage — unter Schlagworten wie *autoritäre/demokratische Führung* oder *Partizipation* — diskutiert, inwieweit der Vorgesetzte Macht mit den Untergebenen teilen soll. Auf diese beiden Aspekte wird im Folgenden näher eingegangen.

Heute dürfte die Meinung vorherrschen, dass weder angeborene Eigenschaften noch ein optimaler Führungsstil allein Führungsqualitäten bestimmen. Stattdessen wird heute überwiegend eine situative Sicht vertreten, d.h. dass effektive Führerschaft darauf beruht, der jeweiligen Situation — den Untergebenen, der Aufgabe u.a. — angepasste Verhaltensweisen anzuwenden. Dies bedeutet jedoch nicht, dass angeborene Persönlichkeitseigenschaften irrelevant und effektive Führung total erlernbar wären. Auf Persönlichkeitseigenschaften kann zur Erklärung erfolgreichen Führungsverhaltens nicht verzichtet werden. Zum Beispiel spielen Glaubwürdigkeit und menschliche Autorität des Vorgesetzten eine große Rolle für die E-und V-Komponenten der Motivation. Dabei handelt es sich um Eigenschaften, die nur in Grenzen erlernbar sind.

3.4.2 Mitarbeiterorientierung und Aufgabenorientierung

Auf der Suche nach effektivem Führungsverhalten wurden Ende der 40er Jahre an US-Universitäten (u.a. der Ohio State University und der University of Michigan) Forschungsprogramme begonnen, die sich besonders mit zwei Dimensionen des Führungsverhaltens beschäftigten:

* Aufgabenorientierung (*initiating structure*): Planung durch den Vorgesetzten, Zielvorgaben, Strukturierung der Aufga-

ben der Untergebenen, Ausüben von Druck, Zuweisung von Aufgaben,

- Mitarbeiterorientierung *(consideration):* Verständnis, Anteilnahme, Sympathie für den Untergebenen, Eingehen auf seine Probleme, Kommunikation.

Diese Dimensionen erwiesen sich als unabhängig voneinander, so dass eine Person auf beiden Skalen gleichzeitig hoch oder niedrig rangieren kann.

Zwischen dem Grad der *Mitarbeiterorientierung* und der Produktivität der Untergebenen ergab sich in einigen Studien ein positiver Zusammenhang, in anderen Untersuchungen jedoch nicht. Insgesamt wird die Vermutung, dass Mitarbeiterorientierung des Vorgesetzten die Leistung fördert, nicht hinreichend gestützt. Auch ist zu beachten, dass selbst eine positive Korrelation nichts über Kausalbeziehungen aussagt; z.B. könnte auch Leistung die unabhängige, Mitarbeiterorientierung die abhängige Variable sein. Das hieße, der Vorgesetzte wendet sich besonders den Leistungswilligsten seiner Mitarbeiter zu.

Zwischen Mitarbeiterorientierung und *Arbeitszufriedenheit* wurde durchgängig eine positive Korrelation festgestellt. Dies ist insofern einleuchtend, als der Vorgesetzte durch seine Zuwendung Sicherheits- und soziale Bedürfnisse des Untergebenen befriedigt. Die Möglichkeit eines Vorgesetzten, durch mitarbeiterorientiertes Verhalten Zufriedenheit zu erhöhen, hängt davon ab, inwieweit seine Zuwendung bei den Mitarbeitern erwünscht ist.

Auch hier ist jedoch auf die Frage der Kausalität hinzuweisen, die in Korrelationsstudien nicht beantwortet werden kann: Wenn Zufriedenheit des Untergebenen und Zuwendung des Vorgesetzten statistisch korreliert sind, so beweist das nicht, dass Zuwendung Zufriedenheit hervorbringt. Es könnte auch umgekehrt sein: Einem zufriedenen Mitarbeiter wendet sich der Vorgesetzte eher zu als einem unzufriedenen.

Auch der Einfluss der *Aufgabenorientierung* wurde nicht eindeutig geklärt. Nach den Ohio-State-Studien schien es so, als ob Vorgesetzte, die in beiden Dimensionen — Mitarbeiter- und Aufgabenorientierung — hoch rangierten, tendenziell bessere Leistung und Zufriedenheit ihrer Untergebenen aufwiesen als alle anderen. Andererseits war dieser Führungsstil in manchen Fällen mit höheren Raten von Streiks, Absentismus, Fluktuation sowie geringerer Zufriedenheit von Mitarbeitern verbunden, die Routinetätigkeiten ausübten. Die Michigan-Studien deuteten darauf hin, dass auf den höheren hierarchischen Ebenen aufgabenorientiertes Führungsverhalten, auf den unteren Ebenen mitarbeiterorientiertes Verhalten und auf mittleren Ebenen die Kombination beider nützlich ist.

Die E×V-Theorie lässt keine generelle Auswirkung einer ungezielten und undifferenzierten Mitarbeiterorientierung auf die Motivation vermuten. Die Zuwendung kann einerseits die Motivation steigern, indem die E-Komponente verstärkt wird: Die Erwartung, durch mehr Anstrengung mehr Belohnungen zu erlangen. Dies könnte dadurch geschehen, dass der Vorgesetzte dem Untergebenen im Notfall hilft, sein Selbstvertrauen stärkt etc.

Mitarbeiterorientierung kann andererseits auch die V-Komponente erhöhen, d.h. Belohnungscharakter haben. Das setzt aber voraus, dass der Untergebene diese Zuwendung tatsächlich begehrt. Hierfür dürften Persönlichkeitseigenschaften sowohl des Vorgesetzten wie des Untergebenen, Ansehen und Macht des Vorgesetzten in der Organisation von Bedeutung sein. Darüber hinaus prognostiziert die Theorie, dass die begehrte Zuwendung des Vorgesetzten nur dann zu höherer Anstrengung motivieren kann, wenn sie an Leistung gebunden und nicht gleichmäßig über alle Mitarbeiter verteilt wird.

E×V-Theorie und Goal Setting Theory lassen vermuten, dass *aufgabenorientierte* Führung durch Setzen anspruchsvoller Ziele die Motivation und Leistung verbessern kann.

Die zwei Dimensionen des Führungsstils wurden in dem bekannten *Managerial Grid®* von Blake und Mouton (1994) dargestellt (Abbildung 3-6). Die Autoren propagieren (literarisch und in Führungs-Trainingsseminaren) die Idee, ein 9,9-Stil sei – unabhängig von der jeweiligen Führungssituation – den anderen Typen überlegen. Die empirische Basis hierfür ist jedoch weiterhin schwach. Als Fazit ist festzuhalten, dass es von einer Anzahl situativer Faktoren abhängt, welche Kombination jeweils Motivation und/oder Zufriedenheit am besten fördert.

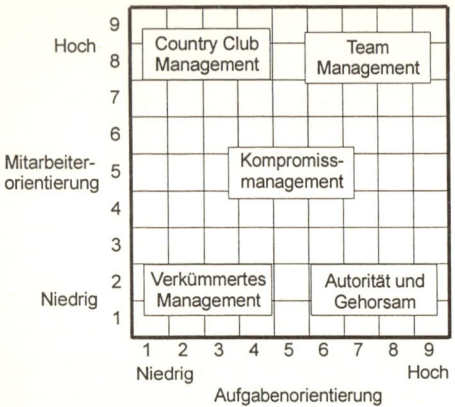

Abb. 3-6: Das Managerial Grid® von Blake und Mouton

3.4.3 Demokratische und autoritäre Führung

Auf dieser Verhaltensdimension wird die Machtverteilung zwischen Führer und Geführtem gemessen. Am einen Ende des Kontinuums steht die autoritäre Entscheidung des Vorgesetzten, am anderen Ende die vollkommen demokratische Gruppenentscheidung. Dazwischen lassen sich Formen unterschiedlicher *Partizipation* der Untergebenen an den Entscheidungen einordnen.

Seit Studien von Lewin, Lippitt und White (1938-1940) mit Kindern wird zwischen autoritärer und demokratischer Führung unterschieden. Seitdem galt demokratischer Führungsstil als überlegen in Hinsicht auf die Motivation und Zufriedenheit der Untergebenen. Diese Auffassung leuchtet ein. Insbesondere können durch Partizipation Wissen und Ideen der Mitarbeiter in die Entscheidung einfließen und sie dadurch qualitativ besser machen. Zum anderen wird unterstellt, ein Mitarbeiter werde motivierter an der Realisation einer Entscheidung arbeiten, wenn er selbst auf die Entscheidung Einfluss genommen hat.

Diese populäre Auffassung ist jedoch in empirischen Untersuchungen nicht durchgängig bestätigt worden. Die Ergebnisse zeigen zwar eine überwiegend positive Korrelation zwischen

Partizipation und Zufriedenheit, aber keine klare Beziehung zwischen Partizipation und Leistung.

Heute scheint es so, dass der Nutzen einer Partizipation differenziert zu beurteilen ist. Es kommt auf eine Reihe personen- und situationsbedingter Faktoren an (Vroom/Jago 1988):

- Wie sind die relevanten Informationen zwischen Vorgesetztem und Untergebenen verteilt?
- Ist das Problem strukturiert oder sind Lösungsideen gefragt?
- Ist die Akzeptanz der Entscheidung durch die Untergebenen wichtig für den Erfolg?
- Würden die Untergebenen eine einsame Entscheidung des Vorgesetzten akzeptieren?
- Ist ein Konflikt zwischen den Unternehmenszielen und persönlichen Zielen der Mitarbeiter bei der anstehenden Entscheidung zu erwarten?
- Kann die Partizipation zu Konflikten zwischen den Mitarbeitern führen?

Demnach ist eine positive Wirkung der Partizipation dann zu erwarten, wenn die Untergebenen viel zur Entscheidung beitragen können, die Entscheidung sie nicht in einen Konflikt mit persönlichen Zielen bringt und als Ergebnis des Entscheidungsprozesses alle die getroffene Entscheidung akzeptieren.

3.4.4 Management by Objectives (MbO)

MbO heißt Führung durch Ziele und wird im Deutschen auch als Führung durch Zielvereinbarung bezeichnet. Es ist ein Konzept, das den Gedanken der Motivation durch Zielvorgabe auf die gesamte Organisation anwendet (Carroll/Tosi 1973). Die Gesamtziele des Unternehmens werden *top-down* in Ziele von Hauptabteilungen, Abteilungen, Gruppen etc. transformiert, bis jedes einzelne Mitglied konkrete Vorgaben für einen bestimmten Planungszeitraum hat.

Kennzeichnend ist dabei die partizipative Erarbeitung der Höhe der Zielvorgaben; diese werden zwischen dem jeweiligen Vorgesetzten und seinen Untergebenen vereinbart. Damit kommt auch der *Bottom-up*-Ansatz zur Geltung.

Während des Realisationsprozesses findet eine weitgehende Rückkoppelung der eingetreten Ergebnisse statt, so dass die

Maßnahmen an veränderte Bedingungen angepasst und notfalls Ziele revidiert werden können. Am Ende des Planungszeitraums werden die Zielvorgaben mit den Ergebnissen verglichen. Dieser Vergleich ist die Basis für die Beurteilung der Mitarbeiter. Als Vorteile von MbO gelten:

- Die bewusste Ausrichtung der Aktivitäten aller Ebenen an übergeordneten Zielen,
- die motivierende Wirkung anspruchsvoller, erreichbarer, spezifischer Ziele,
- die Ausnutzung der Kreativität der Mitarbeiter durch Orientierung an Zielen statt an Weisungen,
- die verringerte Notwendigkeit von laufender Kontrolle und Koordination der Untergebenen, stattdessen mehr Selbstkontrolle, nur periodische Erfolgskontrolle,
- bessere Befriedigung des Autonomiebedürfnisses der Mitarbeiter.

MbO stimmt mit der Goal Setting Theory insofern überein, als es die motivierende Wirkung expliziter, vom Mitarbeiter akzeptierter Ziele betont. Auch die E×V-Theorie ist mit MbO kompatibel: Die vereinbarten Ziele verbessern die Rollenwahrnehmung (man weiß genau, was von einem erwartet wird), sie stellen klare Leistungsmaße dar und erhöhen dadurch die Chance, für Zielerreichung intrinsisch und extrinsisch belohnt zu werden.

MbO ist in vielen Unternehmen eingeführt worden; es endete jedoch häufig mit einem Misserfolg. Zum einen ist eine hinreichende Voraussehbarkeit der Ereignisse nötig; andernfalls sind Zielvereinbarungen zu unsicher und schnell überholt. Zum anderen erfordert diese Führungstechnik eine gute Schulung der Manager. Da MbO eine Ergebniskontrolle impliziert, gilt es auch die in Abschnitt 2.6.2 erwähnten unerwünschten Nebenwirkungen der Kontrolle zu vermeiden.

Literaturhinweise

Staehle, W. H. (1999): Management. Eine verhaltenswissenschaftliche Perspektive. 8. Auflage. Vahlen von Rosenstiel, L. (2001): Motivation im Betrieb. Mit Fallstudien aus der Praxis. 10. Auflage. Rosenberger FV

von Rosenstiel, L. et al. (2003): Führung von Mitarbeitern. Handbuch für erfolgreiches Personalmanagement. 5. Auflage. Schäffer-Poeschel

Wiendieck, G./ Wiswede, G. (Hrsg.) (1990): Führung im Wandel. Neue Perspektiven der Führungsforschung und Führungspraxis, Enke

Nachschlagewerk

Kieser, A. et al. (Hrsg.) (1995): Handwörterbuch der Führung, 2. Auflage. Schäffer-Poeschel

Kapitel 4
Organisation

4.1 Aufgaben und Ziele

Organisation ist die Gesamtheit der Regelungen in einem arbeitsteiligen System. Die Regelungen sind teils organisch gewachsen (informelle Organisation), teils bewusst gestaltet und in Kraft gesetzt (formelle Organisation). Üblicherweise wird zwischen der *Aufbauorganisation* und der *Ablauforganisation* unterschieden. Aufbauorganisation ist die Struktur, wie sie sich in Organisations-Charts und Stellenbeschreibungen manifestiert, also die Regelung von Aufgaben und Weisungsbefugnissen. Ablauf- bzw. Prozessorganisation umfasst die Regelung von Prozessen, d.h. die zeitliche und räumliche Abfolge einzelner Vorgänge.

Organisatorische Fragen sind weltweit zu einem zentralen Punkt des Interesses in der Unternehmenspraxis geworden. Der globale Wettbewerb zwingt viele Unternehmen, die Effizienz ihrer Produktions- und Geschäftsprozesse zu überprüfen und zu verbessern. Diese Bemühungen sind namentlich in den 1990er Jahren durch populäre Schlagworte wie *Lean production, Lean management* und *Business Reengineering* gekennzeichnet gewesen. Auch wenn diese Schlagworte weitgehend wieder aus der Diskussion verschwunden sind, so ist die Notwendigkeit entsprechender Restrukturierungen doch unvermindert gegeben.

Mit organisatorischer Gestaltung werden die folgenden Aufgaben verbunden.

1. *Stellenbildung:* Die Definition der kleinsten organisatorischen Einheiten (Arbeitsplätze) nach ihren Aufgaben.
2. *Abteilungsbildung:* Die Definition größerer organisatorischer Einheiten nach ihren Aufgaben.
3. *Koordination:* Die Festlegung der Instrumente zur Sicherung der Abstimmung zwischen den Einheiten.
4. *Entscheidungszentralisation:* Die Verteilung von Entscheidungskompetenzen zwischen der obersten Führungsebene und den unteren Ebenen.
5. *Formalisierung:* Die Festlegung des Grades, in dem die Organisation offiziell reguliert werden bzw. welches Ausmaß die informelle Organisation annehmen soll.

Organisatorische Entscheidungen müssen sich zum großen Teil an *Zielen* orientieren, die relativ weit von den obersten Unternehmenszielen entfernt sind. Regelmäßig spielen u.a. folgende Zielgrößen eine Rolle:

- Minimierung der organisationsbedingten Kosten,
- Erleichterung der Koordination,
- Vermeidung von Konflikten,
- Erhöhung der Flexibilität,
- Erhöhung der Motivation,
- Erhöhung der Arbeitszufriedenheit,
- Sicherung der Innovationsfähigkeit.

Inwieweit die Verfolgung dieser Ziele bei der Organisationsgestaltung sich letztlich in Gewinn und Umsatz niederschlägt, ist nur vage absehbar. Die Ziele der Organisationsgestaltung sind daher solche, die im Hinblick auf die obersten Unternehmensziele den Charakter von Unterzielen oder Instrumentalzielen haben.

4.2 Stellenbildung

Alle Organisationen gewinnen ihre Effektivität durch Arbeitsteilung. Das bedeutet Spezialisierung der Arbeitskräfte. Die Spezialisierung kann idealtypisch in drei verschiedenen Dimensionen erfolgen:

1. nach Funktionen,
2. nach Objekten,
3. nach Entscheidungsbefugnissen.

Die Spezialisierung nach *Funktionen* (Verrichtungen, Tätigkeitsarten) ist die klassische Methode der Produktivitätssteigerung, mit der ungeheure Fortschritte gegenüber der handwerklichen Fertigung erzielt wurden. Die Arbeitskraft ist auf eine Funktion spezialisiert (z.B. Schweißen, Maschineschreiben, Kassieren, Reisekostenabrechnungen prüfen, Lastwagen fahren). Bei der Spezialisierung nach *Objekten* arbeitet die Arbeitskraft nur an einem Produkt bzw. einer Produktlinie, einem Projekt, einem Kundenkreis o.ä. Beispielsweise beschäftigt sich ein Instandhaltungsmechaniker nur mit einem einzigen Flugzeugtyp, an dem er jedoch viele verschiedenartige Wartungstätigkeiten ausführt.

Natürlich treten sowohl Funktions- wie Objektspezialisierung abgestuft und in vielerlei Kombinationsmöglichkeiten auf. Die (zumindest teilweise) Aufhebung der Spezialisierung auf Funktionen oder Objekte heißt *Aufgabenerweiterung (Job Enlargement)*.

Die Spezialisierung nach *Entscheidungskompetenzen* bedeutet, dass die Planung und die Durchführung einer Aufgabe unterschiedlichen Personen zugeordnet werden. So war es ein Hauptanliegen der „Wissenschaftlichen Betriebsführung" F. W. Taylors (1911), die Arbeitsvorbereitung ausgebildeten Spezialisten zu übertragen: „Jede mögliche Gehirnarbeit sollte aus der Werkstatt herausgenommen und in der Planungs- und Arbeitsvorbereitungsabteilung zentralisiert werden."

Wird eine überwiegend ausführende Tätigkeit dadurch angereichert, dass man der betreffenden Arbeitskraft Entscheidungsbefugnisse einräumt, spricht man von *„Job Enrichment"*. Über die Verteilung von Entscheidungsbefugnissen diskutieren wir in diesem Abschnitt nicht weiter; das Thema wird in Abschnitt 4.5 wieder aufgegriffen.

Wie lässt sich entscheiden, ob ein bestimmter Aufgabenkomplex mehr funktions- oder mehr objektorientiert aufgeteilt werden soll? Zu den Zielgrößen, die hierbei zu beachten sind, gehören die folgenden:

- Verfügbarkeit und Kosten der Stelleninhaber,
- Produktivität und Kosten der Tätigkeit,
- Koordinationsbedarf,
- Flexibilität,
- Arbeitszufriedenheit,
- Motivation.

Verfügbarkeit und Kosten. Man muss Stellen so bilden, dass man sie auch besetzen kann, d.h. es muss auf dem Arbeitsmarkt Menschen geben, die diese Stellen ausfüllen können und wollen. Die resultierenden Lohn- und Gehaltskosten sollten möglichst gering sein, deshalb sollte eine Stelle nicht so unterschiedliche Fähigkeiten verlangen, dass Menschen mit einer solchen Kombination selten sind bzw. sehr hohe Gehaltsansprüche stellen können.

Produktivität. Dieses Wort bedeutet gewöhnlich ein Output-Input-Verhältnis, d.h. einen Quotienten aus einer physischen Ertrags- und einer physischen Aufwandgröße. Adam Smith (1776) beschrieb die Vorteile der Arbeitsteilung bei der Nadelfabrikation: Die 18 Vorgänge bei der Herstellung der Nadeln waren in einer Fabrik auf zehn spezialisierte Arbeiter verteilt. So leisteten sie eine Tagesproduktion von 4.800 Stück pro Arbeiter. Er merkt an, dass sie, wenn jeder Arbeiter alle einzelnen Vorgänge verrichten müsste, kaum 20 Stück pro Mann und Tag zustande bringen würden. Die Arbeitsproduktivität (Nadeln pro Arbeitstag) wird also durch Spezialisierung auf das 240-fache gesteigert. Gründe für die Vorteile durch Spezialisierung sind:

- Jede Arbeitskraft kann sich auf die Tätigkeit beschränken, für die sie am besten geeignet ist,
- die ständige Wiederholung führt zur Verbesserung und Beschleunigung des Vorgangs durch Erfahrung und Übung,
- Pausen und Reibungsverluste durch den Wechsel zwischen verschiedenen Aufgaben werden vermieden.

In der Regel wird die Produktivität bei einer Funktionsspezialisierung höher sein als bei einer Objektspezialisierung.

Treibt man die Spezialisierung nach Funktionen voran, so nehmen die Produktivitätszuwächse allmählich ab. Die Aufteilung der Geschäftsführung eines Unternehmens auf einen Technischen und einen Kaufmännischen Leiter wird vermutlich sehr nützlich sein. Wächst das Unternehmen und teilt man die kaufmännischen Funktionen z.B. auf mehrere Abteilungsleiter für den Vertrieb, das Rechnungswesen, die Beschaffung etc. auf, sind ebenfalls noch bedeutende Produktivitätszuwächse infolge von Spezialisierungsvorteilen zu erwarten. Die weitere Zerlegung von schon eng definierten Funktionen in noch enger definierte Unterfunktionen bringt jedoch immer weniger zusätzlichen Nutzen.

Koordinationsbedarf. Die unvermeidliche Kehrseite jeder Arbeitsteilung zwischen Personen ist das Entstehen eines Koordinationsbedarfs, da die Aktivitäten der Handlungsträger auf gemeinsame Ziele und Zwecke ausgerichtet werden müssen.

Durch die Art der Stellenbildung werden Interdependenzen geschaffen bzw. vermieden. Je stärker spezialisiert die einzelnen Personen sind, desto geringer ist ihr Überblick über den Gesamtvorgang und über die Gegebenheiten und Anforderungen anderer Beteiligter. Daher begünstigt eine weit vorangetriebene Spezialisierung der Ausführungsaufgaben den Entzug von Entscheidungsspielräumen und macht Koordinationsinstanzen notwendig.

Tendenziell entsteht durch Funktionsspezialisierung ein höherer Koordinationsbedarf als durch Objektspezialisierung.

Flexibilität. Spezialisierung wird gewöhnlich mit einem Verlust an Flexibilität erkauft. Der an eine vielfältige Tätigkeit gewöhnte Mitarbeiter kann dagegen an verschiedenen Stellen einspringen, z.B. kann der Maschinenbediener einen Maschinenschaden selbst beheben. Je dynamischer die Aufgabenumwelt ist, desto wichtiger ist der Gesichtspunkt der Flexibilität. Dies ist sicher einer der Gründe dafür, dass die Industrie in jüngster Zeit teilweise von stark spezialisierter Fließbandarbeit zur Gruppenarbeit übergegangen ist, bei der die Arbeiter vielfältigere Tätigkeiten ausüben können.

Arbeitszufriedenheit und Motivation. Seit den sechziger Jahren wurde zunehmend die Forderung nach abwechslungsreicher und mit mehr Verantwortung ausgestatteter Tätigkeit erhoben, von der man sich erhöhte Zufriedenheit wie auch Motivation versprach. Viele Unternehmen haben Job-Enlargement-, Job-Enrichment- und Job-Rotation-Programme durchgeführt, wobei meist auf Formen teilautonomer Gruppenarbeit übergegangen wurde. In Deutschland war hierfür lange Zeit das Schlagwort „Humanisierung der Arbeitswelt" geläufig. In jüngerer Zeit hat der Humanisierungsgedanke allerdings stark an Bedeutung verloren. Die Einführung neuer Formen der Gruppenarbeit im Rahmen von Lean production-Konzepten erfolgt vorrangig unter Effizienzgesichtspunkten.

Welche Eigenschaften machen einen Job motivierend und befriedigend? Ein bekanntes Modell von Hackman und Oldham (1976, 1980), das *Job Characteristics Model*, identifiziert fünf Kerndimensionen:

1. Anforderungsbreite *(skill variety):* das Ausmaß, in dem die Tätigkeit unterschiedliche Fähigkeiten anspricht,
2. Aufgabenganzheit *(task identity):* das Ausmaß, in dem ein Job die Vollendung eines zusammenhängenden, identifizierbaren Aufgabenkomplexes erfordert,

3. Aufgabenbedeutung *(task significance):* die Bedeutung der Tätigkeit für einen selbst und für andere,
4. Autonomie *(autonomy):* das Ausmaß der Unabhängigkeit und Entscheidungsfreiheit,
5. Rückmeldung *(feedback):* das Ausmaß, in dem der Stelleninhaber Rückmeldung über die Qualität seiner Leistung erhält.

Empirische Studien führten zu dem Ergebnis, dass Menschen auf (im Sinne des Modells) höherwertigen Arbeitsplätzen motivierter, zufriedener und produktiver waren als Menschen auf Arbeitsplätzen mit niedrigeren Charakteristiken. Allerdings wird der Zusammenhang zwischen den genannten Dimensionen der Arbeit und der Arbeitszufriedenheit und -motivation durch einige moderierende Variablen beeinflusst. Dazu gehören namentlich die Stärke des Wachstumsbedürfnisses der Mitarbeiter, ihr Wissen und ihre Fähigkeiten sowie ihre Zufriedenheit mit den äußeren Arbeitsbedingungen. Programme zur Arbeitsanreicherung hatten daher nicht immer Erfolg; nicht alle Arbeitnehmer waren an ausgeweiteten, verantwortungsvolleren Tätigkeiten interessiert.

Die Möglichkeiten zur Anreicherung der Arbeit hängen stark von der Art der Aufgaben ab. Das Bemühen, angereicherte, weniger standardisierte Tätigkeiten zu schaffen, kann bei Massenfertigung sehr schnell mit den ökonomisch-technischen Zwängen kollidieren, die eine hohe Produktivität verlangen.

4.3 Abteilungsbildung

4.3.1 Funktions- und Objektgliederung

Abteilungsbildung ist die Zusammenfassung von Stellen unter der Leitung eines oder mehrerer Vorgesetzten und mit einer gemeinsamen Aufgabe. Darüber hinaus soll auch die Zusammenfassung von Abteilungen zu größeren Einheiten (z.B. „Hauptabteilungen") usw. unter diesem Begriff subsumiert werden.

Einerseits geht es bei der Gestaltung darum, nach welchen Kriterien Abteilungen gebildet werden, insbesondere um die Gliederung nach Funktionen oder Objekten. Zum anderen ist auch die Frage der „Leitungsspanne" angesprochen: Wie viele

Mitarbeiter soll man unter einem Vorgesetzten zusammenfassen?

Gruppierung nach Funktionen bedeutet die Zusammenfassung von Mitarbeitern, die gleichartige Tätigkeiten ausüben, also auf bestimmte Funktionen spezialisiert sind. Dies bedeutet häufig auch eine gleichartige Ausbildung und den Umgang mit den gleichen Betriebsmitteln. Beispiele für nach dem Funktionsprinzip gebildete Abteilungen sind: Schlosserwerkstatt, Einkaufsabteilung, Rechenzentrum, Schreibbüro oder die Röntgenstation im Krankenhaus.

Gruppierung nach Objekten macht bestimmte Objekte, die Gegenstand der Zielsetzung der Organisation sind, zum Anknüpfungspunkt der Abteilungsbildung. Dies können Produkte, Kundengruppen, regionale Marktsegmente oder Projekte sein. Eine nach dem Objektprinzip gebildete Abteilung besteht also z.B. aus Mitarbeitern, die alle auf ein und dasselbe Produkt und/ oder die gleichen Klienten (Märkte) spezialisiert sind. Beispiele für Objektgliederung sind die Feinkostabteilung im Warenhaus, die Sparte „Pflanzenschutzmittel" eines Chemie-Unternehmens oder die Jugendabteilung eines Tennisclubs. In der industriellen Produktion finden wir die Gruppierung nach Funktionen in Gestalt des *Werkstattprinzips*, die Gruppierung nach Objekten in Gestalt des *Fließprinzips* (vgl. Kapitel 10).

Die meisten Unternehmen sind auf der Ebene direkt unterhalb des obersten Leitungsorgans nach Funktionen gegliedert. Dort finden wir dann die Leiter der Abteilungen Marketing, Produktion, Materialwirtschaft, Personal, Rechnungswesen etc. Dies ist die klassische Funktionsstruktur oder *funktionale Organisation*. Abbildung 4-1 zeigt das Organigramm eines durchgängig funktional gegliederten Industrieunternehmens.

Im Gegensatz hierzu gibt es seit den zwanziger Jahren des 20. Jahrhunderts in stark diversifizierten Großunternehmen (also Unternehmen mit breit gefächerter Produktpalette) die *divisionale Organisation*, auch Geschäftsbereichs- oder Spartenorganisation genannt. Hier finden wir unterhalb des obersten Leitungsorgans eine Abteilungsgliederung nach dem Objektprinzip, meist nach produkt- oder marktorientierten Geschäftsbereichen.

Allerdings sind funktionsorientierte Bereiche auch hier zu finden. Zum einen existieren sog. *Zentralbereiche,* wie Finanzen und Rechnungswesen, die gewisse Funktionen für das Gesamt-unternehmen ausüben und Dienstleistungen für die Geschäfts-bereiche erbringen. Zum anderen sind die Sparten in sich funk-tional gegliedert. Die Abbildung 4-2 zeigt eine divisionale Orga-nisation. Näheres über diesen Strukturtyp folgt in Abschnitt 4.7.4.

Für die Gestaltung im Einzelfall können folgende Ziele heran-gezogen werden:

- Koordinationsbedarf,
- Erfolgsorientierung,
- Professionalität,
- Produktivität und Kosten,
- Arbeitszufriedenheit und Motivation.

Koordinationsbedarf. Aus den Interdependenzen zwischen den einzelnen Vorgängen eines größeren Aufgabenkomplexes ergibt sich ein Koordinationsbedarf. Die Abteilungsbildung ermöglicht es, Stellen mit besonders intensivem Koordinationsbedarf zu-sammenzufassen.

Eine Abteilungsbildung nach Funktionen zerschneidet viele Abläufe und schafft erheblichen Koordinationsbedarf zwischen den Abteilungen. Ein Kundenauftrag schafft beispielsweise In-terdependenzen zwischen Entwicklungs-, Vertriebs-, Produkti-ons-, Beschaffungs- und Finanzabteilung. Es ist daher ein be-trächtliches Maß an Koordination zwischen den funktionalen Abteilungen zu leisten, um deren funktional-fachlich orientierte Anstrengungen auf die gemeinsamen Ziele zu richten.

Unter dem Koordinationsaspekt wird häufig eine objektbezo-gene Gliederung effektiver sein als eine funktionale. Hier arbei-ten alle Mitglieder einer Abteilung in einem „natürlichen" Auf-gabenzusammenhang; sie erstellen gemeinsam ein Produkt, ar-beiten an einem Projekt oder kümmern sich um ein Marktseg-ment. Der beträchtliche Koordinationsbedarf zwischen den ein-zelnen Funktionen wird innerhalb der Abteilung befriedigt.

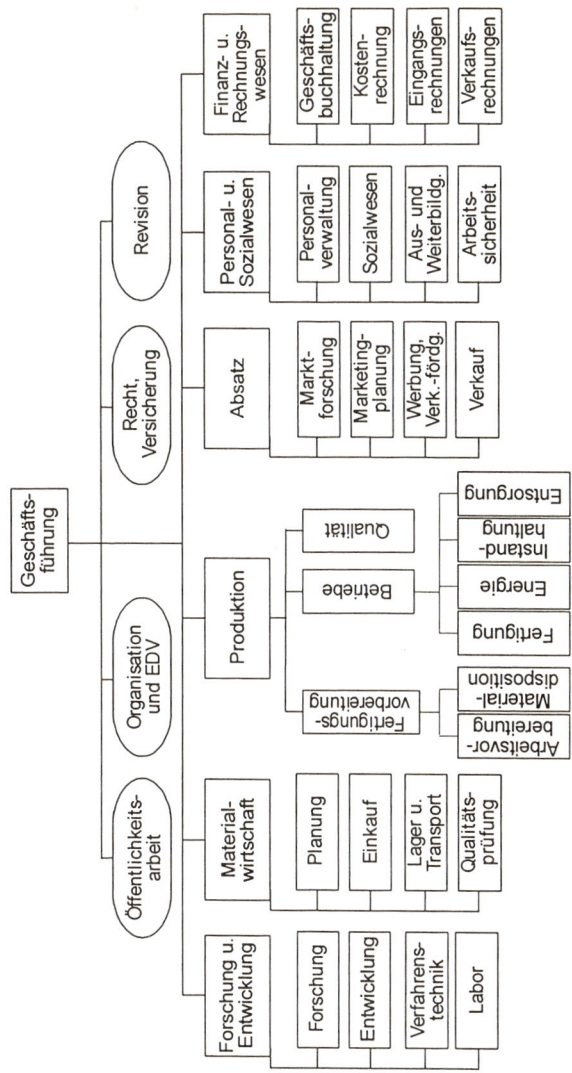

Abb. 4-1: Funktional gegliedertes Unternehmen

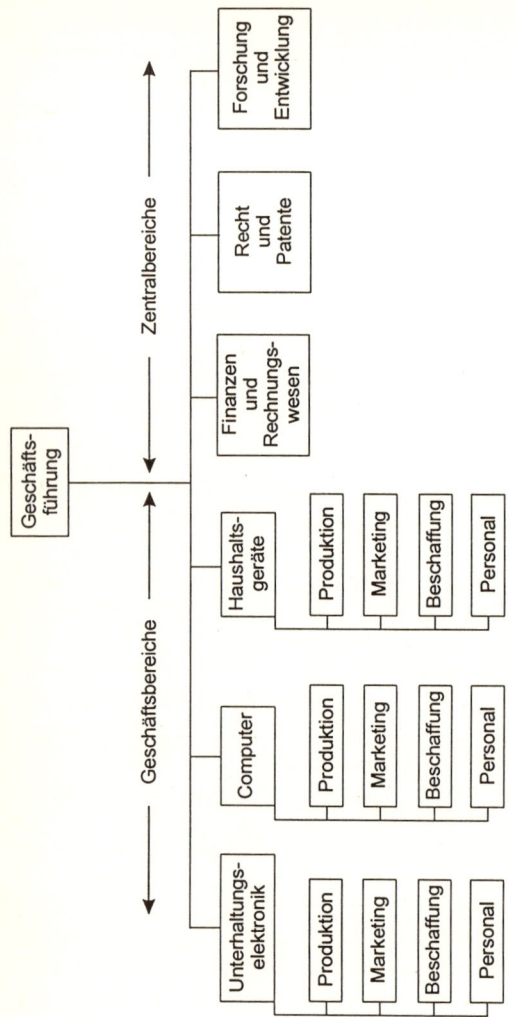

Abb. 4-2: Divisional gegliedertes Unternehmen

Erfolgsorientierung. Die funktionalen Teilbereiche entwickeln ihre eigenen fachbezogenen Leistungskriterien (Instrumental-ziele). Sie neigen dazu, die Bedeutung der eigenen Beiträge zur Gesamtleistung zu überschätzen, und haben Schwierigkeiten, die Probleme der anderen Funktionsbereiche zu verstehen. Für die Erreichung der eigentlichen Unternehmensziele ist außer der Unternehmensleitung niemand verantwortlich. An Objekten (Produktgruppen, Regionen) orientierte Abteilungen können eher Ziele verfolgen, die mit den Gesamtzielen kompatibel sind. Sie können für ihren Gewinn verantwortlich gemacht werden (dann bezeichnet man sie als *Profit Center*). Koordinationsge-sichtspunkte und die Orientierung der Sparten am Gewinn wa-ren die Hauptgründe für den Übergang großer, diversifizierter Unternehmen von der funktionalen zur divisionalen Organisati-onsstruktur.

Professionalität. Die Zusammenfassung von auf gleichartige Tätigkeiten spezialisierten Fachleuten in einer funktionalen Ab-teilung unter einem ebenfalls spezialisierten Vorgesetzten för-dert die professionelle Einstellung und fachliche Leistung, weil hier Erfahrungsaustausch, Wettbewerb und fachliche Kontrolle in der Regel größer sind als bei einer Zusammengruppierung von Personen unterschiedlicher beruflicher Richtungen.

Kapazitätsauslastung. Zusammenfassung von auf bestimmte Prozesse, Funktionen oder Ressourcen spezialisierten Stellenin-habern ermöglicht einen Ausgleich von schwankendem Arbeits-anfall in verschiedenen Bereichen des Unternehmens. Hieraus folgt möglicherweise auch ein geringerer Gesamtbedarf an Ar-beitskräften und Sachmitteln. Als Beispiel mag ein zentraler Schreibpool im Gegensatz zu über viele Abteilungen verstreuten Schreibkräften dienen. Hat jede Abteilung eigene Schreibkapazi-täten, die auf die Belastungsspitzen ausgelegt sind, so wird ins-gesamt eine höhere Kapazität vorgehalten als im zentralen Schreibpool, in dem ein Belastungsausgleich stattfinden kann. Ähnliche Beispiele sind eine zentrale Reparaturwerkstatt versus mehrere Reparaturwerkstätten für einzelne Betriebe oder ein Werksarztzentrum anstelle dezentraler Sanitätsstationen.

Produktivität und Kosten. Abteilungsbildung nach Funktio-nen kann den Vorteil bieten, dass durch das zunehmende Volu-men Kosteneinsparungen pro Einheit realisierbar sind. Hieran

sind − neben der im vorigen Abschnitt beschriebenen Kapazi-
tätseinsparung − mehrere Effekte beteiligt:

- *Kostendegression durch größere Betriebsmittel.* Das Ar-
  beitsvolumen von z.B. drei kleineren Maschinen wird zusammengefasst; dadurch wird die Anschaffung einer größeren Maschine möglich, deren Kosten geringer sind als die
  von drei kleineren Maschinen zusammen.
- *Ersparnisse durch Spezialisierung.* Dezentralisierte Funktionen sind häufig auf relativ universell einsetzbare Menschen
  und Betriebsmittel angewiesen; bei Zentralisierung der
  Funktion in einer Abteilung lohnt sich der Übergang auf
  spezialisierte Arbeitskräfte und Betriebsmittel.
- *Erfahrungseffekte.* Nach einer gängigen These hängen die
  Ersparnisse, die aus Verbesserungen des Leistungsprozesses
  folgen können, von der kumulierten Leistungsmenge ab. Der
  größere, kontinuierliche Arbeitsanfall bei zentralen Funkti-
  onsabteilungen ermöglicht die Kumulation von Erfahrungen
  und damit eine stetige Rationalisierung der Abläufe.

Dagegen stehen jedoch auch häufig gewisse Kostennachteile
durch den notwendigen Transfer von Personen (z.B. zur zentralen Werkskantine), Material (zentrale Registratur, zentrales Ma-
teriallager) und Informationen. Nachteilig für die Zusammenfassung einer Funktion in einer Abteilung kann auch eine vergrö-
ßerte Störanfälligkeit sein, vor allem dann, wenn die Funktion
von einer einzigen Anlage abhängig ist, wie z.B. einer Großre-
chenanlage oder einem zentralen Heizkraftwerk.

Arbeitszufriedenheit und Motivation. Durch Abteilungsbildung werden Menschen zueinander gruppiert und soziale Bedürfnisse (z.B. nach Kontakt oder Geltung) mehr oder weniger
gut befriedigt.

Häufig wollen Funktionsspezialisten am liebsten unter ihres-
gleichen sein. Die Gründe können gemeinsame Persönlichkeits-
merkmale sein, gemeinsame Interessen, Ausbildungsgänge und
Verständigungsmöglichkeiten zum Beispiel unter Chemikern,
Ingenieuren, Juristen, „Kreativen". Die Arbeitszufriedenheit wäre insoweit am besten durch eine Abteilungsbildung nach Funktionen gewährleistet.

Bei einer sehr engen Funktionsbegrenzung kann jedoch die
Funktionsgliederung mit dem Verlust des Blicks für das Ganze

verbunden sein; die Identifikation mit den Arbeitsergebnissen geht verloren. Hinzu kommt, dass der Einzelne sich als einer von vielen, austauschbaren Funktionsträgern empfindet. In diesem Fall ist es möglich, dass die Zuordnung zu einer objektorientierten Abteilung vorgezogen wird, weil sie mehr Identifikation, Geltung und Unabhängigkeit bietet. Zum Beispiel wird eine Schreibkraft die vielseitigere Tätigkeit in einer Fachabteilung gegenüber der im Schreibpool vorziehen.

4.3.2 Die Leitungsspanne

Die Leitungsspanne eines Vorgesetzten ist die Anzahl seiner direkten Untergebenen. Das Problem der optimalen Leitungsspanne hat zwei Seiten: die Auswirkungen innerhalb der betroffenen Abteilung und die Auswirkungen auf die Gesamtstruktur.

Auswirkungen innerhalb der Abteilung. Hier geht es im Wesentlichen um die Aufgabe des Vorgesetzten, die Tätigkeit seiner Mitarbeiter zu koordinieren. Die Leitungsspanne kann um so größer sein, je geringer der Koordinationsbedarf und je höher die *Koordinationskapazität* des Vorgesetzten ist. Beide Größen sind von vielen Einflussfaktoren abhängig. Der gesamte *Koordinationsbedarf* steigt mit dem Grad der *Interdependenz* zwischen den Tätigkeiten der einzelnen Untergebenen. Arbeiten z.B. in einer Abteilung lauter Spezialisten unterschiedlicher Fachrichtungen an einem Projekt zusammen, so ist der Koordinationsbedarf relativ hoch. In einer Debitorenbuchhaltung oder in einer Spinnerei verrichten die Arbeitskräfte ihre Tätigkeit unabhängig voneinander; der Koordinationsbedarf ist minimal. Der Koordinationsbedarf steigt ferner mit der *Aufgabenkomplexität,* weil die koordinierende Entscheidung um so mehr Zeit beansprucht, je mehr Einflussfaktoren berücksichtigt werden müssen.

Andere Koordinationsinstrumente sind Pläne, Standardisierung von Arbeitsweisen und direkte gegenseitige Abstimmung. Diese Mechanismen werden in Abschnitt 4.4 eingehender behandelt. Je mehr Koordination durch solche Mechanismen geleistet wird, desto weniger ist der direkte Eingriff des Vorgesetzten erforderlich.

Wovon hängt die *Koordinationskapazität* des Vorgesetzten ab? Die gesamte Arbeitskapazität des Vorgesetzten ist offensichtlich zunächst von seinen Fähigkeiten und seinem Einsatzwillen bestimmt. Von dieser Gesamtkapazität steht nur ein Teil für Koordination durch direkte Anweisungen und Kontrolle zur Verfügung. Strategische und Repräsentationspflichten, Mitwirkung in Gremien u.a. nehmen ihren Teil in Anspruch. Die maximale Leitungsspanne hängt also davon ab, welcher Teil der Gesamtkapazität für die direkten Koordinationserfordernisse bleibt. Dabei kann eine steigende Leitungsspanne sogar den positiven Effekt haben, dass der Vorgesetzte mehr Aufgaben delegieren kann und dadurch seine Koordinationskapazität erhöht.

Auswirkungen auf die Gesamtstruktur. Die Leitungsspannen wirken sich unmittelbar auf die Anzahl der hierarchischen Ebenen aus. Je kleiner die Leitungsspanne auf allen Ebenen, desto mehr Ebenen sind nötig, und desto „steiler" wird die Pyramide.

Ein Beispiel: Bei 64 Untergebenen an der Basis der Pyramide erfordert eine Leitungsspanne von 64 nur eine Führungsebene, eine Leitungsspanne von 4 macht drei Führungsebenen nötig, eine Leitungsspanne von 2 führt zu sechs Führungsebenen.

Dieser Effekt bedeutet, dass folgende Ziele in der Regel betroffen sind: Kosten und Qualität der vertikalen Koordination.

Personalkosten. Je steiler die Hierarchie, desto mehr Führungskräfte sind erforderlich. Bei durchgehend gleicher Leitungsspanne s und n ausführenden Stellen beträgt die Anzahl der Führungskräfte $(n-1)/(s-1)$. Zum Beispiel sind für $n=1.000$ und $s=6$ rein rechnerisch rund 200 Führungskräfte, aber 333 für $s=4$ erforderlich. Zu der quantitativen Erhöhung kommt kostensteigernd wahrscheinlich eine stärkere Gehaltsdifferenzierung, da die Anzahl der Führungsebenen steigt (im Beispiel von vier auf fünf).

Qualität der vertikalen Kommunikation. Nachrichten, die die ganze Hierarchie von unten nach oben oder umgekehrt durchlaufen, können auf jeder Ebene verzögert, aggregiert, interpretiert und bewusst oder unbewusst verfälscht werden. Die Spitze ist in der steilen Hierarchie weiter von der Basis entfernt, tendenziell schlechter informiert und kann nicht so schnell auf Wahrnehmungen an der Basis reagieren wie in der flachen

Struktur. Andererseits gibt eine kleinere Leitungsspanne den Führungskräften mehr Zeit, Probleme zu analysieren.

Die Tendenz in der herrschenden Managementphilosophie wie auch in der Unternehmenspraxis geht in Richtung auf größere Leitungsspannen und somit flachere Hierarchien. Große Unternehmen haben im Zuge der Restrukturierung gleich mehrere Hierarchie-Ebenen gestrichen. Damit sind Kostenersparnisse und schnellere Entscheidungsprozesse verbunden, aber auch das Erfordernis, Entscheidungskompetenzen zu delegieren. Die Anforderungen an die Mitarbeiter aller Ebenen steigen.

4.4 Koordination

4.4.1 Koordinationsformen

Seit der bahnbrechenden Arbeit von Ronald H. Coase (1937) ist bekannt, dass Markt und Hierarchie alternative Koordinationsmechanismen sind.

> Außerhalb des Unternehmens steuern Preisbewegungen die Produktion, die durch eine Abfolge von Tauschgeschäften auf dem Markt koordiniert wird. Innerhalb des Unternehmens sind diese Markttransaktionen beseitigt und an die Stelle der komplizierten Marktstruktur mit Tauschgeschäften tritt der Entrepreneur-Koordinator, der die Produktion steuert. Es ist offensichtlich, dass dies alternative Formen der Koordination der Produktion sind.
> (Coase, R. H.: The nature of the firm, 1937, S. 388).

Anders als Coase zunächst annahm, sind Markt und Hierarchie keine einander ausschließenden Koordinationsformen, sondern in vielfältiger Weise miteinander kombinierbar. Daher können in Unternehmen neben hierarchischen auch marktliche Koordinationsformen zum Einsatz kommen. Später wies vor allem die Organisationskulturforschung darauf hin, dass gemeinsame Werte ebenfalls zur Abstimmung arbeitsteiliger Aktivitäten beitragen können.

4.4.2 Hierarchische Koordination

4.4.2.1 Formen

Die möglichen Formen der hierarchischen Koordination lassen sich einerseits nach der Person dessen, der die koordinierende Entscheidung trifft, in *vertikale und horizontale* Koordination unterteilen. Zum anderen ist unter dem zeitlichen Aspekt zwischen *Vorauskoordination und kurzfristiger Anpassung* (Feedback-Koordination) zu unterscheiden.

Vertikale und horizontale Koordination. Als vertikale Koordination wird die Entscheidung durch den gemeinsamen Vorgesetzten der zu koordinierenden Personen oder Einheiten bezeichnet. Horizontale Koordination bedeutet Abstimmung zwischen Personen ohne Einschaltung von Vorgesetzten.

Vorauskoordination und kurzfristige Anpassung. Bei dieser Unterscheidung geht es darum, ob die koordinierenden Handlungsentscheidungen bereits zeitlich weit im Voraus getroffen werden oder erst dann, wenn Ereignisse eingetreten sind, die unmittelbares Handeln erforderlich machen. Instrumente der Vorauskoordination sind einerseits *Standardisierung* und andererseits *Planung.*

Aufgaben, die sich gleich oder ähnlich wiederholen, werden meist *standardisiert,* d.h. die Tätigkeitsabläufe werden festgelegt. Dadurch wird ein reibungsloses Zusammenarbeiten ermöglicht und weiterer Koordinationsbedarf (kurzfristige Anpassung *ad hoc*) vermieden. In der Produktion ist die Standardisierung oft in den Maschinen, Anlagen und Einrichtungen festgelegt, die eine andere als die vorgesehene Verfahrensweise gar nicht zulassen. Im Verwaltungs- und Dienstleistungsbereich wird Standardisierung vielfach durch Formulare oder Computerprogramme erreicht. Statt von Standardisierung wird auch von Programmierung oder Routinen gesprochen. Beispiele: Die Errichtung eines Bankkontos, die Prüfung eines Fahrzeugs beim TÜV, die Einstellung eines neuen Mitarbeiters sind repetitive Aufgaben, deren Standardisierung einen großen Teil des Koordinationsbedarfs zwischen den beteiligten Personen bzw. Abteilungen abdeckt.

Planung von Zielwerten (Ergebnisplanung) oder einzelnen Maßnahmen (Maßnahmenplanung) für bestimmte zukünftige

Zeiträume ist ebenfalls ein Mittel der Vorauskoordination, wie wir schon im Kapitel 2 gesehen haben. Die Planung erspart somit einen Teil des sonst unvermeidlich auftretenden *Ad-hoc-*Abstimmungsbedarfs.

	Standardisierung	Planung	Kurzfristige Anpassung
Vertikal	Normen bzw. Pläne werden von oben vorgeschrieben		Vorgesetzter ordnet an
Horizontal	Normen bzw. Pläne werden zwischen Gleichberechtigten ausgehandelt		Gleichberechtigte stimmen sich ab

Abb. 4-3: Formen hierarchischer Koordination

Aber nicht alles lässt sich voraussehen, und dann ist Koordination durch *kurzfristige Anpassung* erforderlich. Sie geschieht entweder vertikal (durch Weisung des Vorgesetzten) oder horizontal (durch Abstimmung zwischen den beteiligten Personen). Durch Kombination der genannten Merkmale erhält man die in Abbildung 4-3 angegebenen Koordinationsformen.

4.4.2.2 Vertikale Koordination: Leitungssysteme

Vertikale Koordination bedeutet Koordination durch Vorgesetzte. Im Einzelnen gibt es unterschiedliche Konfigurationen zwischen Vorgesetzten und Untergebenen. Man spricht auch von *Leitungssystemen.*

Hinsichtlich der Weisungsstruktur werden zwei idealtypische Formen unterschieden, das Einlinien- und das Mehrliniensystem. Im Einliniensystem hat jede Stelle (außer der Spitze) genau eine vorgesetzte Instanz. Im Mehrliniensystem erhalten Stellen Anweisungen von mehreren vorgesetzten Stellen.

Als Vorteil des *Einliniensystems* wird die einheitliche Zielorientierung geltend gemacht; alle Weisungen können konsistent sein. Bei Mehrfachunterstellung besteht die Gefahr der Verfolgung widersprüchlicher Ziele.

Die Klarheit der Verantwortlichkeit ist im Einliniensystem erheblich größer als im Mehrliniensystem. Ein weiterer Vorteil des Einliniensystems ist die Vermeidung von Kompetenzüberschneidungen. Im *Mehrliniensystem* ist eine sorgfältige Kompetenzabgrenzung erforderlich; trotzdem sind Kompetenzkonflikte nicht ganz vermeidbar. In der Praxis hat sich überwiegend das Einliniensystem durchgesetzt, doch hat z.T. auch das Mehrliniensystem in der speziellen Form der Matrixorganisation Bedeutung erlangt.

Das *Linie-Stab-System.* Stabsstellen sind „Leitungshilfsstellen", die einer Leitungsstelle (Linienstelle, Instanz) zugeordnet sind und sie unterstützen. Man unterscheidet generalisierte Stabsstellen, die eine Instanz in allgemeinen Aufgaben unterstützen (z.B. Assistent, Sekretärin), und spezialisierte Stabsstellen, die die Instanz auf einem bestimmten Fachgebiet beraten (z.B. Volkswirtschaft, EDV, Rechtsfragen).

Nach der Lehrbuchdefinition haben Stabsstellen keine Weisungsbefugnisse. Dadurch bleiben die Einheit der Auftragserteilung und die Klarheit der Verantwortung erhalten. Faktisch erhalten jedoch Stäbe oft fachlich beschränkte („funktionale") Weisungsrechte, so dass die Abgrenzung zwischen Linie und Stab verwischt wird. Beispielsweise erhält eine für die Unternehmensplanung zuständige Stabsstelle die Zuständigkeit, den operativen Abteilungen Richtlinien hinsichtlich des Inhalts ihrer Planungen, der Planungsfristen etc. vorzugeben.

Der Grund für die Übertragung fachlicher Weisungsrechte an Stabsstellen liegt darin, dass der ursprünglich zuständige Linienvorgesetzte quantitativ oder qualitativ überfordert ist, wenn er die fachspezifischen Entscheidungen selbst treffen oder auch nur beurteilen und in konkrete Anweisungen umsetzen muss.

Matrixsystem. In der Matrixorganisation überschneiden sich zwei Weisungslinien; es handelt sich also um ein spezielles Mehrliniensystem. Häufig ist eine Weisungslinie funktions- bzw. ressourcenorientiert, die andere objektorientiert (also auf ein Projekt, eine Produktlinie, einen Markt spezialisiert). Im Schnittpunkt zweier Weisungslinien steht jeweils eine Stelle, die entweder Endpunkt der Weisungslinien ist oder Vorgesetztenfunktionen gegenüber Untergebenen besitzt.

Funktions- und Objektverantwortliche sind prinzipiell gleichberechtigt. Die Vorteile der funktionalen Gliederung (Fachspezialisierung, Ressourcennutzung) sollen mit denen der Objektgliederung (bessere Koordination der objektbezogenen Aktivitäten)

kombiniert werden. Während bei der funktionalen Abteilungsbildung leicht die Fachinteressen überwiegen und produkt- und
kundenbezogene Gesichtspunkte vernachlässigt werden, besteht bei der objektbezogenen Abteilungsgliederung eine Tendenz, Ressourcennutzung und Professionalismus zu vernachlässigen. Die Matrixstruktur soll die Nachteile beider Prinzipien
vermeiden. Dafür wird die Einheit der Auftragserteilung geop-
fert.

Die Matrixstruktur stammt historisch aus projektweise arbeitenden Unternehmen und dürfte für diese am ehesten geeignet
sein (Ingenieurbüros, Flugzeug- und Raumfahrtindustrie, Film-
produktionsfirmen, Werbeagenturen, Beratungsunternehmen).
Projekte sind zeitlich beschränkte Aufgabenkomplexe. Jeder Pro-
jektleiter trägt die Verantwortung für sein Projekt und hat in
diesem Rahmen Entscheidungs- und Weisungsbefugnisse über
die in den funktionalen Fachabteilungen tätigen Mitarbeiter. Die
Funktionsleiter sind verantwortlich für die ihnen zugeordneten
Ressourcen (z.B. Anlagen, Labors), die fachgemäße und termin-
gebundene Abwicklung der Aufgaben, die Anpassung der Kapazitäten an den Bedarf usw.

Auch als permanente Organisationsform, z.B. für das *Produkt-
Management,* wird die Matrixstruktur in einer Reihe von Unternehmen verwendet. Abbildung 4-4 zeigt in der oberen Hälfte die
Matrixstruktur als permanente Form des Produkt-Managements
innerhalb des Marketing-Ressorts. In der unteren Hälfte ist eine
ressortübergreifende Matrixorganisation des Projekt-Manage-
ments dargestellt. In international arbeitenden Firmen sind die
Kompetenzen oft einerseits nach Produktlinien, andererseits
nach Regionen definiert. Kritikpunkte am Matrixsystem sind

- die Gefahr von Kompetenzüberschneidungen und daraus resultierenden Konflikten,
- die Notwendigkeit zu intensiver Koordination zwischen
  funktions- und objektorientierten Managern,
- der Verlust an Verantwortlichkeit.

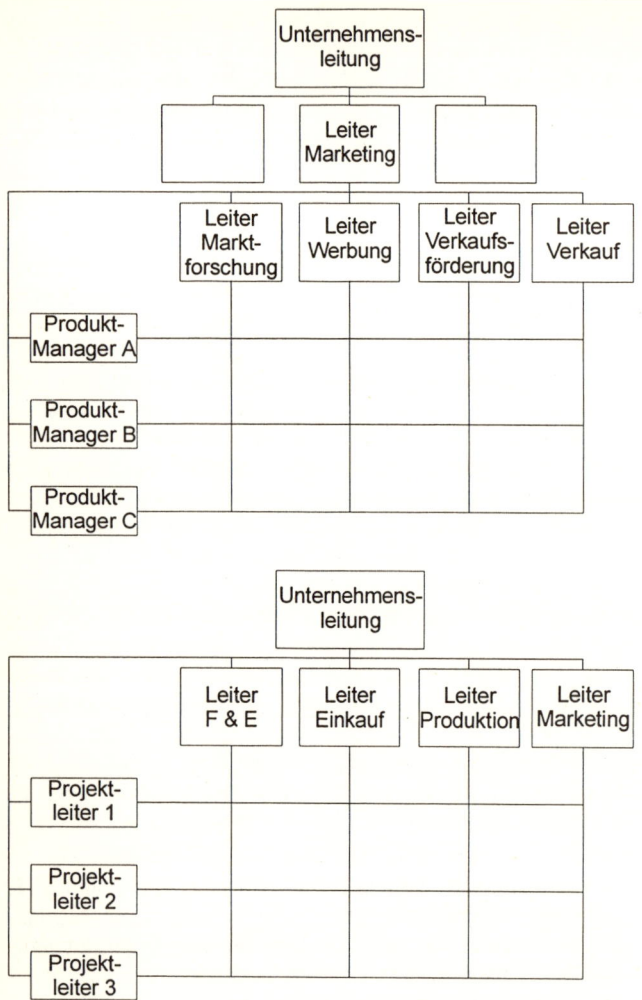

Abb. 4-4: Matrixstruktur. Oben als Produktmanagement-Organisation im Marketingbereich, unten als ressortübergreifende Projektorganisation

Wegen seiner Komplexität wird das Matrixsystem nur dann empfohlen, wenn die Gleichrangigkeit der funktionalen Ziele einerseits und der produkt- oder projektgebundenen Ziele andererseits notwendig erscheint, aber in einer eindimensionalen Struktur − der funktionalen oder der divisionalen Organisation − nicht gewährleistet werden kann.

4.4.2.3 Effizienz

Unter den situativen Einflüssen, von denen die relative Effektivität der genannten Koordinationsformen abhängt, lassen sich die Komplexität und Dynamik der zwischen den Aufgabenträgern bestehenden Interdependenzen identifizieren. Hohe *Komplexität* bedeutet in diesem Zusammenhang, dass bei Entscheidungen viele Einflussgrößen zu beachten sind und dementsprechend Expertenwissen aus verschiedenen Bereichen zusammenwirken muss. Das Gegenteil von „komplex" ist „einfach". Hohe *Dynamik* meint eine hohe Veränderungsrate in der relevanten Umwelt, zum Beispiel erhebliche Nachfrage- oder Kostenschwankungen. Das Gegenteil von „dynamisch" ist „statisch".

Wenn wegen erheblicher *Komplexität* der Entscheidungen die Zusammenarbeit vieler Experten notwendig wird, muss man zu Matrixformen oder intensiveren horizontalen Abstimmungsmechanismen greifen, wie Projektgruppen und ständige Ausschüsse. Dies wird tendenziell mit einem Verlust an Verantwortlichkeit erkauft.

Die optimale Koordination unter *statischen Bedingungen* ist die durch Standardisierung und Planung. Sie ist billig, rechtzeitig und liefert am Gesamtziel orientierte Entscheidungen.

Höhere *Dynamik* und damit Unsicherheit verlangt − über Standardisierung und Planung hinaus − zusätzliche Koordination durch kurzfristige Anpassung. Dabei ist es tendenziell günstig, die Abstimmung vertikal, also über den Vorgesetzten vorzunehmen, da hierdurch die einheitliche Zielorientierung am ehesten erhalten bleibt. Die einfachen horizontalen Koordinationsformen, die mehr der Informationsverbreitung dienen als dem Vorgesetzten Entscheidungen abnehmen sollen, haben ebenfalls ihre Berechtigung.

4.4.3 Marktliche Koordination

Das Wirken des Preismechanismus und die Existenz von Wettbewerb sorgen auf Märkten für die Koordination arbeitsteiliger Aktivitäten. Interne Märkte, Verrechnungspreise und Wettbewerb können auch in Unternehmen zu Koordinationszwecken eingesetzt werden.

4.4.3.1 Interne Märkte, Verrechnungspreise, Profit Center

Interne Märkte entstehen, wenn der Leistungsaustausch zwischen unternehmensinternen Anbietern und Nachfragern zum Gegenstand von Verhandlungsprozessen wird. In diesen Verhandlungen kann es – wie auch auf „richtigen" Märkten – um Mengen, Preise, Lieferzeitpunkte und andere für die Marktpartner relevante Leistungsmerkmale gehen (Frese 2000). Die Personalabteilung kann z.B. mit dem Vertriebsbereich aushandeln, wann und zu welchem Preis bestimmte Weiterbildungsmaßnahmen für Außendienstmitarbeiter durchgeführt werden sollen. Die Wertansätze für intern transferierte (Zwischen-)Produkte bzw. Dienstleistungen werden als *Verrechnungs-* oder *Transferpreise* bezeichnet. Ihnen kommt eine zentrale Bedeutung für das Funktionieren interner Märkte zu. Verrechnungspreise können unter Rückgriff auf zwei Kriterien systematisiert werden (Eccles 1985):

1. Welche Vergleichsbasis wird zur Fixierung der Verrechnungspreise gewählt? Verrechnungspreise können sich entweder an den vom Rechnungswesen ausgewiesenen Teil- oder Vollkosten oder dem auf dem externen Markt gültigen Preis orientieren. Entsprechend wird zwischen Teilkosten-, Vollkosten- und Marktpreisen unterschieden.

2. Welche Einheiten sind an der Verrechnungspreisbildung beteiligt? In dieser Hinsicht kann grob zwischen zentral, etwa durch die Unternehmensleitung oder das Controlling, vorgegebenen und dezentral durch die Unternehmensbereiche ausgehandelten Preisen differenziert werden.

Das Besondere an internen Märkten ist, dass die Verhandlungspartner die sich aus der Stellen- und Abteilungsbildung und dem Einsatz sonstiger Koordinationsmaßnahmen (z.B. Anordnungen von Vorgesetzten) ergebenden Vorgaben beachten müssen. So wird es wohl kaum einer Personalabteilung gestattet sein, jegliche Weiterbildungsmaßnahme einzustellen und stattdessen in vermeintlich lukrativere DV-Dienstleistungen einzusteigen. Nach den bestehenden Freiheitsgraden kann zwischen realen und fiktiven internen Märkten unterschieden werden (Frese 2000; Theuvsen 2001).

Auf *realen internen Märkten* sind die Freiheitsgrade vergleichsweise groß. Die am Leistungsaustausch beteiligten organisatorischen Bereiche können wesentliche Leistungsmerkmale frei verhandeln. Sie sind nur in geringem Umfang durch vorgelagerte strategische Entscheidungen (z.B. zur generellen Bevorzugung unternehmensinterner Dienstleister) eingeschränkt. Eccles und White (1994) sprechen in diesem Fall von einer Politik der „Tauschfreiheit" *(exchange autonomy)*:

> Jedes Profit Center wird als ein selbständiges Geschäft behandelt, dessen Ziel es ist, das eigene Ergebnis zu maximieren. Ein Tausch zwischen dem kaufenden und dem verkaufenden Profit Center wird nur zustande kommen, wenn der Preis und andere Konditionen für beide Seiten akzeptabel sind, gerade so, wie es auch zwischen unabhängigen Unternehmen im Markt der Fall ist. (Eccles, R. G./ White, H. C.: Price and authority in inter-profit center transactions, S. 353)

Reale interne Märkte unterliegen damit ebenso wie externe Märkte der Reziprozitätsnorm *(norm of reciprocity)*. Darunter versteht Gouldner (1960) ein in allen Kulturen gültiges Prinzip, nach dem jeder Leistung eine angemessene Gegenleistung gegenüberstehen muss. Der Maßstab für die Beurteilung der Angemessenheit ist dabei die subjektive Einschätzung der Tauschpartner.

Auf *fiktiven internen Märkten* sind die durch Verhandlungen auszufüllenden Spielräume deutlich geringer. So kann z.B. die Geschäftsführung eine EDV-Schulung aller Vertriebsmitarbeiter und die Abrechnung der durch die Personalabteilung zu erbringenden Dienstleistungen zu Vollkosten anordnen. Eccles und White (1994) sprechen von Pflichttransaktionen *(mandated internal transactions)*. Nicht die Reziprozitätsnorm, sondern die Autorität des Top Managements prägt die interne Leistungsbeziehung. Die Personalabteilung würde vielleicht lieber zu (höheren) Marktpreisen abrechnen, während der Vertrieb den Sinn der Maßnahme nicht einsieht und am liebsten ganz auf die Schu-

lung verzichten würde – es hilft nichts. Die Schulung wurde angeordnet und muss durchgeführt werden. Was bleibt, ist im Wesentlichen der Ansatz eines Verrechnungspreises (im Beispiel in
Höhe der Vollkosten) für eine andernorts geplante Transaktion.

Interne Märkte bieten aufgrund von Verrechnungspreisen die
Möglichkeit, das *Profit Center-Konzept* anzuwenden. Unter Profit Centern werden Unternehmensbereiche mit eigenem Erfolgsausweis verstanden. Der Gedanke, einzelne Unternehmensbereiche abrechnungstechnisch zu verselbständigen, lässt sich bis
in das 19. Jahrhundert zurückverfolgen. Ohne Verrechnungspreise ist die Anwendung des Profit Center-Konzepts auf den (selte-
nen) Fall begrenzt, dass alle Unternehmensbereiche nur unter-
nehmensexterne Absatz- und Beschaffungsaktivitäten durchführen. Dies ist – wenn überhaupt – am ehesten in der Spartenorganisation der Fall; Profit Center-Konzept und Spartenorganisation wurden daher lange Zeit gleichgesetzt. Mit der Schaffung
interner Märkte verliert diese Gleichsetzung ihre Berechtigung.
Profit Center können dank interner Verrechnungspreise unabhängig davon realisiert werden, ob ein Unternehmen funktional
oder divisional gegliedert ist (Frese 2000).

4.4.3.2 Wettbewerb

Die Funktionsfähigkeit von Märkten hängt wesentlich von der
Existenz von Wettbewerb ab. Dies gilt auch unternehmensintern. Es sind daher vielfältige Bemühungen erkennbar, bisherige
unternehmensinterne Monopolisten (z.B. die Personalabteilung,
die Hausdruckerei, die Instandhaltung) dem Wettbewerb auszu-
setzen. Dies kann in unterschiedlicher Form geschehen. Eine
Unterscheidung ist möglich nach der Herkunft der Wettbewerber (intern oder extern) und der Intensität des Wettbewerbs (realer oder fiktiver Wettbewerb) (Theuvsen 2001).

Interner und externer Wettbewerb. Bei internem Wettbewerb
gehören die Konkurrenten demselben Unternehmen an: Organi-
sations- und DV-Abteilung wetteifern um einen internen Bera-
tungsauftrag, verschiedene konzerneigene Werke um die Montage der nächsten Fahrzeuggeneration. Bei externem Wettbewerb ringen interne Anbieter mit externen Konkurrenten, da
Beratungs-, Instandhaltungs-, Montageaufträge usw. nicht mehr
automatisch unternehmensintern vergeben, sondern auch auf

dem externen Markt ausgeschrieben werden. In anderen Fällen wird verlangt, dass sich Unternehmensbereiche, etwa die betriebseigenen Werkstätten, auf dem freien Markt um Aufträge bemühen und sich dabei gegen externe Wettbewerber durchsetzen. Teilweise wird externer Wettbewerb nur in abgeschwächter Form realisiert. *Last Call*-Regeln etwa geben internen Anbietern die Möglichkeit, nach Abschluss der externen Angebotseinholung und in Kenntnis von deren Ergebnis ein eigenes Angebot abzugeben.

Realer und fiktiver Wettbewerb. Realer Wettbewerb liegt vor, wenn die Konkurrenten im Wettstreit miteinander um Aufträge, Umsätze und damit verbundene Ressourcen stehen. Realer Wettbewerb kann zur Folge haben, dass der unterlegene Wettbewerber aus dem Markt ausscheidet, etwa durch Insolvenz oder die Schließung seiner Abteilung. Ist beispielsweise die DV-Abteilung dauerhaft nicht in der Lage, sich in Ausschreibungen gegen externe DV-Dienstleister durchzusetzen, weil sie im Preis- und Qualitätswettbewerb nicht mithalten kann, so wird die Unternehmensleitung u.U. das Outsourcing der Datenverarbeitung und die Schließung der eigenen DV-Abteilung erwägen. Fiktiver Wettbewerb vollzieht sich dagegen (nur) in Form kennzahlengestützter Leistungsvergleiche. Ein Wettstreit um die Erlangung knapper Ressourcen findet nicht statt. Für diesen Kennzahlenvergleich hat sich der Begriff des Benchmarking durchgesetzt. Er kann sich auf unterschiedlichste Leistungskennziffern erstrecken: Kosten, Qualität, Durchlaufzeit, Kunden- und Mitarbeiterzufriedenheit, Image usw.

Abbildung 4-5 gibt die vier Grundformen des Wettbewerbs, die im Rahmen der marktlichen Koordination eingesetzt werden können, wieder.

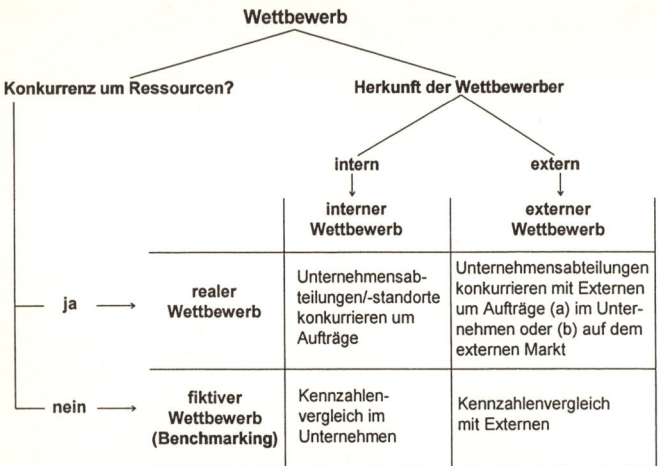

Abb. 4-5: Formen des Wettbewerbs (Theuvsen 2001, S. 310)

4.4.3.3 Effizienz

Unternehmen werden unter bestimmten Bedingungen dem Leistungsaustausch über (externe) Märkte vorgezogen, um Transaktionskosten einzusparen. Trotzdem erscheint die marktliche Koordination auch im Unternehmen als attraktive Lösung, die es erlaubt, bestimmte Nachteile hierarchischer Systeme auszugleichen. Interne Märkte versprechen eine unkomplizierte, dezentrale Abstimmung der Unternehmensbereiche. Die Preisinformationen vermitteln den Anbietern zumindest auf realen internen Märkten einen Eindruck von der Wertschätzung ihres Angebots durch die internen Kunden. Die Personalabteilung kann auf dieser Grundlage beispielsweise ihr Weiterbildungsangebot besser auf die Wünsche der übrigen Unternehmensbereiche abstimmen – und wird dies unter den Bedingungen des Wettbewerbs auch tun müssen. Profit Center-Konzept und Wettbewerb zwingen darüber hinaus zur Ausschöpfung von Kostensenkungspotentialen.

Inwieweit diese Vorteile tatsächlich genutzt werden können, hängt von den Bedingungen des Einzelfalls ab. Standardisierte Dienstleistungen, z.B. die Gebäudereinigung, können leicht ausgeschrieben und damit dem Wettbewerb geöffnet werden. Bei sehr unternehmensspezifischen Dienstleistungen, z.B. im Controlling, bereitet der Vergleich verschiedener Angebote dagegen Probleme; u.U. gibt es keinen externen Anbieter oder ihm wird aus Geheimhaltungsgründen nicht vertraut.

Unabhängig von derartigen Einschränkungen hat die marktliche Koordination auch Nachteile. Das Profit-Center-Konzept und interner Wettbewerb fördern Bereichsegoismen und vermindern die Kooperationsbereitschaft im Unternehmen. Einige Beratungsgesellschaften verzichten daher bewusst auf den bereichsbezogenen Erfolgsausweis, um die strikt am Kundeninteresse orientierte bereichsübergreifende Zusammenarbeit nicht zu gefährden. Ausschreibungen und ähnliche zur Intensivierung des Wettbewerbs eingesetzte Instrumente verursachen erhebliche Kosten, die bei hierarchischer Koordination nicht anfallen.

4.4.4 Koordination durch Organisationskultur

Haben die Mitarbeiter gemeinsame Werte und Normen und stimmen diese mit den offiziellen Unternehmenszielen überein, kann auf den Einsatz anderer Koordinationsinstrumente weitgehend verzichtet werden. Wurde von den Mitarbeitern z.B. das Ziel „Kundenorientierung" verinnerlicht, müssen sie nicht erst durch Wettbewerb oder Verfahrensanweisungen zu abgestimmtem Handeln im Kundeninteresse bewegt werden. Auf diesen Umstand hat vor allem die Organisationskulturforschung hingewiesen.

Edgar Schein (1992) definiert die Kultur einer Gruppe, z.B. einer Abteilung oder eines Unternehmens, wie folgt:

> Ein Muster geteilter Basisannahmen, das die Gruppe gelernt hat, während sie die Probleme der externen Anpassung und der internen Integration löste, das sich bewährt hat und als bindend erachtet wird und daher neuen Mitgliedern als der richtige Weg gelehrt wird, in Bezug auf diese Probleme wahrzunehmen, zu denken und zu fühlen. (Schein, E. H.: Organizational Culture and Leadership, 1992, S. 12)

Die jeweilige Organisationskultur ist das Ergebnis eines kollektiven Lernprozesses. Die sich herausbildenden Orientierungen, Werte und Normen liegen wie selbstverständlich dem täglichen

Handeln zugrunde, ohne jedoch den Mitarbeitern zwangsläufig bewusst zu sein. Erst recht sind Organisationskulturen für Außenstehende schwer zu erfassen (Schreyögg 2003).

Von Organisation zu Organisation unterscheiden sich Kulturen oft erheblich. Öffentliche Verwaltungen, Werbeagenturen und Investment-Banken weisen beispielsweise hinsichtlich Risikobereitschaft und Fehlertoleranz erhebliche Unterschiede auf. Auch innerhalb einer Organisation differenziert sich die Kultur aus. Die F&E-Abteilung, die Marketing-Abteilung, die Interne Revision usw. haben meist eigene Subkulturen. Auch zwischen Arbeitern, Angestellten und Managern eines Unternehmens bestehen kulturelle Differenzen. Teilweise sind aber auch über Organisationsgrenzen hinweg Gemeinsamkeiten erkennbar, wie z.B. der Begriff der Branchenkultur zum Ausdruck bringt.

Organisationskulturen können nach herrschender Meinung nur bedingt durch das Management beeinflusst werden. Sie sind komplexe Gebilde, deren planvolle Veränderung schwierig ist und z.T. unvorhergesehene und auch unerwünschte Ergebnisse haben kann. Trotzdem wird immer wieder versucht, Organisationskulturen gezielt zu verändern, denn starke Kulturen gelten vielfach als ein entscheidender Erfolgsfaktor im Wettbewerb. Sie vermitteln Orientierung, erleichtern die Kommunikation und Entscheidungsfindung, vermindern den formalen Kontrollaufwand, fördern Teamgeist, Motivation und Stabilität. Sie können sich allerdings auch – und deshalb ist die zuvor zitierte Auffassung zu einseitig – als Barriere des Wandels, als Innovationsbremse und Kooperationshemmnis erweisen (Schreyögg 2003). Außerdem steht die jeweilige Kultur nicht zwangsläufig im Einklang mit den Anforderungen bzw. Erwartungen an eine Organisation. Über die starke, aber teilweise wenig kundenorientierte Kultur der öffentlichen Verwaltung haben sich sicherlich schon viele Menschen geärgert.

4.4.5 Gesamtschau

Abbildung 4-6 stellt abschließend die hier behandelten Koordinationsformen im Überblick dar.

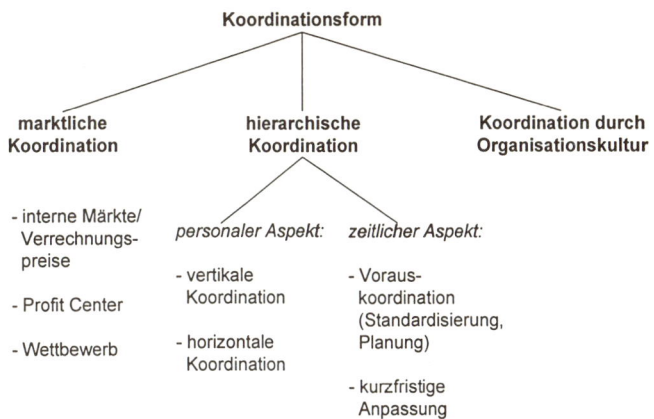

Abb. 4-6: Formen der Koordination

4.5 Entscheidungszentralisation

Äußerst zentralisiert ist eine Organisation, wenn die formale Autorität für alle Entscheidungen bei einer einzigen Person liegt. Dezentralisiert ist eine Organisation, in der die Mitglieder der mittleren und unteren Ebenen relativ große Entscheidungsbefugnisse besitzen.

Entscheidungszentralisation wird auch unter dem Stichwort *Delegation* behandelt. Das heißt: Dezentralisation von Entscheidungen entsteht durch Delegation von Entscheidungskompetenzen. Delegiert wird von einem Vorgesetzten an einen Untergebenen, also von der Unternehmensleitung zur mittleren Linie und zur Basis.

Welche Entscheidungen sollen auf welche Ebene delegiert werden? Dies ist ein sehr komplexes Problem, aber man kann wiederum einige Ziele nennen und Hypothesen aufstellen, unter welchen Umständen welche Delegation in welcher Hinsicht effektiv sein könnte. Als Kriterien betrachten wir

- Entlastung von Vorgesetzten,
- Qualität der Entscheidungen,
- Motivation und Arbeitszufriedenheit.

Entlastung von Vorgesetzten. Ein offensichtliches Motiv zur Delegation ist die subjektiv empfundene oder erwartete Überlastung eines Managers.

Qualität der Entscheidungen. Für die Qualität von Entscheidungen sind — neben der intellektuellen Kapazität des Entscheiders — folgende Aspekte wesentlich:

- Die Informationsbasis der Entscheidung. Es kommt darauf an, dass möglichst viel relevante Information in den Entscheidungsprozess eingeht.
- Die Zielorientierung des Entscheiders. Das heißt: Die Entscheidung sollte möglichst konform mit den Unternehmenszielen getroffen werden.

Informationsaspekt. Liegt alle relevante Information bei einer Person, so ist der Fall trivial: Diese Person muss die Entscheidung treffen. Bei wichtigen Entscheidungen ist die relevante Information meist auf mehrere Personen verteilt. Die zentralistische Lösung ist, die Information auf dem Dienstweg nach oben weiterzugeben, bis sie bei einem gemeinsamen Vorgesetzten zusammenläuft, der dann entscheidet.

In vielen Fällen ist der Informationstransfer schwierig, entweder in quantitativer Hinsicht wegen der Fülle der Daten oder in qualitativer Hinsicht. Zum Beispiel kann es sich um Expertenwissen handeln, das der Informationsempfänger mangels entsprechender Ausbildung nicht oder nur bruchstückhaft versteht.

Je schwieriger der Informationstransfer ist — bzw. je mehr Aufwand und Zeitverlust er bedeutet —, desto eher wird man dazu tendieren, Entscheidungen dort zu treffen, wo die Informationen mit dem geringsten Transfer zusammengebracht werden können. Ist dies die Basis, so bedeutet es eine weitgehende Delegation von Entscheidungsbefugnissen, also die Dezentralisation von Entscheidungen.

Zielaspekt. In vielen Entscheidungssituationen können Konflikte zwischen Organisationszielen und persönlichen Bedürfnissen bestehen, die der Entscheider zugunsten der letzteren zu lösen geneigt ist. Vor einer Delegation muss geprüft werden, ob sich dadurch die Gefahr ergibt, dass individuelle Bedürfnisse oder Partikularinteressen die Oberhand über die Unternehmensziele gewinnen. Das Problem der Zielkonflikte wird verschärft, wenn Entscheidungen an *Gremien* delegiert werden. Zum einen hat man es dann nicht nur mit den Interessen *einer* Person, sondern mit denen mehrerer zu tun. Zum anderen verwischt sich in einem Gremium stets die Verantwortlichkeit; für die Gremienentscheidung ist ein Einzelner nicht oder nur in geringem Maß verantwortlich zu machen. So kann sich der Anreiz erhöhen, im Gremium Lösungen zu vertreten, die den eigenen Interessen dienen.

Motivation und Arbeitszufriedenheit. Dezentralisation bedeutet Verlagerung von Verantwortung und Entscheidungsbefugnis nach unten. Als Vorteil der Dezentralisation wird oft vermutet, dass durch Übertragung von Verantwortung an untere Manager und Mitarbeiter deren Motivation erhöht wird, Besonderes zu leisten, vor allem auch ihre kreativen Fähigkeiten einzubringen. Eine gewisse Autonomie, d.h. das Vorhandensein von Entscheidungsbefugnissen, gilt in unserer Gesellschaft auch als eine Voraussetzung für Arbeitszufriedenheit.

Grundsätzlich kann die Delegation von Entscheidungskompetenz und entsprechender Verantwortung die Chance zu höherer Motivation und Zufriedenheit bieten. Allerdings wäre es verfehlt, sich von *jeder* Delegation einen positiven Effekt auf Motivation und Arbeitszufriedenheit zu versprechen. Der Erfolg von Delegation auf Motivation und Zufriedenheit hängt von situativen Faktoren ab. Dazu gehören vor allem:

- Das Bedürfnis nach *Autonomie*. Menschen unterscheiden sich im Grad ihres Dranges nach Unabhängigkeit. Personen mit geringem Autonomiebedürfnis empfinden zusätzliche Entscheidungskompetenzen oft als eher belastend; sie geraten in Stress.

- Das *Anreizpotential* der delegierten Entscheidungen. Motivation ist zu erwarten, wenn die Tätigkeit die Chance eröffnet, eigene Fähigkeiten zu entwickeln oder zu bestätigen oder wegen der empfundenen großen Bedeutung der Aufgabe Stolz über gute Erfolge zu empfinden. Die Delegation von Entscheidungen, die der Untergebene als uninteressant betrachtet, lässt keine Motivationswirkung erwarten.

Im Übrigen sei auf die Überlegungen zur Partizipation (3.4.3) verwiesen, die hier analog gelten.

Derzeit herrscht die Tendenz vor, mehr Aufgaben als bisher

zu delegieren. Das ergibt sich notwendig schon aus der ange-
strebten Verschlankung des Managements und der Abflachung
der Hierarchien. Hier sind auf allen Ebenen Führungskräfte mit
Energie und Urteilskraft gefordert. Dennoch sollte man im Auge
behalten, dass Delegation nicht *per se* gut ist, sondern unter
den falschen Bedingungen schlechtere Entscheidungen und
frustrierte Mitarbeiter produzieren kann.

4.6 Formalisierung

Viele, vor allem kleine, Organisationen kommen mit einem Minimum an Formalisierung aus, z.B. eine studentische Fachschaft
oder ein Familienbetrieb. Andere Organisationen sind hoch formalisiert, so Banken, Verkehrsbetriebe und Finanzämter.

Formalisierung der Aufbauorganisation manifestiert sich in
Organigrammen und Stellenbeschreibungen. Formalisierung der
Ablauforganisation ist an Arbeitsplänen, Richtlinien, Formula-
ren, Checklists usw. ablesbar und bedeutet, dass Arbeitsabläufe
standardisiert sind.

Worauf wirkt sich Formalisierung aus und unter welchen
Umständen ist sie nützlich? Als Zielgrößen kann man u.a. die
folgenden identifizieren:

- Transparenz,
- Kosten,
- Kontrolle der Mitarbeiter,
- Qualitätssicherung,
- Gleichbehandlung,
- Flexibilität,
- Wirkung auf das Erscheinungsbild.

Transparenz. Formalisierung verbessert die Transparenz der Or-
ganisation und der Abläufe. Sie macht die Einarbeitung neuer
Mitarbeiter einfacher. Die Organisation wird unabhängiger vom
Know-how einzelner Personen.

Kosten. Formalisierung verursacht einmalige und wiederhol-
te Kosten. Das Erstellen von Stellenbeschreibungen kann zum
Beispiel sehr aufwendig sein. Andererseits lassen sich durch
Standardisierung von Massenvorgängen, beispielsweise in Banken, Versicherungen oder Behörden, in gleicher Weise Kosten
sparen wie bei der Massenproduktion in der Industrie.

Kontrolle der Mitarbeiter. Durch Formalisierung werden Zuständigkeiten und Verantwortungen klargestellt und die korrekte Durchführung der Tätigkeiten fixiert. Fehlschläge lassen sich so leichter auf Personen zurückführen.

Qualitätssicherung. Ob in einer Hotelkette oder in einem Fast-Food-Konzern, genaue Standards sind auch dazu bestimmt, eine stets gleich bleibende Produktqualität zu sichern. Oft dient die Formalisierung der Abwendung von Gefahren. „Menschliches Versagen" im Umgang mit der Technik oder mit gefährlichen Stoffen, Unfälle oder kriminelle Handlungen sollen durch Formalisierung der Abläufe möglichst weitgehend ausgeschlossen werden. Beispiele sind die vor dem Start eines Flugzeugs abzuarbeitenden Checklists oder die bankinternen Vorschriften, die bei der Öffnung des Tresorraums zu beachten sind.

Gleichbehandlung. Formalisierung kann auch der Gleichbehandlung der Kunden oder Mitarbeiter dienen. Dies ist vor allem für solche Organisationen wichtig, die gesetzlich zur Gleichbehandlung verpflichtet sind, wie staatliche Behörden oder Institutionen. So kann beispielsweise die Gleichbehandlung aller Studienbewerber durch die ZVS und aller Studenten bei der Zulassung zur Diplomprüfung nur durch ein stark formalisiertes Verfahren gewährleistet werden. Gleichbehandlung ist auch notwendig, um das Gerechtigkeitsgefühl der Betroffenen nicht zu verletzen.

Flexibilität. Formalisieren kann man nur die Tätigkeiten, die bekannt oder voraussehbar sind. Überraschend auftretende neue Aufgaben werden nicht wahrgenommen, weil niemand zuständig ist. Man wagt auch nicht, von vorgeschriebenen Verfahrensweisen abzuweichen, obwohl diese in besonderen Einzelfällen inadäquat sind. Formalisierung wirkt also tendenziell flexibilitätshemmend.

Erscheinungsbild. Formalisiertes Verhalten kann als Mittel dienen, das Erscheinungsbild der Organisation zu prägen. Nicht nur Armee, Polizei oder kirchliche Orden, sondern auch viele Unternehmen machen ihren Mitgliedern Vorschriften bezüglich ihrer Kleidung und ihres Auftretens und erhoffen sich davon eine positive Wirkung nach außen, aber auch eine Verstärkung der Identifizierung der Mitglieder mit der Organisation. Das Streben nach *Corporate Identity* kann es erfordern, Briefbögen, Produkt-

gestaltung, Fahrzeugbeschriftung oder die Fassaden von Ver-
kaufsfilialen einheitlich zu gestalten.

Der jeweils angemessene Grad an Formalisierung hängt von
den situativen Umständen ab. Weitgehende Formalisierung ist
für statische Umweltbedingungen geeignet. Generell ist um so
mehr Formalisierung von Zuständigkeiten und Abläufen sinnvoll, je gleichförmiger und vorhersehbarer die Arbeit ist.

Nicht nur zwischen Organisationen, sondern auch zwischen
Bereichen ein und derselben Organisation sind daher Unterschiede im Formalisierungsgrad zu erwarten und notwendig. In
vertikaler Richtung wird die Formalisierung zunehmen, wenn
man von der strategischen Spitze zur Basis geht. Darüber hinaus werden die unterschiedlichen Aufgabenbedingungen, die in
unterschiedlichen Abteilungen herrschen, zu differierenden
Graden der Formalisierung führen. In der Produktion herrscht
mehr Formalisierung als in der Forschungsabteilung, innerhalb
einer Hochschule ist in den Verwaltungsbereichen mehr Formalisierung anzutreffen als in den Fakultäten; entsprechendes gilt
für Kliniken oder Theater; in der Redaktion einer Zeitschrift wird
der Formalisierungsgrad vermutlich geringer sein als in der An-
zeigenabteilung.

4.7 Strukturtypen

Nach der Diskussion einzelner Gestaltungsparameter ist es
notwendig, sich daran zu erinnern, dass die organisatorische
Gestaltung gewöhnlich die gleichzeitige Variation *aller* Parameter bedeutet. Daher muss die Effizienz von *Parameterkombina-
tionen* beurteilt werden. Diese Effizienz ist wiederum von einer
Vielzahl von situativen Faktoren abhängig, die mit der Art der
Aufgaben, den Menschen und Ressourcen, der Größe der Organisation, der Unsicherheit und Komplexität der Umwelt usw. zusammenhängen. Es scheint, dass so die effiziente Strukturierung von Organisationen zu einem unlösbar komplexen Problem
wird.

Eine Möglichkeit, diese Komplexität zu reduzieren, liegt in
dem Versuch, eine kleine Anzahl „typischer" Strukturen zu beschreiben, die in bestimmten „typischen" Situationen besonders
häufig anzutreffen oder besonders erfolgreich sind. Ein solches

Vorgehen erscheint sinnvoll, weil es völlig unplausibel wäre, dass alle nur denkbaren Parameterkonstellationen gleichermaßen häufig vorkämen oder von Bedeutung wären. Beispielsweise ist eine hohe Korrelation zwischen der Art der Stellenbildung und dem Grad der Standardisierung zu erwarten: Funktionale Spezialisierung erhöht die Tendenz zur Standardisierung. Mit höherem Standardisierungsgrad geht andererseits ein höherer Grad an Formalisierung einher.

Das bekannteste Beispiel eines organisatorischen Idealtypus ist der von Max Weber (1921) beschriebene Bürokratietyp. Eine umfassendere Typologie stammt von Henry Mintzberg, der zunächst (1979) fünf und später (1989) sechs idealtypische Konfigurationen beschrieben hat:

1. Die einfache Struktur *(Simple structure)*,
2. die klassische Bürokratie *(Machine bureaucracy)*,
3. die Expertenbürokratie *(Professional bureaucracy)*,
4. die divisionale Form *(Divisionalized form)*,
5. die Adhocratie *(Adhocracy)*,
6. die wertebasierte Organisation *(Missionary organization)*.

4.7.1 Die einfache Struktur

Die einfache Struktur ist wenig kompliziert und formalisiert. Sie ist auf die Figur des Leiters zugeschnitten, der alle wesentlichen Entscheidungen fällt. Anzutreffen ist dieser Typ zum Beispiel in einem kleinen Lebensmittelgeschäft oder einer Gastwirtschaft, in einer von Studenten gegründeten Elektronikfirma oder einem Handwerksbetrieb. Kennzeichnend für die einfache Struktur sind folgende Ausprägungen der Strukturparameter:

- Relativ geringer Grad von Arbeitsteilung,
- Abteilungsbildung nach Funktionen, jedoch keine scharfe Aufgabenabgrenzung,
- Koordination hauptsächlich vertikal durch direkte Anweisungen der Spitze, kaum durch Pläne, Standardisierung oder intensivere horizontale Mechanismen wie Ausschüsse oder Projektgruppen,
- Zentralisierung der Entscheidungen,
- wenig Formalisierung.

Günstig für die einfache Struktur sind einfache Umweltbedingungen, da sie die Entscheidungszentralisation an der Spitze
ermöglichen. Begünstigt wird die einfache Struktur auch durch
dynamische Umweltbedingungen, d.h. ständig wechselnde Aufgaben, die Standardisierung verhindern.

Unter den genannten Bedingungen — einfache und dynamische Umwelt, nicht zu groß — kann die einfache Struktur sehr
effizient sein. Sie verursacht relativ geringe Kosten, ermöglicht
eine straffe Koordination durch die Spitze und flexible Reaktion
auf Änderungen in der Umwelt. Der Leiter kann strategische
Entscheidungen aus genauer Kenntnis der Verhältnisse an der
Basis treffen und ebenso auch seine strategischen Absichten direkt an die Basis übertragen.

4.7.2 Die klassische Bürokratie

Dieser Strukturtyp ist schon von Max Weber (1921) beschrieben
und seitdem vielfach analysiert worden (deshalb wird er hier als
„klassisch" bezeichnet). Die Bürokratie besitzt eine genau definierte Hierarchie sowie eine klare Aufgaben- und Kompetenzver-
teilung, die dem Funktionsprinzip folgt. Die Arbeitsabläufe sind
hochspezialisiert und repetitiv. Sie werden von Expertenstäben
standardisiert und vorgegeben. Die Entscheidungsbefugnisse
sind relativ stark an der Spitze zentralisiert. Typische Beispiele
sind Banken, Versicherungen, Post und Bahn, Betriebe der industriellen Massenproduktion oder Schnellrestaurantketten. Die
wichtigsten Strukturparameter sind wie folgt ausgeprägt:

- An der Basis herrscht ein hoher Spezialisierungsgrad, wobei
  die Funktionsspezialisierung bei der Stellenbildung überwiegt,
- Koordination erfolgt weitgehend durch Standardisierung der
  Abläufe und formalisierte vertikale Kommunikation und
  Anweisungen; geplant wird von oben nach unten,
- Hierarchie und Kompetenzabgrenzung sind eindeutig definiert, Linie und Stab sind klar getrennt, die Einheit der Auftragserteilung gewahrt,
- es herrscht ein hoher Formalisierungsgrad und
- relativ starke Entscheidungszentralisation an der Spitze, die
  jedoch bei größeren Organisationen abnimmt.

Die Situationsbedingungen der Bürokratie sind eine einfache und statische Umwelt, woraus immer wieder gleiche Aufgaben resultieren, und eine einfache bis mäßig komplexe Technologie. Die Umweltstabilität kommt vom Absatzmarkt her, wenn die Kunden daran interessiert sind, Standardprodukte in immer gleicher Ausführung zu bekommen. Die Kunden von Tankstellen, Hotelketten, Fast-Food-Restaurants, Fluglinien oder Zementfabriken wollen keine Überraschungen erleben. Die Arbeit wird in kleine Teilverrichtungen aufgespalten, was die Beschäftigung wenig qualifizierter Arbeitskräfte erlaubt.

Standardisierung ist das wichtigste Koordinationsinstrument; zum Beispiel ist in der Fließfertigung die Koordination zwischen den Produktionsarbeitern durch die Anordnung der Arbeitsplätze und den Takt des Fließbandes gewährleistet. In den Verwaltungsbereichen wird die Standardisierung unter anderem durch ein hoch entwickeltes Formularwesen erreicht. Standardisierung ist die Aufgabe der Arbeitsvorbereiter, Planer, Organisatoren und Spezialisten für Arbeitsstudien.

Den Vorteilen der auf Rationalität und Stabilität angelegten, reibungslos funktionierenden Bürokratie sind schon seit Weber auch viele Nachteile gegenübergestellt worden. Da ist zunächst die Inflexibilität angesichts veränderter Umweltbedingungen und Aufgaben. Die Bürokratie muss quasi komplett neu konstruiert werden, wenn sich ihr Aufgabenspektrum wesentlich ändert. Wechsel, Innovation, Entwicklung neuer Strategien sind nicht ihre Stärke. Aus diesem Grund ist eine einmal bestehende Bürokratie auch daran interessiert, die einfachen und statischen Umweltbedingungen beizubehalten. Zum Beispiel versucht man eher, die Wünsche der Abnehmer durch Werbung zu stabilisieren, als auf sich ändernde Wünsche einzugehen.

Ein weiteres Problem kann die mangelnde Koordinationskapazität und daher schwerfällige Reaktion auf unvorhergesehene Ereignisse werden. Koordination von nicht routinemäßigen, nichtstandardisierten Vorgängen erfolgt vertikal über den Dienstweg. Dies ist zeitraubend, und die Information wird auf ihrem Weg von unten nach oben auf jeder Hierarchiestufe gefiltert, aggregiert und interpretiert. Die höheren Führungskräfte, insbesondere die Leitung, sind überlastet, wenn vom Markt oder der technischen Entwicklung einschneidende Veränderungen

kommen; die Entscheidungskapazität der Spitze wird zum Engpassfaktor.

Die klassische Bürokratie ist derjenige Strukturtyp, in dem
der Gedanke des Taylorismus weitestgehend zur Geltung
kommt. Sie ist nicht in Mode, „bürokratisch" ist ein Schimpf-
wort geworden. Dennoch ist sie für massenhaft sich wiederho-
lende Tätigkeiten, bei denen es auf genormte Leistungen und
geringe Kosten ankommt, nach wie vor unverzichtbar.

4.7.3 Die Expertenbürokratie

Eine andere Art Bürokratie kann in solchen Organisationen entstehen, deren Basis — im Gegensatz zur klassischen Bürokratie
— aus hochqualifizierten Experten besteht, die in hohem Maße
Eigenentscheidungen über ihre komplexe Tätigkeit treffen müssen und deren Tätigkeit nicht durch Dritte standardisiert werden kann. Beispiele für Expertenbürokratien stammen vorwie-
gend aus dem Dienstleistungssektor, wie Kliniken, Schulen, Universitäten, Wirtschaftsprüfungsgesellschaften, Beratungsunternehmen, Feinschmecker-Restaurants, Theater oder Orchester.
Aber auch Betriebe mit kunsthandwerklicher Sachgüterproduk-
tion können hier angeführt werden.

Diese Organisationen erbringen immer wiederkehrende,
gleichartige Leistungen und sind in erster Linie auf Vervoll-
kommnung und Rationalisierung, weniger auf Innovation gerichtet. Dies qualifiziert sie als Bürokratien. Die Verfahrensweisen der Ausführenden werden zwar weitgehend standardisiert,
aber durch die Experten selbst. So gibt es keine Abteilung „Arbeitsvorbereitung" in Hochschulen, die die Prüfungstätigkeit der
Professoren standardisiert, und keine Arbeitsstudien zur Opti-
mierung von schauspielerischen Leistungen. Die Komplexität
der Aufgaben macht es erforderlich, dass der Ausführende einen
relativ großen Entscheidungsspielraum behält. Denn er wendet
nicht ein Standardprogramm an, sondern diagnostiziert Einzel-
fälle. Im Hintergrund hat er allerdings ein Repertoire selbstent-
wickelter Standardprogramme, auf die er in Abhängigkeit von
der Diagnose zurückgreift.

In der Expertenbürokratie finden wir folgende Ausprägungen
von Strukturparametern:

- Die Abteilungsbildung erfolgt häufig nach Märkten (Kundengruppen), deckt sich aber gleichzeitig auch oft mit einer funktionalen Gliederung (zum Beispiel die Fakultätsgliederung in einer Hochschule),
- weitgehende Dezentralisation von Entscheidungen, da das erforderliche Wissen bei den Experten liegt,
- geringer Koordinationsbedarf infolge gemeinsamer Fachausbildung *(standardization of skills)*.

Welches sind die Situationsbedingungen der Expertenbürokratie? Die Aufgaben der Organisation erfordern komplexe Verfahrensweisen, die eine hohe Fachqualifikation und Autonomie voraussetzen. Sie wiederholen sich jedoch ständig. Die Umwelt ist statisch und komplex.

Der Experte steht in engem Kontakt mit dem Kunden. Koordinationserfordernisse mit seinen Kollegen sind oft gering. Sie werden auch noch dadurch verringert, dass alle eine gleiche, oft langwierige Fachausbildung erhalten haben. Dadurch haben sie gemeinsame fachspezifische Denk- und Verhaltensmuster entwickelt. Vertikale Koordination durch Vorgesetzte ist gering ausgeprägt.

Die Vorteile der Expertenbürokratie liegen für die Ausführenden in dem hohen Grad ihrer Autonomie und Identifikation mit der Tätigkeit, für die Kunden in der Qualifikation und der Routine der Experten. Nachteile können sich aus der mangelnden Kontrollierbarkeit ergeben; für die Aufgabenerfüllung von Lehrern, Professoren, Ärzten, Beratern oder Künstlern gibt es keine eindeutigen Verfahrensvorschriften und für ihren Erfolg keine klaren und einfachen Kriterien, so dass Schwächen oft erst spät entdeckt werden. Dies liegt allerdings in der Komplexität der Aufgabe begründet und nicht in der Strukturform. Versuche, die Leistung der Experten anhand einfacher Maßstäbe zu überprüfen – wie Anwesenheit oder mengenmäßige Kriterien – sind meist wenig sinnvoll und führen leicht zur Frustration der Experten.

Nachteilig kann sich die Abneigung der Experten auswirken, einen Teil ihrer Autonomie zugunsten notwendiger Kooperation aufzugeben. Daher ist dieser Strukturtyp oft unfähig zur Innovation und Anpassung an veränderte Situationen. Gleich der klassischen Bürokratie ist auch die Expertenbürokratie inflexibel

und von einer stabilen Umwelt abhängig, die sie nicht vor neuartige Probleme stellt.

4.7.4 Die divisionale Struktur

Die — bereits erwähnte — Spartenorganisation hat sich nach
dem Zweiten Weltkrieg zum vorherrschenden Strukturtyp unter
den diversifizierten Großunternehmen entwickelt. Sie ist dadurch gekennzeichnet, dass unterhalb der obersten Leitungsin-
stanz eine Gliederung nach Produkten oder Märkten (Kunden-
kreise, Regionen) besteht. Diese Subeinheiten (*Divisions,* Sparten, Geschäftsbereiche) entwickeln die Strategien für ihre jeweiligen Märkte und verfügen über genügend Autonomie und eigene Ressourcen, um für ihr laufendes Geschäft und dessen Erfolg
verantwortlich zu sein; sie sind quasi Unternehmen im Unternehmen. Jedoch unterliegen sie der Kontrolle und strategischen
Führung durch die zentrale Leitung.

Innerhalb der einzelnen Geschäftsbereiche herrscht die her-
kömmliche funktionale Struktur vor, und der Strukturtyp ist
gewöhnlich, wenn auch nicht zwingend, die klassische Bürokratie. Die divisionale Struktur weist folgende Merkmale auf:

- Aufgabengliederung unterhalb der Leitung nach Produkt/
  Marktgesichtspunkten,
- Koordination zwischen den Geschäftsbereichen hauptsächlich durch formalisierte Planungs- und Kontrollsysteme, wobei es um globale Geschäftsergebnisse, nicht um Details
  geht,
- Dezentralisation hinsichtlich der operativen Entscheidungen, die auf die Spartenleitungen delegiert werden.

Die *Sparten* müssen mit den Kompetenzen und Ressourcen ausgestattet werden, die sie zur verantwortlichen Führung des Geschäfts brauchen; sie verfügen daher in der Regel über eigene
Abteilungen für Marketing, Produktion, Entwicklung u.a.

Daneben bleiben eine Anzahl von Funktionen zentralen Abteilungen *(Zentralbereiche)* vorbehalten, wie Finanzen, Rechnungswesen, Personal, Rechts- und Steuerwesen. Aus verschiedenen Gründen werden gewisse Funktionen entweder nur in
Zentralbereichen ausgeübt oder aber parallel, sowohl in Zentralbereichen wie innerhalb von Sparten:

- Zentralbereiche erbringen für die Sparten Dienstleistungen, die zentral effektiver oder kostensparender erbracht werden können, z.B. Einkauf, Logistik, EDV, Aus- und Weiterbildung.
- Zentralbereiche erfüllen allgemeine Unternehmensaufgaben, die in den Sparten nicht anfallen, wie z.B. Jahresabschluss, Steuern, Öffentlichkeitsarbeit.
- Zentralbereiche üben Lenkungs-, Koordinations- und Kontrollfunktionen gegenüber den Sparten aus, sind also Instrumente der Unternehmensleitung zur Aufrechterhaltung des Unternehmens als eines integrativen Ganzen. Dies gilt insbesondere für den Finanzbereich, das Rechnungswesen und die zentrale (Grundlagen-)Forschung, aber auch Zentralfunktionen wie Planung, Controlling, Organisation. Ebenso gilt es für die Personalabteilung, welche die Aus- und Weiterbildung, Förderung und Beurteilung der Mitarbeiter steuert.

Welche Rolle spielt die *Unternehmensleitung*? Nach der klassischen (amerikanischen) Divisionalisierungs-Philosophie ist die Leitung vom Tagesgeschäft der Geschäftsbereiche abgehoben. Ihre Aufgaben sind

- Formulierung der Gesamtstrategie,
- Verteilung der Ressourcen auf die Geschäftsbereiche,
- ergebnisorientierte Kontrolle der Geschäftsbereiche mittels Planungs- und Kontrollsystemen,
- personelle Besetzung der Spartenleitungen.

Die Leiter der Geschäftsbereiche unterstehen dem obersten Leitungsorgan des Unternehmens. Dadurch kann die Führungsspitze unabhängig und frei vom operativen Geschäft die Sparten beurteilen und kontrollieren.

In Deutschland sind die Leiter der Geschäftsbereiche in vielen Unternehmen gleichzeitig Vorstandsmitglieder. Sie sind also sowohl für das Ergebnis ihres Geschäftsbereichs wie für das Gesamtergebnis verantwortlich. Als Vorteil dieser Lösung wird geltend gemacht, dass der Vorstand auf diese Weise eine bessere Informationsbasis habe. Andererseits gibt man damit mögliche Vorteile der Divisionsstruktur auf, nämlich dass das Leitungsorgan vom Tagesgeschäft entlastet und in seinen Entscheidungen nicht durch die Rivalität der Sparten um Ressourcen beeinträchtigt ist.

Gegenüber der funktionalen Gliederung erwiesen sich in großen und stark diversifizierten Unternehmen folgende *Vorteile* der Spartenstruktur:

- *Koordination.* Die Masse der operativen Entscheidungen wird in der kleineren Einheit „Sparte" gefällt, die zentrale Leitung wäre damit überlastet. Die Sparten können schneller, sachkundiger und flexibler reagieren als die Unternehmensleitung.

- *Gewinnorientierung.* Die Spartenstruktur verbessert infolge der Ressourcentrennung die Möglichkeiten der Erfolgszurechnung zu Produkt- und Marktbereichen. Vor allem schafft sie durch die Erfolgsverantwortung der Spartenleitung die Motivation zur Orientierung an Gewinnzielen auch auf Führungsebenen unterhalb der Unternehmensleitung.

- *Strategische Führung.* Die Entlastung vom Tagesgeschäft und ein verändertes Rollenverständnis der Mitglieder des Leitungsorgans sowie die bessere Erfolgstransparenz der Geschäftsbereiche ergeben verbesserte Voraussetzungen für eine an den Erfolgspotentialen der Betätigungsfelder orientierte strategische Planung und Kapitalallokation.

Das Hauptproblem der Spartenstruktur ist es, die richtige Balance zwischen der Autonomie der Sparten und der Macht der Zentrale zu wahren. Erliegt die Zentrale der Versuchung, sich viele Entscheidungen selbst vorzubehalten, so werden die beabsichtigten positiven Auswirkungen der Divisionalisierung auf Reaktionsfähigkeit und Erfolgsmotivation gefährdet. Lässt sie umgekehrt die Zügel zu locker, so besteht die Gefahr, dass ungünstige Entwicklungen in einzelnen Bereichen zu spät entdeckt werden, die einheitliche Unternehmensstrategie verloren geht, Spartenegoismen das Handeln bestimmen und Synergievorteile nicht ausgenutzt werden.

4.7.5 Die Adhocratie

Dieser Strukturtyp wird zum Beispiel in Ingenieurbüros, Werbeagenturen, Beratungsfirmen, Filmproduktionsunternehmen, Forschungsinstituten oder Zeitschriftenredaktionen auftreten, also bei kundenorientierter Projektarbeit oder extrem kurzen Pro-

duktlebenszyklen (Pop-Schallplatten). Die wichtigsten Strukturparameter sind:

- Funktionale und projektbezogene Arbeitsteilung, evtl. in einer Matrixstruktur kombiniert,
- Koordination hauptsächlich durch gegenseitige Anpassung
  und horizontale Mechanismen,
- die Planung ist nicht sehr detailliert und muss häufig revidiert werden,
- Entscheidungsbefugnisse sind relativ gleichmäßig verteilt,
- die Formalisierung ist gering ausgeprägt,
- es besteht kaum eine Trennung zwischen Linie und Stab.

Die idealen Situationsbedingungen für die Adhocratie sind eine
komplexe und dynamische Umwelt. Die Aufgaben erfordern innovative Lösungen, die nur durch Zusammenwirken von Fachleuten verschiedener Disziplinen erreicht werden können. Diese
müssen in ständig wechselnden Projektteams zusammenarbeiten, weil anders der Informationsaustausch in der verfügbaren
Zeit nicht zu leisten ist. Typischerweise sind Adhocratien jung,
denn mit zunehmendem Alter entsteht eine Tendenz zur Büro-
kratisierung. Adhocratie kann aber auch die Folge einer Automatisierung der ausführenden Tätigkeiten sein. Wenn alle repe-
titiven Verrichtungen auf Maschinen übergegangen sind,
schwindet die Bedeutung der Hierarchie, der Aufsicht und Kontrolle. Stattdessen nimmt die Rolle der qualifizierten Experten-
stäbe an Bedeutung zu.

Die Wechselhaftigkeit der Anforderungen verhindert Standardisierung und extensive Planungs- und Kontrollsysteme. Eine
scharfe Kompetenzabgrenzung ist ebenfalls nicht sinnvoll; Innovationsfähigkeit erfordert ein breites Rollenverständnis und
eine empfundene Verantwortlichkeit für das Ganze. Die Koordination zwischen den Projektteams sollte möglichst im Voraus
durch Planung erfolgen, der bei hoher Umweltdynamik jedoch
Grenzen gesetzt sind. Das Hauptkoordinationsinstrument wird
dann gezwungenermaßen die kurzfristige Anpassung.

Die Experten verschiedener Fachrichtungen haben einen relativ großen Einfluss aufgrund ihres Wissens, nicht wegen ihrer
hierarchischen Position. Dabei kommt es nicht auf die formale
Einordnung als Linien- oder Stabsmanager an; diese Unterscheidung verliert weitgehend ihre Bedeutung.

Dieser Strukturtyp fördert die Arbeitszufriedenheit derjenigen, die ein hoch entwickeltes Bedürfnis nach Verantwortung,
Kooperation und einen Widerwillen gegen Bürokratie haben.
Andere Menschen ziehen „klare Verhältnisse" den nicht eindeutigen Kompetenzen und Verantwortlichkeiten, dem ständigen
Zwang zur gegenseitigen Abstimmung und den häufigen Veränderungen vor. Adhocratie fördert den Konflikt und den Macht-
kampf mehr als andere Strukturtypen. Aufgabe der strategischen Spitze ist es daher, ausgleichend zu wirken.

Die Stärke der Adhocratie liegt im Innovations- und Problem-
lösungspotential. Die Adhocratie ist sehr populär und wird oft
als die Struktur der Zukunft gepriesen, weil sie unbürokratisch
und demokratisch ist und dem Einzelnen Entfaltungsfreiheiten
lässt. Dennoch wäre es falsch, die Adhocratie auf Situationen zu
übertragen, für die sie ungeeignet ist. Repetitive Tätigkeiten
werden mangels Standardisierung ineffizient vollbracht, die Kapazitätsauslastung der Mitarbeiter schwankt zwischen Über-
und Unterbelastung, Verantwortlichkeit und Kontrolle sind
schwach ausgeprägt, und das große Maß an horizontaler Kommunikation (Gremiensitzungen, *Management by Walking
Around*, Politik der offenen Türen) kostet viel Zeit.

4.7.6 Die wertebasierte Organisation

Die wertebasierte Organisation beruht auf einer starken, tief
verankerten Organisationskultur (vgl. 4.4.4), die den Einsatz
anderer Koordinationsinstrumente weitgehend erübrigt und der
Organisation eine ganz besondere, einmalige Prägung verleiht.
Die Wertebasis lässt sich meist auf das Wirken einer überschau-
baren, von einer bestimmten Mission beseelten Gruppe von
Gründern zurückführen. Charismatische Führung spielt in der
Gründungsphase eine wichtige Rolle. Durch Prozesse selbstver-
stärkenden Verhaltens entsteht daraus eine kulturelle Prägung
(ideology), die u.a. über (Gründungs-)Mythen und Traditionen
weitergegeben wird. Prozesse der Selbst- und Fremdselektion
verstärken diesen Vorgang:

- *Selbstselektion.* Menschen mit bestimmten Überzeugungen
  fühlen sich zu Organisationen hingezogen, deren Wertebasis
  ihren Überzeugungen entspricht.

- *Fremdselektion.* Organisationen nehmen nur Mitglieder auf bzw. beschäftigen nur Mitarbeiter, die sich mit den Organisationszielen identifizieren. Sozialisations- und Indoktrinationsprozesse können nach der Aufnahme in die Organisation die Passung von Organisations- und Individualzielen verstärken.

Die wertebasierte Organisation kennt verschiedene Erscheinungsformen:

- Die *Reformer.* Ihr Ziel ist die Veränderung der Welt. Oppositionelle Gruppierungen in totalitären Staaten, Bürgerinitiativen gegen den Ausbau von Flughäfen, Tierschutzorganisationen sowie Vereine, die sich der Völkerverständigung oder dem Kampf gegen Krankheiten verschrieben haben, fallen in diese Gruppe.
- Die *Bekehrer.* Diese Organisationen verbessern nicht Dinge in ihrem Umfeld, sondern die Menschen, die ihnen angehören (z.B. die Anonymen Alkoholiker).
- Die *Abgeschiedenen.* Sie wenden sich von der Welt ab, um ihren Mitgliedern ein Leben nach eigenen Wertvorstellungen zu ermöglichen (z.B. Klöster).

Typisch für wertebasierte Organisationen sind folgende Ausprägungen der Strukturparameter:

- Koordination durch Standardisierung der Werte, kaum jedoch durch direkte Überwachung, Planung und Kontrolle, Standardisierung von Arbeitsprozessen oder Outputs, formale Regeln oder informale Kommunikation *(mutual adjustment).*
- Starke Dezentralisation; Partizipation aller Mitglieder an Entscheidungen.
- Wenig Spezialisierung und Arbeitsteilung; geringe Statusunterschiede zwischen den Mitgliedern.

Häufig überlagert die wertebasierte Organisation andere Strukturtypen. Bei McDonald's und Toyota z.B. beobachten wir eine Mischung aus klassischer Bürokratie und wertebasierter Organisation. Verknüpfungen sind auch mit der divisionalen Form und der einfachen Struktur, weniger hingegen mit der Expertenbürokratie und der Adhocratie vorstellbar.

Wertebasierte Organisationen dürfen nur so groß sein, dass persönliche Interaktion zwischen allen Mitgliedern möglich ist. Wird diese Grenze überschritten, teilen sie sich entweder und bringen identische Abbilder ihrer selbst hervor (Klosterneugründungen durch einen Orden, Gründung neuer Ortsvereine durch eine Hilfsorganisation) oder nehmen Züge anderer Strukturtypen, etwa der klassischen Bürokratie an, wie dies bei großen Kirchen und Umweltschutzorganisationen der Fall ist. Einfache, stabile Umwelten, die wenig Spezialisierung und Professionalisierung verlangen, begünstigen wertebasierte Organisation. Die Kibbuz-Bewegung in Israel z.B. war erfolgreich, solange Israel von der Landwirtschaft geprägt war, während sie in der modernen Industriegesellschaft um ihr ökonomisches Überleben kämpft. Umgekehrt belegen sowohl viele Nonprofit-Organisationen (Bürgerbewegungen, Anonyme Alkoholiker usw.) als auch die genannten Mischtypen (Toyota, McDonald's), dass gerade in hochkomplexen Gesellschaften und Organisationen ein Bedarf an wertebasiertem Handeln besteht.

Unter geeigneten Umweltbedingungen sind wertebasierte Organisationen im Guten (z.B. Hilfsorganisationen) wie im Schlechten (z.B. totalitäre Regime) zu erstaunlichen Leistungen fähig. Das Vertrauen auf die Standardisierung der Werte als zentralen Koordinationsmechanismus kennzeichnet die wertebasierte Organisation als besonderen Typus der Bürokratie. Dementsprechend rigide und änderungsresistent ist dieser Strukturtyp. Eher verändert die wertebasierte Organisation die Welt als sich selbst.

4.7.7 Nutzen der Typologie

Die Mintzbergschen Strukturtypen sind idealtypische Konfigurationen. Die meisten Organisationen in der Realität gleichen nicht exakt einem dieser Typen, sondern verbinden Merkmale mehrerer oder aller von ihnen. Mintzbergs These ist jedoch: Da die Ausprägungen der Strukturparameter miteinander harmonieren sollten, werden Organisationen sich tendenziell nicht allzu weit von einem der Idealtypen entfernen. Allerdings gibt es Bedingungen, unter denen hybride Formen durchaus zweckmäßig sein können, zum Beispiel eine Mischung aus einfacher Struktur und Adhocratie, wo der Chef die zentrale Kontrolle über die interdisziplinären Projektteams aufrecht erhält und dafür sorgt, dass klare Ziele gesetzt und eindeutige Entscheidungen getroffen werden.

Auch ist es sinnvoll, dass Organisationen ihre *Teilbereiche* gemäß situativen Bedingungen unterschiedlich strukturieren. So kann die Redaktion einer Zeitschrift als Adhocratie, die Druckerei als Bürokratie konzipiert sein. Der Produktionsbereich in der Massenfertigung ist bürokratisch, der F&E-Bereich kann adhocratisch sein. In einer Hochschule sind die Fakultäten Expertenbürokratien, manche Lehrstühle wertebasierte Organisationen, die Verwaltungsbereiche dagegen klassische Bürokratien.

Die diskutierten Strukturtypen sind geeignet, reale Organisationen kurz und treffend zu charakterisieren, und erleichtern somit die Beschreibung der Realität. Sie geben dem Praktiker außerdem Hinweise, dass ein bestimmter Betrieb möglicherweise eine sehr unpassende Struktur aufweist − wenn diese Struktur nämlich überhaupt nicht dem Typ ähnelt, der für die gegebenen situativen Bedingungen als der angemessenste erscheint.

Literaturhinweise

Frese, E. (2000): Grundlagen der Organisation. Konzept, Prinzipien, Strukturen. 8. Auflage. Gabler

Kieser, A./ Walgenbach, P. (2003): Organisation. 4. Auflage. Schäffer-Poeschel

Krüger, W. (2001): Organisation. In: Bea, F. X. et al.: Allgemeine Betriebswirtschaftslehre, Bd. 2. 8. Auflage. Lucius & Lucius

Mintzberg, H. (1989): Mintzberg on management. Inside our strange world of organizations. Free Press

Mintzberg, H. (1992): Structure in fives. Designing effective organizations. Prentice-Hall

Schanz, G. (1994): Organisationsgestaltung. Management von Arbeitsteilung und Koordination. 2. Auflage. Vahlen

Schreyögg, G. (2003): Organisation. Grundlagen moderner Organisationsgestaltung. Mit Fallstudien. 4. Auflage. Gabler

Nachschlagewerk

Schreyögg, G./ v. Werder, A. (Hrsg.) (2004): Handwörterbuch der Organisation und Unternehmensführung. 4. Auflage. Schäffer-Poeschel

Kapitel 5
Unternehmensverfassung
und Unternehmensverbindungen

5.1 Die Rechtsformen privater Unternehmen

Wenn Sie ein Unternehmen gründen wollen, müssen Sie sich für eine der existierenden Rechtsformen entscheiden. Welche das sind, ersehen Sie aus Abbildung 5-1. Allerdings haben Sie innerhalb der Gesellschaftsformen durch Vertragsgestaltung einen weiten Gestaltungsspielraum. Nur die Aktiengesellschaft ist relativ starr reglementiert.

Personenunternehmen	Körperschaften
Einzelunternehmen	Eingetragene Genossenschaft (eG)
Personengesellschaften:	Kapitalgesellschaften:
Offene Handelsgesellschaft (OHG)	Aktiengesellschaft (AG)
Kommanditgesellschaft (KG)	Gesellschaft mit beschränkter Haftung (GmbH)
Gesellschaft bürgerlichen Rechts (GbR)	Kommanditgesellschaft auf Aktien (KGaA)
Partnerschaftsgesellschaft	
Stille Gesellschaft	

Abb. 5-1: Rechtsformen des privaten Rechts

Einzelunternehmen. Eine einzelne Person betreibt als Inhaber ein Unternehmen.

Personengesellschaften. Mehrere Personen schließen sich unter gemeinsamer Firma zusammen. Die „Firma" ist juristisch der Name des Unternehmens. Es stehen die Rechtsformen der Offenen Handelsgesellschaft (OHG) und der Kommanditgesellschaft (KG) zur Verfügung. Die drei übrigen in Abbildung 5-1 (in Kursiv) aufgeführten Personengesellschaften sind keine Rechtsformen für Gewerbebetriebe; ihre Bedeutung wird weiter unten erklärt.

Personengesellschaften sind prinzipiell auf die Personen bezogen; mit dem Austritt oder Tod eines Gesellschafters endet die Gesellschaft, wenn nichts anderes vereinbart ist. Das Betriebsvermögen gehört den Gesellschaftern gemeinschaftlich. Für die Schulden haften die Gesellschafter mit ihrem Privatvermögen. Kein Gesellschafter kann seine Mitgliedschaft an einen Dritten übertragen, wenn die Mitgesellschafter nicht einverstanden sind.

Einzelunternehmen und Personengesellschaften kann man unter dem Begriff „Personenunternehmen" zusammenfassen.

Kapitalgesellschaften. Die Kapitalgesellschaften − Aktiengesellschaft (AG), Gesellschaft mit beschränkter Haftung (GmbH) und Kommanditgesellschaft auf Aktien (KGaA) − sind Körperschaften, d.h. juristische Personen. Eine Kapitalgesellschaft existiert unabhängig von ihren Gesellschaftern. Daraus ergeben sich gravierende Unterschiede zu den Personengesellschaften:

- Das Betriebsvermögen ist nicht gemeinschaftliches Vermögen der Gesellschafter, sondern gehört dem Unternehmen. Für die Schulden haften nicht die Gesellschafter, sondern das Unternehmen mit seinem Vermögen.
- Wegen der Haftungsbeschränkung verlangt das Gesetz zum Schutz der Gläubiger ein satzungsmäßig fixiertes Nominalkapital.
- Die Kapitalgesellschaft benötigt „Organe", also natürliche Personen, die für sie handeln.
- Die Kapitalgesellschaft zahlt Steuern auf ihren Gewinn.
- Die Gesellschafter können ihre Anteile veräußern.

Die AG ist der Idealtyp der Kapitalgesellschaft; sie ist geeignet für die Aufbringung großen Kapitals. Die GmbH ist weniger auf Größe als auf die Haftungsbeschränkung für die Inhaber kleiner und mittlerer Unternehmen ausgelegt.

Genossenschaften. Die eingetragene Genossenschaft ist ebenfalls eine juristische Person, wird aber nicht zu den Kapitalgesellschaften gezählt, von denen sie sich in einigen wichtigen Merkmalen unterscheidet.

Weitere Rechtsformen. Unternehmen können über die genannten Rechtsformen hinaus noch als wirtschaftliche Vereine oder als Stiftungen betrieben werden. Dabei handelt es sich um Formen, bei denen die Gründer Kapital zur Verfügung stellen unter Verzicht auf jede Teilhabe an Kapital oder Gewinnen. Für spezielle Bereiche existieren ferner noch die Rechtsformen des

Versicherungsvereins auf Gegenseitigkeit und der Partenreederei. Auf all diese wird hier nicht eingegangen.

Landwirte, Künstler und Angehörige der „freien Berufe" – Ärzte, Anwälte, Steuerberater usw. – werden juristisch nicht als Gewerbetreibende behandelt und sind deshalb grundsätzlich nicht dem Kaufmannsrecht unterworfen, das im Handelsgesetzbuch (HGB) kodifiziert ist.

5.2 Die Personenunternehmen

5.2.1 Das Einzelunternehmen

Betreibt ein einzelner Unternehmer ein Unternehmen, so handelt es sich um ein Einzelunternehmen – nicht jedoch bei einer Kapitalgesellschaft mit nur einem einzigen Gesellschafter. Das Einzelunternehmen unterliegt den §§ 1-104 HGB.

Das Unternehmen muss in das Handelsregister, das beim Amtsgericht geführt wird, eingetragen werden. Die Firma muss die Bezeichnung „eingetragener Kaufmann" bzw. „eingetragene Kauffrau" oder eine entsprechende Abkürzung (zum Beispiel e. K.) enthalten.

Dem Inhaber gehört das Betriebsvermögen und steht der Gewinn zu, andererseits trägt er das Verlustrisiko und haftet mit seinem Privatvermögen für die Schulden.

5.2.2 Offene Handelsgesellschaft und Kommanditgesellschaft

Offene Handelsgesellschaft (OHG). Die OHG ist in §§ 105-160 HGB geregelt. Sie ist definiert als eine Gesellschaft, deren Zweck auf den Betrieb eines Handelsgewerbes unter gemeinschaftlicher Firma gerichtet ist und deren Gesellschafter alle unbeschränkt für die Schulden der Gesellschaft haften.

Der Gesellschaftsvertrag ist nicht formbedürftig, sollte aber die Rechtsverhältnisse der Gesellschafter untereinander klären, z.B.

* Welche Einlagen haben die einzelnen Gesellschafter zu leisten?
* Wie werden Gewinne und Verluste verteilt?

- Wer ist einzeln oder gemeinsam zur Geschäftsführung und Vertretung berechtigt?

Soweit der Gesellschaftsvertrag lückenhaft ist, greifen die im HGB enthaltenen Regelungen. Im Handelsregister sind alle Gesellschafter sowie die Firma und die Vertretungsmacht der Gesellschafter einzutragen. Die Firma muss die Bezeichnung „offene Handelsgesellschaft" oder eine allgemein verständliche Abkürzung dieser Bezeichnung enthalten.

Die OHG mit ihrer persönlichen Haftung gründet auf dem gegenseitigen Vertrauen der Gesellschafter. Deshalb kann niemand seine Gesellschafterstellung an einen Dritten übertragen, wenn nicht die Mitgesellschafter einverstanden sind.

Scheidet ein Gesellschafter aus, so verjähren Ansprüche der Gläubiger gegen ihn fünf Jahre nach Ausscheiden. Ein neu eintretender Gesellschafter haftet den Gläubigern auch für die alten Schulden der Gesellschaft.

Die *Kommanditgesellschaft (KG)* hat neben den persönlich haftenden Gesellschaftern (Komplementäre) auch solche Gesellschafter, die nur eine Einlage leisten, darüber hinaus aber zu keiner weiteren Zahlung verpflichtet sind, d.h. nicht für die Gesellschaftsschulden haften (Kommanditisten). Von beiden Gesellschaftertypen muss mindestens je einer vorhanden sein. Die ergänzenden Vorschriften für die KG stehen in §§ 161-177a HGB. Die Kommanditisten und ihre Einlagen werden im Handelsregister eingetragen. Die Firma muss die Bezeichnung „Kommanditgesellschaft" oder eine entsprechende Abkürzung enthalten. Die Namen von Kommanditisten dürfen nicht in die Firma aufgenommen werden. Solange die Kommanditisten ihre Einlagen nicht voll geleistet haben, haften sie mit ihrem Privatvermögen den Gläubigern für den noch ausstehenden Teil.

Die Rechtsverhältnisse der Gesellschafter untereinander sind auch hier frei vereinbar; falls der Gesellschaftsvertrag nichts Entgegenstehendes enthält, sind die Kommanditisten von der Geschäftsführung ausgeschlossen. Sie dürfen nur außergewöhnlichen Geschäften widersprechen und können eine Abschrift des Jahresabschlusses verlangen.

Die KG ist zwar eine Personengesellschaft, nähert sich aber den Kapitalgesellschaften insofern, als sie den Haftungsausschluss für eine Gesellschafterkategorie ermöglicht und die

Kommanditisten eher die Stellung von Geldanlegern als von Mitunternehmern haben. Damit wird die Möglichkeit der Kapitalaufbringung gegenüber der OHG verbessert.

5.2.3 Die Gesellschaft bürgerlichen Rechts (GbR)

Die GbR – auch BGB-Gesellschaft genannt – wird in §§ 705-740 BGB behandelt. Sie ist die Allzweck-Gesellschaft des täglichen Lebens und entsteht immer dann, wenn sich mehrere Personen zur Erreichung eines gemeinsamen Zwecks zusammentun, zum Beispiel eine Lotto-Tippgemeinschaft, eine Mitfahr- oder Wohngemeinschaft. Der Zweck kann allerdings kein Gewerbe sein. Daher kommt die GbR nicht als Rechtsform für Unternehmen in Frage. Wir treffen sie im Wirtschaftsleben bei Zusammenschlüssen von Freiberuflern (z.B. Anwaltssozietäten, Gemeinschaftspraxen), von Kleingewerbetreibenden und als Arbeitsgemeinschaften größerer Unternehmen bei bestimmten Projekten, wie der Emission von Aktien (Banken bilden ein Konsortium) oder Bauvorhaben.

5.2.4 Die Partnerschaftsgesellschaft für freie Berufe

Seit 1995 können sich alle Gruppen freier Berufe einer neuen, auf ihre Bedürfnisse zugeschnittenen Rechtsform für gemeinschaftliche Berufsausübung bedienen. Sie ist eine Sonderform der GbR und an das Recht der OHG angelehnt.

Die Partnerschaftsgesellschaft ist als eine Personengesellschaft konzipiert, die kein Handelsgewerbe ausübt (§ 1 I PartGG) und – im Gegensatz zur GbR – unter ihrem Namen Rechte erwerben kann, grundbuchfähig ist, klagen und verklagt werden kann.

Der Name der Partnerschaft muss den Namen mindestens eines Partners, den Zusatz „und Partner" oder „Partnerschaft" sowie die Berufsbezeichnung aller in der Partnerschaft vertretenen Berufe enthalten. Name, Sitz und Gegenstand der Partnerschaft sowie Name, Beruf und Wohnort jedes Partners müssen in das Partnerschaftsregister eingetragen werden. Das Rechtsverhältnis der Partner untereinander richtet sich nach dem Partnerschaftsvertrag. Tod oder Ausscheiden eines Partners führt nicht zum Erlöschen der Partnerschaft.

Von zentraler Bedeutung sind die Haftungsbestimmungen: Die Partner haften den Gläubigern für Verbindlichkeiten der Partnerschaft unbeschränkt als Gesamtschuldner, jedoch können die Partner ihre Haftung für Ansprüche aus Schäden wegen fehlerhafter Berufsausübung auf denjenigen Partner beschränken, der innerhalb der Partnerschaft die berufliche Leistung zu erbringen oder verantwortlich zu leiten und zu überwachen hat. Durch eine entsprechende vertragliche Regelung können die Partner demnach festlegen, dass jeder Partner seinen Beruf in eigener Verantwortung ausübt und für sein Handeln persönlich haftet.

5.2.5 Die stille Gesellschaft

Die stille Gesellschaft ist im HGB in §§ 230-236 geregelt. Sie ist keine eigenständige Rechtsform. Der stille Gesellschafter beteiligt sich mit einer Einlage an einem Unternehmen beliebiger Rechtsform. Es handelt sich um eine „Innengesellschaft", d.h. das Gesellschaftsverhältnis tritt nach außen nicht in Erscheinung. Sind mehrere stille Gesellschafter vorhanden, so bestehen ebenso viele stille Gesellschaften.

Die Einlage des Stillen ähnelt stark einer Kommanditeinlage. Der Stille ist am Gewinn des Unternehmens beteiligt, eine Verlustbeteiligung kann vertraglich ausgeschlossen werden. Er haftet nicht über den Betrag seiner Einlage hinaus. Mitwirkungsrechte stehen dem Stillen nicht zu, jedoch kann dies vertraglich anders geregelt werden.

Endet die stille Gesellschaft, so erhält der Stille, wenn nichts anderes vereinbart ist, nur den Nominalbetrag seiner Einlage zurück. Dies wird als *typische* stille Gesellschaft bezeichnet. Ist dagegen vereinbart, dass der Stille bei Ausscheiden auch an Vermögenswertsteigerungen des Unternehmens beteiligt sein soll, spricht man von einer *atypischen* stillen Gesellschaft.

Die Aufnahme stiller Gesellschafter verbreitert die Finanzierungsbasis von Unternehmen. Für die stillen Gesellschafter liegt der Anreiz in der Verschwiegenheit der Beteiligung.

5.3 Die Körperschaften

5.3.1 Die Aktiengesellschaft und die KG auf Aktien

5.3.1.1 Wesen der Aktiengesellschaft

Die AG und die KGaA sind im Aktiengesetz von 1965 geregelt. Dieses Gesetz ist auf den Idealtypus einer großen Publikums-AG zugeschnitten und enthält umfangreiche und detaillierte Regelungen, die dem Schutz der Gläubiger und der Aktionäre dienen sollen. Für kleine und mittlere Unternehmen ist die Rechtsform der AG häufig zu inflexibel und zu aufwendig. Im Jahr 1994 wurden jedoch einzelne Regelungen geändert, um die AG auch für mittelständische Unternehmen attraktiver zu machen.

Der Gesellschaftsvertrag, auf dem die AG beruht, heißt Satzung. Sie enthält u.a. Firma, Sitz, Unternehmensgegenstand (Erzeugnisprogramm), Grundkapital und Aktienarten. Die Firma des Unternehmens muss den Zusatz „Aktiengesellschaft" oder eine entsprechende Abkürzung enthalten.

Die Anteile an einer AG sind in *Aktien* verbrieft, die übertragbar und vererblich sind. Man spricht von der Eigenschaft der „Fungibilität" (Vertretbarkeit). Diese bedeutet, dass zwei Güter vollkommen gleich sind und sich daher gegenseitig vertreten können. Sie ist die Voraussetzung für den Börsenhandel. Man kauft und verkauft z.B. nicht eine bestimmte, nach der Nummer identifizierbare Siemens-Aktie, sondern einfach eine Siemens-Aktie.

Die Aktie gewährt dem Aktionär zum einen das Recht auf Gewinnanteile sowie Teilhabe am Liquidationserlös bei Auflösung der Gesellschaft, zum anderen ein Stimmrecht in der Hauptversammlung, und drittens ein Bezugsrecht bei Ausgabe neuer Aktien. Man unterscheidet zwischen *Stammaktien* und *Vorzugsaktien.* Letztere sind in Bezug auf Gewinnansprüche gegenüber den ersteren bevorzugt, können jedoch ohne Stimmrecht sein. Sie werden z.B. ausgegeben, wenn eine Inhaberfamilie neues Kapital beschaffen, aber ihre Stimmenmehrheit nicht aufgeben will.

Das *Grundkapital* ist in der Satzung fixiert und muss mindestens 50.000 Euro betragen. Bei der Gründung der Gesellschaft muss mindestens das Grundkapital aufgebracht werden. Im

Wege einer Satzungsänderung kann das Grundkapital später erhöht oder herabgesetzt werden, aber nicht unter den genannten
Betrag. Es dient der Sicherheit der Gläubiger. Das eingezahlte
Geld wird natürlich nicht im Tresor aufgehoben, sondern investiert, und wenn es eine Fehlinvestition wird, sind die Gläubiger
nicht vor dem Verlust ihrer Forderungen geschützt, denn ihnen
haftet nur das Gesellschaftsvermögen.

Daher darf das Grundkapital nicht ohne weiteres an die Aktionäre zurückgezahlt werden. Auszahlungen an die Aktionäre infolge einer Kapitalherabsetzung dürfen erst nach sechs Monaten
und nach Begleichung der Schulden bzw. Sicherheitsleistung an
die Gläubiger erfolgen (§ 225 AktG). Aus dem gleichen Grund
darf die AG eigene Aktien nur unter bestimmten Bedingungen
und Beschränkungen erwerben (§ 71 AktG), denn der Erwerb eigener Aktien kommt ja einer teilweisen Rückzahlung des
Grundkapitals und Verminderung des für die Schulden haftenden Vermögens gleich.

5.3.1.2 Arten von Aktien

Die Aktien können entweder *Nennbetragsaktien* oder *Stückakti-
en* sein. Der Nennbetrag der Aktie beträgt mindestens 1 Euro.
Stückaktien, die in Deutschland seit der Euro-Einführung zulässig sind, lauten auf keinen Nennbetrag.

Es gibt *Inhaberaktien* und *Namensaktien*. Inhaberaktien werden durch Einigung und Übergabe übertragen. Der einzelne Aktionär bleibt anonym. Daher heißt die Aktiengesellschaft auch
in einigen Ländern „Anonyme Gesellschaft" (französisch Société
Anonyme, spanisch Sociedad Anónima, italienisch Società Ano-
nima). Bei Namensaktien sind jedoch die Aktieninhaber namentlich ins Aktienbuch der Gesellschaft einzutragen, bei der Übertragung ist Indossierung (= Übertragungsvermerk auf der
Rückseite) erforderlich. Es ist möglich, dass sich die AG die Genehmigung zur Übertragung vorbehält (vinkulierte Namensakti-
en) und so verhindern kann, dass Personen oder Unternehmen
Aktien erwerben, die der Unternehmensleitung nicht genehm
sind.

5.3.1.3 Die Organe der AG

Die Organe der AG sind die Hauptversammlung, der Aufsichtsrat und der Vorstand. Die Rechte und Pflichten dieser Organe sind im AktG relativ genau geregelt und lassen wenig Spielraum für individuelle Lösungen.

Die *Hauptversammlung* (§§ 118 ff AktG) besteht aus den Aktionären. Insbesondere Kleinaktionäre lassen sich gewöhnlich durch ihre Banken vertreten, die dann das so genannte Depotstimmrecht ausüben. Die Hauptversammlung beschließt im Wesentlichen über

- die Bestellung und ggf. Abberufung der Mitglieder des *Aufsichtsrats* (außer den Arbeitnehmervertretern),
- die Verwendung des *Bilanzgewinns* (Ausschüttung oder Einbehaltung),
- die *Entlastung* der Mitglieder des Vorstands und des Aufsichtsrats,
- *Satzungsänderungen* (besonders wichtig: Gegenstand des Unternehmens, Kapitalerhöhungen). Für Satzungsänderungen ist eine Dreiviertelmehrheit des bei der Hauptversammlung vertretenen Grundkapitals erforderlich,
- die *Auflösung* der Gesellschaft.

In der Hauptversammlung ist das Stimmrecht grundsätzlich nach den Aktien-Nennbeträgen, bei Stückaktien nach der Zahl der Aktien verteilt. Ausnahmen sind möglich: Die Satzung kann die Ausgabe stimmrechtsloser Vorzugsaktien vorsehen; auch kann (zur Abwehr unerwünschter Bildung von Einflusskonzentrationen) bei nicht börsennotierten Gesellschaften das Stimmrecht, z.B. durch Festsetzung eines Höchstbetrags, beschränkt werden.

Der *Vorstand* (§§ 76 ff AktG) ist das Leitungsorgan, er leitet die Gesellschaft unter eigener Verantwortung. Er besteht aus einer oder mehreren Personen. Sie werden auf jeweils höchstens fünf Jahre vom Aufsichtsrat bestellt oder wieder gewählt. Der Aufsichtsrat kann ein Vorstandsmitglied zum Vorstandsvorsitzenden ernennen. Im Vorstand herrscht das Kollegialprinzip, d.h. es können keine Beschlüsse gegen die Mehrheit gefasst werden.

Der *Aufsichtsrat* (§§ 95 ff AktG) ist ein Kontrollorgan. Er besteht aus Kapitalvertretern, die von der Hauptversammlung (auf höchstens vier Jahre) bestellt werden, und ggf. Vertretern der Arbeitnehmer, die nach den Mitbestimmungsgesetzen gewählt werden (vgl. unten Abschnitt 5.6). Der Aufsichtsrat besteht aus mindestens drei und höchstens 21 Personen. Er wählt aus seiner Mitte einen Vorsitzenden und mindestens einen Stellvertreter.

- Der Aufsichtsrat bestellt die *Vorstandsmitglieder*, legt Art und Höhe ihrer Bezahlung fest und hat die Geschäftsführung des Vorstands zu überwachen.

- Zur Wahrnehmung seiner *Kontrollfunktion* kann der Aufsichtsrat die Bücher und Schriften sowie die Vermögensgegenstände der Gesellschaft einsehen. Der Vorstand hat dem Aufsichtsrat gegenüber umfangreiche Berichtspflichten und der Aufsichtsrat kann von sich aus jederzeit Auskünfte verlangen.

- Dem Aufsichtsrat obliegt die Prüfung und Feststellung des *Jahresabschlusses* und des Lageberichts (vgl. Kapitel 8.)

- Durch Satzung oder Aufsichtsratsbeschluss kann festgelegt werden, dass der Vorstand bestimmte Arten von Geschäften nur mit Zustimmung des Aufsichtsrats vornehmen darf *("zustimmungspflichtige Geschäfte")*. Verweigert der Aufsichtsrat seine Zustimmung zu einem solchen Geschäft, so kann der Vorstand die Sache der Hauptversammlung zur Entscheidung vorlegen.

Das Prinzip der Trennung von Leitung und Kontrolle verbietet die gleichzeitige Mitgliedschaft im Vorstand und Aufsichtsrat. Ebenso kann dem Aufsichtsrat nicht angehören, wer gleichzeitig gesetzlicher Vertreter eines von der Gesellschaft abhängigen Unternehmens ist. Auch eine Über-Kreuz-Beziehung ist unzulässig: Ein gesetzlicher Vertreter der Kapitalgesellschaft X darf nicht Aufsichtsratsmitglied bei Gesellschaft Y sein, wenn ein gesetzlicher Vertreter von Y im Aufsichtsrat von X sitzt. Allerdings sind „Ringverflechtungen" zulässig und üblich.

Die Kontrolltätigkeit der Aufsichtsräte ist anlässlich spektakulärer Managementfehler und Gesetzesverstöße immer wieder zum Gegenstand der Kritik geworden. Es wird z.B. gefordert, die Anzahl der Aufsichtsratsmandate pro Person (maximal zehn) zu verringern, die Aufsichtsratsarbeit verstärkt in Ausschüsse zu verlagern und die Mindestanzahl der Aufsichtsratssitzungen pro Jahr (zwei, bei börsennotierten Gesellschaften vier) heraufzusetzen. Auch die Vergütung der Vorstandsmitglieder einzelner Unternehmen wurde kritisiert, ebenso der übliche Wechsel vom Vorstandsvorsitz in den Vorsitz des Aufsichtsrats. Die Bundesregierung setzte eine Kommission ein, die einen „Corporate-Governance-Kodex" erarbeitete, d.h. einen Katalog guter Sitten der Unternehmensführung (im Sinne der Aktionäre). Die Befolgung dieser Vorschläge, soweit sie nicht ohnehin schon im Aktiengesetz implementiert sind, ist freiwillig, doch müssen börsennotierte Unternehmen jährlich bekannt geben, ob und inwieweit sie sich daran halten.

5.3.1.4 Die Kommanditgesellschaft auf Aktien (KGaA)

Die Kommanditgesellschaft auf Aktien (§§ 278-290 AktG) ist eine Mischform aus Aktiengesellschaft und Kommanditgesellschaft. Sie besteht aus mindestens einem persönlich haftenden Gesellschafter und dem bzw. den Kommanditisten, deren Anteile in Aktien verbrieft sind.

Anstelle des Vorstands sind die persönlich haftenden Gesellschafter die Geschäftsführer. Weitere Organe sind der Aufsichtsrat und die Hauptversammlung.

Diese Rechtsform ist sehr selten. Sie eignet sich insbesondere dazu, ein Familienunternehmen (KG) an die Börse zu bringen, ohne dass die Inhaberfamilie ihren Einfluss verliert. Sie bietet auch wenig Anreiz für eine feindliche Übernahme.

5.3.2 Die Gesellschaft mit beschränkter Haftung (GmbH)

Diese Rechtsform ist im GmbH-Gesetz geregelt. Das *Stammkapital*, das mindestens 25.000 Euro betragen muss, ist in Stammanteile von je mindestens 100 Euro zerlegt. Die Anteile sind nicht verbrieft. Der Gesellschaftsvertrag bedarf notarieller Form. Auch die Abtretung von Geschäftsanteilen muss notariell beurkundet werden. Gedacht ist die GmbH eher für kleine und mittlere Unternehmen als für große, denn sie kann kaum am Kapitalmarkt auftreten und große Eigenkapitalbeträge aufbringen. Ihre Beliebtheit ist darin begründet, dass sie auch dem kleinen und mittelständischen Unternehmer die Möglichkeit bietet, seine persönliche Haftung auszuschließen.

Die GmbH kann, ebenso wie die AG, auch als Einmann-Gesellschaft gegründet werden. Die Firma muss die Bezeichnung „Gesellschaft mit beschränkter Haftung" oder eine Abkürzung enthalten.

Die *Organe* der GmbH sind die Gesellschaftergesamtheit und der (bzw. die) Geschäftsführer. Ein Aufsichtsrat kann freiwillig gebildet werden; er kann auch aufgrund eines Mitbestimmungsgesetzes erforderlich sein, wenn die Gesellschaft mindestens 500 Arbeitnehmer hat (vgl. unten Abschnitt 5.6).

Die Gesellschafter fassen ihre Beschlüsse entweder auf einer Gesellschafterversammlung oder schriftlich im Umlaufverfahren. Das Stimmrecht ist proportional zur Höhe des Geschäftsanteils. Für Satzungsänderungen ist eine Dreiviertelmehrheit erforderlich.

Die Gesellschafter können beliebig entscheiden, welche Befugnisse die Geschäftsführer haben. Das Spektrum reicht von einer starken Stellung der Geschäftsführer ähnlich dem Vorstand der AG bis zu einer mehr repräsentativen Geschäftsführung, bei der sich der bzw. die Gesellschafter alle wesentlichen Entscheidungen vorbehalten. Die GmbH ist also insoweit flexibler und besser an die Bedürfnisse der Gesellschafter anpassbar als die Aktiengesellschaft. Das entspricht ihrer Funktion als „Kapitalgesellschaft für jedermann".

5.3.3 Die eingetragene Genossenschaft (eG)

Die eG ist eine Gesellschaft mit nicht geschlossener Mitgliederzahl zur Förderung des Erwerbs oder der Wirtschaft ihrer Mitglieder mittels gemeinschaftlichen Geschäftsbetriebs. Ursprünglicher Zweck der Genossenschaft war nicht Gewinnerzielung, sondern die Förderung der Mitglieder. Die Genossenschaften entstanden Mitte des 19. Jahrhunderts als Selbsthilfeorganisationen zur Bekämpfung der wirtschaftlichen Not der Bauern, der Arbeiter und des Gewerbes. Heute ist das Genossenschaftswesen in die drei Zweige (1) Gewerbliche und ländliche Genossenschaften, (2) Konsumgenossenschaften und (3) Wohnungsbaugenossenschaften gegliedert. Die größte wirtschaftliche Bedeutung haben die in (1) enthaltenen Kreditgenossenschaften, die unter der Bezeichnung „Volksbanken" und im ländlichen Bereich „Raiffeisenkassen" (nach F. W. Raiffeisen, der 1862 den ersten Darlehnskassenverein gründete) agieren.

Die eG ähnelt stark einer Kapitalgesellschaft: sie ist juristische Person. Das einzelne Mitglied (Genosse) haftet nicht gegenüber den Gläubigern. Allerdings kann das Statut eine Nachschusspflicht vorsehen. Die Leitungsorganisation erinnert an die der Aktiengesellschaft. Die *Organe* sind die Generalversammlung (bei mehr als 3.000 Mitgliedern Vertreterversammlung), der Aufsichtsrat (mindestens drei Personen) und der Vorstand (mindestens zwei Personen).

Andererseits bestehen folgende Unterschiede zu den Kapitalgesellschaften: In der Generalversammlung hat jedes Mitglied eine Stimme ohne Rücksicht auf seinen Geschäftsanteil; das Statut kann eine andere Regelung treffen. Es gibt kein Mindest-Nennkapital und das Nennkapital ist nicht fixiert. Jeder Genosse kann zum Ende des Geschäftsjahrs austreten, wenn nicht das Statut eine längere Kündigungsfrist vorsieht.

5.4 Kombinationen

5.4.1 GmbH & Co KG

Persönlich haftende Gesellschafter einer Personengesellschaft können auch juristische Personen sein. In der Praxis ist besonders die Kommanditgesellschaft beliebt, in der als einziger Komplementär eine GmbH fungiert. Gewöhnlich sind die GmbH-Gesellschafter gleichzeitig die Kommanditisten. Sie schließen so jede private Haftung aus, da sie weder für die Schulden der GmbH noch der KG haften. Diesen Zweck könnten sie allerdings auch mit der GmbH allein erreichen. Gleichzeitig nehmen sie jedoch eventuelle steuerliche Vorteile einer Personengesellschaft wahr. Der Teil des von der KG erzielten Gewinns, der auf die Kommanditisten entfällt, unterliegt nur deren persönlicher Einkommensteuer. Der auf die Komplementär-GmbH entfallende Gewinn ist körperschaftsteuerpflichtig (vgl. Abschnitt 5.5).

Neben der GmbH & Co. kommt vereinzelt auch die AG & Co. vor.

5.4.2 Die Doppelgesellschaft

Ein wirtschaftlich einheitliches Unternehmen wird in zwei
rechtlich selbständigen Gesellschaften betrieben, die entweder
durch die sog. „Betriebsaufspaltung" einer Gesellschaft entstehen oder dadurch, dass von vornherein zwei Gesellschaften gegründet werden. Eine ist die Besitzgesellschaft, der die
Grundstücke und Betriebsanlagen gehören, und die andere ist
die Betriebsgesellschaft, die die Produktion und den Absatz betreibt und die Anlagen von der Besitzgesellschaft mietet oder
pachtet. Die Besitzgesellschaft wird in der Regel als Personengesellschaft geführt, die Betriebsgesellschaft als Kapitalgesellschaft. Durch diese Konstruktion wird das der Besitzgesellschaft
gehörende Anlagevermögen der Haftung für die sich aus den
Geschäften der Betriebsgesellschaft ergebenden Schulden entzogen. Zum anderen ergeben sich Vorteile im Bereich der Gewerbeertragsteuer (Abzugsfähigkeit der Geschäftsführergehäl-
ter).

5.5 Die Wahl der Rechtsform

Die Rechtsformwahl ist eine Entscheidung unter mehrfachen
Zielen. Die wichtigsten Zielvariablen betreffen

- die Haftung,
- die Besteuerung,
- die Finanzierung,
- die Rechnungslegung und Publizität,
- den Aufwand, der mit Gründung und Aufrechterhaltung einer
  Rechtsform verbunden ist, und
- die Mitbestimmung der Arbeitnehmer.

Zum Beispiel wollen Sie Ihre persönliche Haftung ausschließen
und neigen daher zur GmbH, andererseits haben Sie dann vielleicht im Vergleich zur OHG steuerliche Nachteile und müssen
Ihre Bilanzen beim Amtsgericht einreichen, wo sie auch Ihr
Nachbar einsehen kann.

    Die unterschiedliche persönliche Haftung bei Personenunter-
nehmen und Kapitalgesellschaften wurde schon skizziert; auf
die Mitbestimmung kommen wir in Abschnitt 5.6. Fragen der
Finanzierung werden in Kapitel 6 behandelt.

In diesem Abschnitt wird nur noch kurz die Besteuerung angesprochen.

Einzelunternehmen und Personengesellschaften sind keine selbständigen Steuersubjekte. Sie haben daher weder ein eigenes Vermögen noch einen eigenen Gewinn und unterliegen nicht der Vermögens- und Gewinnbesteuerung. Die Gewinne werden nach ihrer Verteilung bei den Gesellschaftern im Rahmen ihrer individuellen Einkommensteuer (ESt) besteuert, wobei es keine Rolle spielt, ob sie entnommen oder stehengelassen wurden.

Kapitalgesellschaften dagegen müssen ihre Gewinne der *Körperschaftsteuer* (KSt) unterwerfen. Zusätzlich werden die Gewinne nach ihrer Ausschüttung als *Dividenden* beim Gesellschafter noch der *Einkommensteuer* unterworfen. Kapitalgesellschaftsgewinne unterliegen somit *zwei* Steuern (KSt + ESt), während die Gewinne von Personengesellschaften nur einer davon unterliegen (ESt). Die Doppelbelastung wird jedoch durch das „Halbeinkünfteverfahren" gemildert, d.h. nur die Hälfte der Dividende ist einkommensteuerpflichtig.

Unabhängig von der Rechtsform muss jedes gewerbliche Unternehmen *Gewerbeertragsteuer* zahlen. Der Gewerbeertrag ist in erster Annäherung identisch mit dem Gewinn, der der ESt bzw. KSt unterworfen wird. Fünf Prozent des Gewerbeertrags ergeben den Steuermessbetrag. Dieser wird mit dem örtlichen Hebesatz multipliziert, den die Gemeinden festlegen.

5.6 Unternehmerische Mitbestimmung der Arbeitnehmer

In Deutschland ist seit dem Ende des Zweiten Weltkriegs eine im Vergleich mit anderen Ländern weitgehende Mitbestimmung von Arbeitnehmervertretern eingeführt worden. Sie deckt zwei unterschiedliche Bereiche ab:

- *Unternehmerische* Mitbestimmung im Aufsichtsrat von Kapitalgesellschaften,
- *Betriebliche* Mitbestimmung am Arbeitsplatz durch den Betriebsrat (auch arbeitsrechtliche Mitbestimmung genannt).

In diesem Kapitel geht es um die unternehmerische Mitbestimmung; die betriebliche Mitbestimmung wird in Kapitel 7 behandelt.

Die unternehmerische Mitbestimmung soll den Beschäftigten
einen Einfluss auf die Unternehmenspolitik gewähren, jedoch
nicht im Leitungs-, sondern im Kontrollorgan. Der Aufsichtsrat
setzt sich in mitbestimmten Unternehmen aus Kapitalvertretern
und Arbeitnehmervertretern zusammen. Ausgenommen sind
„Tendenzbetriebe", d.h. Unternehmen mit politischen, konfessi-
onellen, karitativen, erzieherischen, wissenschaftlichen, künstlerischen Unternehmenszwecken oder solchen, die der Bericht-
erstattung oder Meinungsäußerung dienen (insbesondere Verla-
ge).

Die Mitbestimmung ist im Wesentlichen in drei Gesetzen geregelt.

Montanmitbestimmung. In den Unternehmen der Montanindustrie (Bergbau, Eisen- und Stahlerzeugung) in der Rechtsform
einer Kapitalgesellschaft und mit mehr als 1.000 Beschäftigten
wurde 1951 die Mitbestimmung gesetzlich eingeführt. Die alli-
ierten Siegermächte des Zweiten Weltkriegs hatten die damali-
gen Schlüsselindustrien entflochten und in den Montanunternehmen Mitbestimmungsregelungen installiert; nach der Gründung der Bundesrepublik erzwangen die Gewerkschaften unter
Androhung eines Generalstreiks die gesetzliche Verankerung
dieser Mitbestimmung.

Die Hauptmerkmale des so genannten Montan-Modells sind:
Paritätische Besetzung des Aufsichtsrats durch Kapitalvertreter
und Arbeitnehmerseite, Existenz eines „neutralen" Aufsichts-
ratsmitglieds, Existenz des sog. „Arbeitsdirektors", eines für das
Personal- und Sozialressort zuständigen Vorstandsmitgliedes
(Abbildung 5-2).

Die Arbeitnehmervertreter werden nicht von der Belegschaft
gewählt, sondern von Betriebsrat und Gewerkschaften nomi-
niert; an diesen „Vorschlag" hat sich die Hauptversammlung zu
halten. Von den Arbeitnehmervertretern müssen zwei — ein Arbeiter und ein Angestellter — dem Unternehmen angehören,
zwei dürfen außerbetriebliche Gewerkschaftsvertreter sein. Die
„weiteren Mitglieder" dürfen weder dem Unternehmen angehören noch eine Gewerkschaft bzw. eine Arbeitgebervereinigung

repräsentieren. Das neutrale Mitglied hat die Funktion, Pattsituationen zu verhindern.

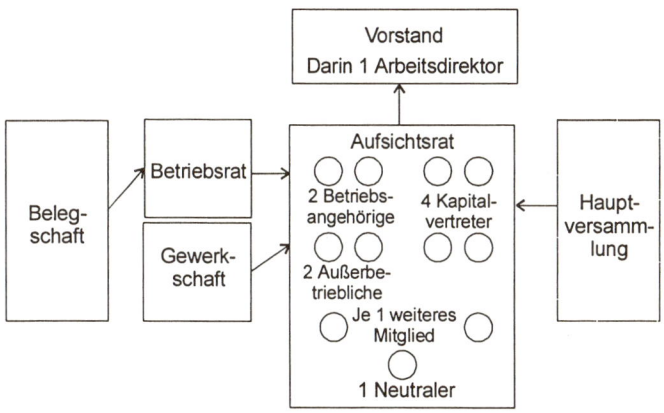

Abb. 5-2: Mitbestimmung in der Montanindustrie

Der „Arbeitsdirektor" ist ein Vorstandsmitglied, das für das Personalressort verantwortlich ist. Für ihn gilt die Sonderregelung, dass er nicht gegen die Mehrheit der Arbeitnehmervertreter gewählt werden kann.

Die Montanmitbestimmung ist die weitestgehende Form der Mitbestimmung, sie hat jedoch mit dem Schrumpfen der Montanindustrie erheblich an Bedeutung verloren. Vormals reine Montanunternehmen sind heute überwiegend in anderen Branchen tätig und damit aus der Montanmitbestimmung herausgefallen.

Mitbestimmung nach dem Betriebsverfassungsgesetz 1952. Für alle Kapitalgesellschaften ab 500 Arbeitnehmern (außer Tendenzunternehmen und Montanunternehmen) sowie für alle AG und KGaA, soweit es nicht Familienunternehmen mit weniger als 500 Arbeitnehmern sind, wurde im Betriebsverfassungsgesetz von 1952 eine Drittelbeteiligung von Arbeitnehmervertretern im Aufsichtsrat eingeführt.

Mitbestimmung nach dem Mitbestimmungsgesetz 1976. Für alle Kapitalgesellschaften ab 2.000 Beschäftigten außer Montanbetrieben und Tendenzbetrieben gilt das Mitbestimmungsgesetz von 1976. Der Aufsichtsrat ist paritätisch besetzt mit 6:6, 8:8 oder 10:10 Mitgliedern, wobei die Arbeitnehmervertreter von der Belegschaft gewählt werden (Abbildung 5-3). Den Ausschlag bei Pattsituationen gibt der Aufsichtsratsvorsitzende, der in der zweiten Abstimmung eine zweite Stimme hat.

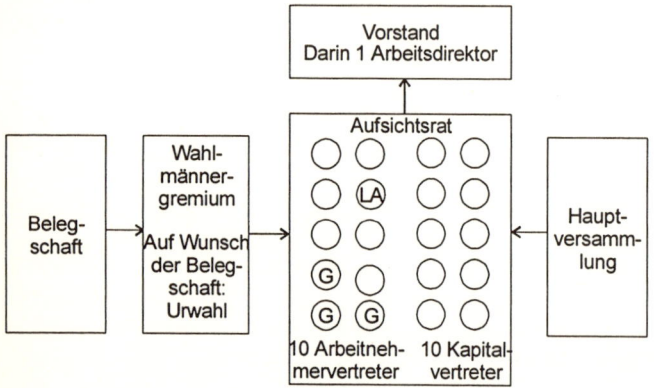

Abb. 5-3: Mitbestimmung nach dem MitbestG 1976 (G = Gewerkschaftsvertreter, LA = Leitender Angestellter)

Der Aufsichtsratsvorsitzende wird mit Zweidrittelmehrheit vom Aufsichtsrat gewählt; kommt diese Mehrheit nicht zustande, wählen die Vertreter der Anteilseigner ihn allein. Damit ist gesichert, dass die Kapitalvertreter letztlich ein Übergewicht haben. Auf der „Arbeitnehmerbank" befindet sich mindestens ein Leitender Angestellter.

Im Vorstand bzw. der Geschäftsleitung gibt es auch hier einen „Arbeitsdirektor", der für das Ressort „Arbeit und soziale Angelegenheiten" zuständig ist. Er ist gleichberechtigtes Mitglied des Leitungsorgans. Der Wahlmodus ist für ihn der gleiche wie für alle anderen Mitglieder.

Das MitbestG 1976 war schwer umkämpft. Die Gewerkschaftsseite wollte das Montanmodell auf die übrige Wirtschaft ausdehnen. Das neue Gesetz hatte aus ihrer Sicht gravierende Nachteile: Keine wirkliche Parität infolge der Pattauflösung durch den Aufsichtsratsvorsitzenden; der Leitende Angestellte wurde nicht als der Arbeitnehmerseite zugehörig angesehen;

der Arbeitsdirektor kann auch gegen die Mehrheit der Arbeitnehmerbank gewählt werden. Die Argumente der Arbeitgeberseite waren einerseits verfassungsrechtlicher Art (Schutz des Eigentums, Vereinigungsfreiheit), andererseits ordnungspolitischer Art (Aushöhlung der Tarifautonomie, „Fernsteuerung" der Unternehmen durch die Gewerkschaften). Nach einer Klage von Arbeitgeberverbänden und Unternehmen erklärte das Bundesverfassungsgericht 1979 das Mitbestimmungsgesetz für verfassungsgemäß. Abbildung 5-4 gibt einen Überblick über die Geltungsbereiche der drei Mitbestimmungsgesetze.

Anzahl der Arbeitnehmer		bis 500	500-1000	1000-2000	über 2000
Tendenzunternehmen					
Übrige	Einzelfirma, OHG, KG				
	GmbH & Co KG, AG & Co KG				①
	GmbH, eG				
	AG, KGaA	②			
Montan	AG	②			
	GmbH				

BetrVerfG 1952

MitbestG 1976

Montan-MitbestG 1951

① Mitbestimmungspflichtig ist die Komplementärin, ihr werden die Arbeitnehmer der KG zugerechnet

② Keine Mitbestimmung bei Familiengesellschaften unter 500 Arbeitnehmern sowie bei neugegründeten (ab 10.8.94) AG unter 500 Arbeitnehmern

Abb. 5-4: Geltungsbereiche der Mitbestimmung

Eine Anzahl von Unternehmen umging die Mitbestimmung durch Aufsplitterung in mehrere rechtlich selbständige Unternehmen oder Rechtsformwechsel. Einige Unternehmen versuchten, die Mitbestimmung zu „entschärfen", etwa durch Verlagerung bestimmter Aufgaben des Aufsichtsrats in Aufsichtsratsausschüsse, in denen die Arbeitnehmer nicht oder nicht gleichgewichtig vertreten sind, oder durch die Abschaffung der Zustimmungspflichtigkeit von bestimmten Geschäften.

5.7 Unternehmensverbindungen

5.7.1 Arten und Ziele von Unternehmensverbindungen

Man kann grob zwischen *Kooperationen*, bei denen die wirtschaftliche Selbständigkeit der Beteiligten im Wesentlichen erhalten bleibt, und *Konzentrationen*, bei denen die wirtschaftliche Selbständigkeit mindestens eines Partners verloren geht, unterscheiden. Für Unternehmensverbindungen können eine Reihe von Gründen sprechen:

- Verminderung des Wettbewerbs zwischen den beteiligten Unternehmen,

- Stärkung der Wettbewerbsposition der beteiligten Unternehmen gegenüber Dritten,

- Sicherung des Absatzes. Ein Stahlhersteller erwirbt z.B. Anteile an Unternehmen, die Stahl weiterverarbeiten,

- Sicherung der Beschaffung. Beispielsweise könnte ein Computerhersteller sich an einem Unternehmen beteiligen, das Chips produziert,

- Risikominderung durch Beteiligung an anderen Geschäftszweigen („*Diversifikation*"). Das bisherige Produktsortiment wird um solche Produkte erweitert, die nicht den gleichen Risiken ausgesetzt sind wie die vorhandenen. Zum Beispiel diversifiziert ein Zigarettenhersteller sein Produktprogramm durch Einstieg in die Getränkeindustrie,

- Kapitalanlage in gut verdienenden Unternehmen. Hier geht es darum, freie Mittel möglichst ertragreich anzulegen, für die man im eigenen Unternehmen keine gleich guten Renditechancen sieht,

- Zugang zu Auslandsmärkten. In vielen Ländern wird, wenn man dort tätig werden will, die Zusammenarbeit mit einem einheimischen Unternehmen verlangt,

- Realisierung von Synergieeffekten. Man nennt sie auch Verbundeffekte oder „2+2=5"-Effekte. Gemeint ist, dass die Beteiligten gemeinsam höhere Gewinne erzielen können als einzeln, und zwar aufgrund von Einsparungen, zum Beispiel durch Zusammenlegung der Entwicklungsabteilungen oder höhere Stückzahlen in der Produktion, oder durch gegenseitige Ergänzung im Know-how oder im Produktprogramm.

5.7.2 Kooperationen

Um Kosten zu sparen oder bestimmte Zwecke effizienter zu erreichen, kooperieren Unternehmen häufig auf *vertraglicher Basis*. Beispiele dazu sind Werbegemeinschaften, Arbeitsgemeinschaften bei Großprojekten, das Code-Sharing der Luftfahrtunternehmen, gemeinschaftliche Buchungssysteme für Hotels, Mengentausch bei Mineralölprodukten sowie Bankenkonsortien bei der Emission von Aktien oder Anleihen.

Kooperationen von erheblicher Bedeutung werden oft als *strategische Allianzen* bezeichnet. Eine spezielle Form ist die Gründung eines Gemeinschaftsunternehmens *(Joint venture)*, an dem beide Kooperationspartner zu gleichen Teilen beteiligt sind. Bei strategischen Allianzen werden z.B. Kostenersparnisse durch gemeinschaftliche Forschung und Entwicklung oder gegenseitige Ergänzung im Vertrieb angestrebt.

Eine spezielle Art des vertraglichen Zusammenschlusses besteht darin, den *Wettbewerb* zwischen Unternehmen der gleichen Branche hinsichtlich einzelner Wettbewerbsparameter zu *beschränken*. Ein solcher Zusammenschluss heißt *Kartell*. Es kann Unternehmen vorteilhaft erscheinen, eine solche Übereinkunft zu treffen, weil sie befürchten, im Konkurrenzkampf nicht zu bestehen oder jedenfalls weniger zu verdienen als mit einer Absprache. Solche aus der individuellen Sicht rationalen Entscheidungen können im Interesse der Aufrechterhaltung der Wettbewerbsordnung unerwünscht sein. Kartelle werden im Abschnitt 5.7.3 behandelt.

Weiterhin arbeiten Unternehmen in *Verbänden* zusammen. Hier sind drei Arten von Verbänden zu unterscheiden:

Wirtschaftsfachverbände. Diese sind nach Branchen und Regionen differenziert. Sie bieten einerseits den angeschlossenen Unternehmen Dienstleistungen (Marktinformationen, Ausbildungsveranstaltungen, Hinweise auf Rationalisierungsmöglichkeiten usw.) und repräsentieren andererseits die Unternehmen der Branche nach außen gegenüber der Öffentlichkeit, dem Gesetzgeber etc. Die Mitgliedschaft ist freiwillig. Die Verbände haben Spitzenorganisationen, von denen der bedeutendste der Bundesverband der deutschen Industrie (BDI) ist.

Industrie- und Handelskammern. Hierin sind alle Unternehmen eines räumlichen Bezirks (Kammerbezirk) zwangsweise zusammengefasst. Die Aufgaben der IHK liegen großenteils im öffentlichen Interesse: Förderung der Wirtschaft, Unterstützung der Behörden durch Vorschläge, Gutachten und Berichte, berufliche Aus- und Weiterbildung, Wahrung guter Kaufmannssitten. Spitzenorganisation ist der Deutsche Industrie- und Handelskammertag (DIHK), der die Belange der gesamten gewerblichen Wirtschaft gegenüber dem Bund vertritt.

Arbeitgeberverbände. Diese als Reaktion auf die Gewerkschaftsbewegung entstandenen Verbände treten bei Tarifverhandlungen als die Vertragspartner der Gewerkschaften auf und befassen sich mit sozialpolitischen Themen. Die Spitzenorganisation ist die Bundesvereinigung der deutschen Arbeitgeberverbände (BdA). Aufgabe der BDA ist es, die unternehmerischen Interessen im Bereich der Sozialpolitik, der Tarifpolitik, des Arbeitsrechts etc. gegenüber Regierung, Parlament und Öffentlichkeit zu vertreten.

5.7.3 Kartelle

Kartelle sind Vereinbarungen zwischen selbständigen Unternehmen sowie Beschlüsse von Unternehmensvereinigungen zum Zweck der *Wettbewerbsbeschränkung*. Sie regeln Wettbewerbsparameter wie z.B. die Verkaufspreise, die Produktionsmengen, Absatzgebiete oder die Geschäftsbedingungen der beteiligten Unternehmen. Diese versprechen sich von der Einschränkung des Wettbewerbs höhere Gewinne und verminderte Risiken. Um die Einhaltung der Absprachen zu überwachen, können besondere Einrichtungen erforderlich sein, wie Meldestellen oder gemeinsame Verkaufskontore (Syndikate).

Zum Schutz der Wettbewerbsordnung wurde durch das Gesetz gegen Wettbewerbsbeschränkungen (GWB, „Kartellgesetz") von 1957 ein generelles Kartellverbot erlassen. Es enthält jedoch eine Reihe von Ausnahmen für Kartelle, die als weniger schädlich erscheinen oder deren Nutzen den Schaden überwiegt:

1. Normen-, Typen- und Konditionenkartelle,
2. Spezialisierungskartelle,
3. Mittelstandskartelle (Kooperation zwischen kleinen und mittleren Unternehmen zum Zweck der Stärkung ihrer Wettbewerbsfähigkeit),

4. Rationalisierungskartelle,
5. Strukturkrisenkartelle (zum Zweck der Stilllegung von Überschusskapazitäten in schrumpfenden Branchen), und
6. sonstige Kartelle, die zu einer Verbesserung für Unternehmen und Verbraucher führen.

Kartelle nach Nr. 1-3 müssen bei der Kartellbehörde angemeldet werden und werden wirksam, wenn die Behörde nicht innerhalb von drei Monaten widerspricht. Für die Kartelle nach Nr. 4-6 ist ein *Antrag* bei der Behörde notwendig. Die Genehmigung wird nur befristet erteilt, kann jedoch verlängert werden.

Darüber hinaus kann der Bundeswirtschaftsminister Kartelle genehmigen, wenn „ausnahmsweise die Beschränkung des Wettbewerbs aus überwiegenden Gründen der Gesamtwirtschaft und des Gemeinwohls notwendig ist". Dies sind die sog. Sonderkartelle.

Bei Verstößen sind die beteiligten Unternehmen gegenüber den Geschädigten schadensersatzpflichtig. Außerdem können Bußgelder verhängt werden. Voraussetzung ist natürlich, dass die Behörde eine verbotene Absprache nachweisen kann, sei es durch beschlagnahmte Akten oder durch Zeugenaussagen. Die übliche allgemeine Erhöhung der Kraftstoffpreise zu Beginn der Sommerferien löst regelmäßig den Ruf nach dem Kartellamt aus, doch ist ein solches gleichförmiges Verhalten der Erdölfirmen auch ohne Absprache erklärbar, und der Kartellverdacht konnte nie erhärtet werden.

5.7.4 Konzentrationen

Durch kapitalmäßige Beteiligung eines Unternehmens an einem anderen kann die wirtschaftliche Selbständigkeit des letzteren mehr oder weniger stark eingeschränkt werden. Bleiben die Unternehmen rechtlich selbständig, so kann eine der im Aktiengesetz definierten Arten „verbundener Unternehmen" vorliegen (vgl. Kapitel 5.7.5). Die wichtigste davon ist der *Konzern*.

Die stärkste Form der Konzentration, bei der die rechtliche Eigenständigkeit noch erhalten bleibt, ist die *Eingliederung* (vgl. Kapitel 5.7.6). Bei der *Fusion* schließlich gehen die beteiligten Unternehmen auch rechtlich in einem einzigen Unternehmen auf.

Gehören die Unternehmen der gleichen Branche an, spricht man von einem horizontalen Zusammenschluss. Sind sie im Verhältnis zueinander Lieferant bzw. Abnehmer, ist der Zusammenschluss vertikal. Besteht kein Zusammenhang zwischen den Geschäftsbereichen, so wird der Zusammenschluss als Konglomerat bezeichnet.

5.7.5 Verbundene Unternehmen

Die zunehmende Konzentration in der Wirtschaft machte das unabhängige, im Besitz natürlicher Personen stehende Großunternehmen eher zur Ausnahme. Die Beteiligung von Unternehmen an Unternehmen führte einerseits zu einem Schutzbedürfnis der Minderheitsgesellschafter gegenüber dem Mehrheitsgesellschafter, andererseits aber auch zu dem Bedürfnis, die Rechnungslegung der einzelnen Unternehmen durch eine Konzernrechnungslegung zu ergänzen. Der Begriff der verbundenen Unternehmen wurde im AktG 1965 eingeführt. Er umfasst Unternehmen beliebiger Rechtsform, an denen jedoch eine Aktiengesellschaft oder KGaA beteiligt sein muss.

§ 15 AktG zählt die Arten verbundener Unternehmen auf (Abb. 5-5).

* *Mehrheitsbeteiligung.* Ein Unternehmen besitzt eine Kapital- oder Stimmenmehrheit an einem anderen Unternehmen (§ 16 AktG).

* *Abhängigkeit.* Abhängige Unternehmen sind rechtlich selbständige Unternehmen, auf die ein anderes Unternehmen (herrschendes Unternehmen) einen beherrschenden Einfluss ausüben kann (§ 17 AktG). Was ein beherrschender Einfluss ist, wird im Gesetz nicht definiert und ist umstritten. Nach herrschender Meinung liegt er vor, wenn ein Unternehmen mit rechtlichen Mitteln (Stimmenmehrheit, Verträge u.a.) die Organe des anderen besetzen kann. Es ist nicht erforderlich, dass der Einfluss tatsächlich ausgeübt wird. Das Gesetz stellt die Vermutung auf, dass bei Mehrheitsbeteiligung auch Abhängigkeit vorliegt. Die Abhängigkeitsvermutung kann jedoch widerlegt werden, z.B. wenn trotz Kapitalmehrheit keine Stimmenmehrheit besteht.

- *Konzern.* Rechtlich selbständige Unternehmen, die unter einheitlicher Leitung stehen, bilden einen Konzern (§ 18 AktG). Wird die Leitung durch ein herrschendes Unternehmen ausgeübt („Muttergesellschaft"), spricht man von einem Unterordnungskonzern, ist keines der Unternehmen vom anderen abhängig, liegt ein Gleichordnungskonzern vor. Diese Einteilung sollte nicht mit der nach vertikalen und horizontalen Konzernen verwechselt werden. Was einheitliche Leitung ist, wird im Gesetz nicht festgelegt. Bei Abhängigkeit wird widerlegbar ein Konzern vermutet. Wenn zum Beispiel die Muttergesellschaft eine reine Finanzholding ist — sie betreibt kein operatives Geschäft, sondern hält lediglich Anteile von Tochtergesellschaften — lässt sich die Vermutung der einheitlichen Leitung widerlegen.

- *Wechselseitige Beteiligung.* Von zwei Kapitalgesellschaften besitzt jede mehr als ein Viertel der Anteile der anderen (§ 19 AktG).

- *Unternehmensverträge.* Durch einen Unternehmensvertrag (§ 291 AktG) unterstellt eine AG oder KGaA die Leitung ihrer Gesellschaft einem anderen Unternehmen (Beherrschungsvertrag) oder verpflichtet sich, ihren ganzen Gewinn an ein anderes Unternehmen abzuführen (Gewinnabführungsvertrag). Weitere Unternehmensverträge sind Gewinngemeinschaft, Teilgewinnabführungsvertrag und Betriebspacht- oder Betriebsüberlassungsvertrag (§ 292 AktG).

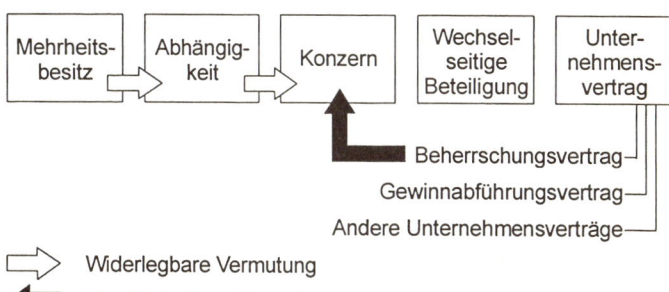

Abb. 5-5: Verbundene Unternehmen nach dem AktG

Bei Bestehen eines Beherrschungsvertrags vermutet das Gesetz unwiderlegbar einen Konzern. Man spricht dann von einem *Vertragskonzern,* während ohne Vertrag ein *faktischer Konzern* vorliegt. Der Vertragskonzern geht aus einem faktischen Konzern hervor, indem die Hauptversammlungen beider Gesellschaften dem Unternehmensvertrag zustimmen.

Für verbundene Unternehmen gelten folgende Vorschriften:

Mehrheitsbeteiligung. Den Erwerb einer Mehrheitsbeteiligung an einer Kapitalgesellschaft ebenso wie den Erwerb eines mehr als 25-prozentigen Anteils muss das erwerbende Unternehmen dem anderen unverzüglich mitteilen und auf Wunsch nachweisen. Auch das Nicht-mehr-Bestehen entsprechender Anteile muss mitgeteilt werden. Erhält eine AG oder KGaA eine derartige Mitteilung, muss sie diese unverzüglich in den Gesellschaftsblättern bekannt machen. Sinn dieser Vorschriften ist, dass die Gesellschafter vom Auftreten eines Groß- oder Mehrheitsaktionärs so früh wie möglich Kenntnis erhalten sollen.

Abhängigkeit. Bei Vorliegen eines Abhängigkeitsverhältnisses gilt es, die Anteilseigner (Minderheitsaktionäre) davor zu schützen, dass das herrschende Unternehmen Geschäfte oder Maßnahmen zum Nachteil des abhängigen Unternehmens durchsetzt, es sei denn, dass die Nachteile ausgeglichen werden. Der Vorstand des abhängigen Unternehmens hat jährlich in einem *Abhängigkeitsbericht* über die Beziehungen zu verbundenen Unternehmen zu berichten und insbesondere über den Ausgleich von Nachteilen. Der Bericht entfällt, wenn ein Gewinnabführungsvertrag besteht.

In vielen Fällen — besonders bei engen wirtschaftlichen Beziehungen zwischen abhängigem und herrschendem Unternehmen — ist der Nachteilsausgleich kaum handhabbar, da die Quantifizierung des Nachteils jedes einzelnen Geschäfts nicht möglich ist. Zum Beispiel veranlasst das herrschende Unternehmen die Tochtergesellschaft, ein Produkt zu entwickeln, wobei zwar gute Marktchancen, aber auch beträchtliche Risiken eines Fehlschlags bestehen. Wie soll hier schon im Jahr des Entwicklungsbeginns ein „Nachteil" erkannt und beziffert werden?

Weitere Folgen der Abhängigkeit sind:

- Das abhängige Unternehmen darf keine Aktien des herrschenden Unternehmens erwerben; besitzt es solche, darf es das Stimmrecht daraus nicht ausüben.

- Gesetzliche Vertreter des abhängigen Unternehmens dürfen nicht dem Aufsichtsrat des herrschenden Unternehmens angehören.

Sie werden sich den Zweck dieser Bestimmungen selbst klarmachen können.

Beherrschungsvertrag. Zur Vermeidung der Nachteilsausgleichspflicht im faktischen Konzern schließen beide Unternehmen einen Beherrschungsvertrag. Dieser erlaubt es dem herrschenden Unternehmen, dem Vorstand der abhängigen Gesellschaft Weisungen zu erteilen, und zwar auch nachteilige, sofern sie im Interesse des herrschenden Unternehmens oder anderer Konzernunternehmen liegen.

Ein Beherrschungsvertrag bedarf der Dreiviertelmehrheit der Hauptversammlungen beider beteiligten Gesellschaften. Um die Minderheitsaktionäre (bezeichnenderweise heißen sie „außenstehende" Aktionäre) der abhängigen Gesellschaft zu schützen, muss ihnen bei einem Beherrschungs- oder Gewinnabführungsvertrag ein angemessener *Ausgleich* gewährt werden (feste oder an die Dividende der herrschenden Gesellschaft geknüpfte Dividende). Außerdem muss ihnen angeboten werden, ihre Aktien gegen eine im Vertrag bestimmte Abfindung zu übernehmen, die in Geld oder in Aktien der herrschenden Gesellschaft bestehen kann. Ferner muss die herrschende Gesellschaft Verluste, die während der Vertragsdauer beim abhängigen Unternehmen entstehen, ausgleichen und dessen gesetzliche Rücklage dotieren. Nach Beendigung des Vertrags muss das herrschende Unternehmen den Gläubigern dem abhängigen Unternehmen Sicherheit leisten.

Unterordnungskonzern. Für Unterordnungskonzerne ist die Aufstellung und Veröffentlichung eines *Konzernabschlusses* und Konzernlageberichts vorgeschrieben. Im Konzernabschluss ist die Vermögens-, Finanz- und Ertragslage der einbezogenen Unternehmen so darzustellen, als ob diese Unternehmen insgesamt ein einziges Unternehmen wären. Da der Konzern eine wirtschaftliche Einheit bildet, lässt sich die Situation des einzel-

nen Konzernunternehmens allein anhand seiner eigenen Rechnungslegung nicht hinreichend beurteilen. Die Bilanzen der
Konzernunternehmen werden daher zu einer Konzernbilanz
konsolidiert, die Gewinn- und Verlustrechnungen zu einer Kon-
zern-GuV-Rechnung. In einem Konzernabschluss sind z.B. Forderungen zwischen Konzernunternehmen, Umsätze innerhalb des
Konzerns und Gewinne aus solchen Umsätzen eliminiert.

5.7.6 Eingliederung

Eine Aktiengesellschaft kann durch Beschlüsse der beiden
Hauptversammlungen in eine andere AG eingegliedert werden
(§§ 319 ff AktG), sofern sich mindestens 95% des Grundkapitals
der einzugliedernden Gesellschaft in der Hand der zukünftigen
Hauptgesellschaft befinden. Mit der Eintragung der Eingliederung im Handelsregister gehen die restlichen Aktien in den Besitz der Hauptgesellschaft über; die ausgeschiedenen Aktionäre
werden angemessen entschädigt.

Die eingegliederte AG bleibt als juristische Person mit eigenen Organen bestehen. Die Eingliederung endet u.a. dann, wenn
die Hauptgesellschaft Aktien der eingegliederten Gesellschaft
verkauft. Von der Eingliederung an kann die Hauptgesellschaft
dem Vorstand der eingegliederten Gesellschaft uneingeschränkt
Weisungen erteilen. Sie haftet den Gläubigern der eingegliederten AG für alte und neue Schulden.

5.7.7 Zusammenschlusskontrolle

Das Gesetz gegen Wettbewerbsbeschränkungen (GWB) regelt
nicht nur Kartelle, sondern auch andere Unternehmenszusam-
menschlüsse. Die Kartellbehörde kann Zusammenschlüsse ver-
bieten, um das Entstehen oder die Verstärkung marktbeherr-
schender Positionen zu verhindern, sofern die beteiligten Unternehmen insgesamt im letzten Jahr weltweit mehr als 500
Mio. Euro Umsatz und mindestens ein beteiligtes Unternehmen
im Inland mehr als 25 Mio. Euro Umsatz erzielt haben (§ 35
GWB). Das Bundeskartellamt untersagt den Zusammenschluss,
wenn zu erwarten ist, dass durch ihn eine marktbeherrschende
Stellung entsteht oder verstärkt wird und die beteiligten Unternehmen nicht nachweisen, dass durch den Zusammenschluss

auch Verbesserungen der Wettbewerbsbedingungen eintreten, die die Nachteile der Marktbeherrschung überwiegen (§ 36 GWB).

Der Bundeswirtschaftsminister kann den Zusammenschluss genehmigen, wenn die Wettbewerbsbeschränkung durch gesamtwirtschaftliche Vorteile oder ein überragendes Interesse der Allgemeinheit mehr als aufgewogen wird. Dabei ist auch zu berücksichtigen, ob die Wettbewerbsfähigkeit der beteiligten Unternehmen auf Auslandsmärkten verbessert wird (§ 42 GWB).

Schutz des Wettbewerbs ist ziemlich wirkungslos, wenn er an nationalen Grenzen Halt macht. 1990 trat eine EWG-Verordnung über die Kontrolle von Unternehmenszusammenschlüssen in Kraft. Seither unterliegen Zusammenschlüsse von gemeinschaftsweiter Bedeutung einer Ex-ante-Anmeldungspflicht bei der Europäischen Kommission.

Ein Zusammenschluss ist von *gemeinschaftsweiter Bedeutung,* wenn

- die am Zusammenschluss beteiligten Unternehmen einen weltweiten Gesamtumsatz von mehr als 5 Mrd. Euro sowie
- mindestens zwei der beteiligten Unternehmen einen gemeinschaftsweiten Gesamtumsatz von jeweils mehr als 250 Mio. Euro und
- die beteiligten Unternehmen jeweils mehr als zwei Drittel ihres gemeinschaftsweiten Gesamtumsatzes in verschiedenen Mitgliedstaaten erzielen.

Bei gemeinschaftsweiter Bedeutung des Zusammenschlusses ist die Europäische Kommission zuständig. Die betroffenen Mitgliedstaaten können bei der Kommission die Verweisung des Falles an ihre Behörden beantragen, wenn es innerhalb des Mitgliedstaates einen gesonderten Markt gibt, auf dem der Zusammenschluss eine beherrschende Stellung zu begründen oder verstärken droht.

Die Europäische Kommission kann einen Zusammenschluss für unvereinbar mit dem Gemeinsamen Markt erklären, wenn er eine beherrschende Stellung begründet oder verstärkt, durch die wirksamer Wettbewerb mindestens in einem wesentlichen Teil dieses Marktes erheblich behindert wird. Bei ihrer Entscheidung berücksichtigt die Kommission u.a. die Marktanteile und Finanzkraft der Unternehmen, die Wahlmöglichkeiten der Liefe-

ranten und Abnehmer, den Zugang zu den Beschaffungs- und
Absatzmärkten, Marktzutrittsschranken, die Entwicklung von
Angebot und Nachfrage sowie die Interessen der Verbraucher.
Geprüft wird aber auch, inwiefern der Zusammenschluss der
Entwicklung des technischen und wirtschaftlichen Fortschritts
dient.

Literaturhinweise

Emmerich, V. (2001): Kartellrecht. 9. Auflage. C. H. Beck
Klunzinger, E. (2002): Grundzüge des Gesellschaftsrechts. 12. Auflage.
    Vahlen

Kapitel 6
Finanzwirtschaft

6.1 Aufgaben und Ziele

Unternehmen werden gegründet, um ihren Eigentümern Einkommen zu bringen. Zu diesem Zweck investieren sie. *Investitionen* sind Auszahlungen, die zu dem Zweck und in der Erwartung getätigt werden, dass mehr Geld zurückkommt. Da aber Erwartungen und Hoffnungen nicht immer aufgehen, sind Investitionen mit Risiko verbunden. Finanzwirtschaftliche Entscheidungen müssen in einem *Zielkonflikt* zwischen dem Gewinn- und dem Sicherheitsstreben getroffen werden. Je gewinnträchtiger ein Projekt scheint, desto riskanter ist es gewöhnlich: Wer nichts wagt, gewinnt nichts. Eine Ausweitung des Geschäftsvolumens mit Hilfe von Kredit verspricht den Eigentümern höheren Gewinn, bringt aber auch erhöhtes Risiko mit sich.

Soweit die eigenen Mittel nicht ausreichen, muss das Unternehmen Kredit aufnehmen. Aufgabe der Finanzwirtschaft ist es, unter Rentabilitäts- und Risikogesichtspunkten bei der Auswahl der Investitionsprojekte mitzuwirken und für die optimale Finanzierung zu sorgen.

Wenn Rückflüsse aus Investitionen nicht im erwarteten Maß und zur geplanten Zeit hereinkommen, kann die pünktliche Rückzahlung der Schulden in Gefahr geraten. *Zahlungsunfähigkeit* führt zu einem Insolvenzverfahren, das meist die Zerschlagung des Unternehmens bedeutet. Bei Einzelunternehmen und Personengesellschaften haften die Eigentümer. Anteilseigner von Kapitalgesellschaften büßen den Wert ihrer Anteile ganz oder größtenteils ein.

Folgende finanzwirtschaftliche Aufgabenbereiche kann man unterscheiden:

- Kurzfristige Finanzplanung,
- Unterstützung von Investitionsentscheidungen,
- Unterstützung von Finanzierungsentscheidungen.

Die dabei zu beachtenden Ziele sind

- die Liquiditätssicherung,
- Gewinn- und Rentabilitätsziele und
- die Stärkung oder Bewahrung der Kreditwürdigkeit des Unternehmens.

6.2 Finanzierungsarten

In erster Annäherung bedeutet Finanzierung die Beschaffung von Zahlungsmitteln, sei es durch Einlagen der Eigentümer, durch Finanzkredit oder durch Umsatzerlöse. Zusätzlich spricht man aber auch dann von Finanzierung, wenn das Unternehmen eine empfangene Leistung nicht sofort, sondern mit Zahlungsziel oder in Raten bezahlt. Auch die Leistung einer Sacheinlage durch einen Gesellschafter wird als Finanzierungsmaßnahme angesehen. Der Begriff Finanzierung wird also auch auf solche Ereignisse ausgedehnt, durch die eine „eigentlich" fällige Auszahlung hinausgeschoben oder ersetzt wird. Dies ist leicht einzusehen, wenn man sich vorstellt, dass die Inanspruchnahme eines Lieferantenkredits gleichbedeutend damit ist, dass der Lieferant einen Barkredit gibt, mit dem der Empfänger die Ware bezahlt. Ebenso kann eine Sacheinlage als Kombination von Geldeinlage und Barkauf des eingelegten Vermögensgegenstands interpretiert werden.

Üblich ist die Unterteilung in Außen- und Innenfinanzierung. Dabei bedeutet Innenfinanzierung den Geldzufluss aus der Veräußerung von Gütern und Dienstleistungen. Alles Übrige ist Außenfinanzierung.

Innenfinanzierung. Flüssige Mittel kommen einerseits aus der regulären Umsatztätigkeit herein, andererseits aus dem Verkauf nicht mehr benötigter Gegenstände (Desinvestition). Von den Einzahlungen aus Umsatz pflegt man diejenigen Mittel, die in der gleichen Periode für laufende Betriebsauszahlungen – Personal, Material, Zinsen, Steuern etc. – verwendet wurden, abzuziehen und nur den verbleibenden Überschuss als Innenfinanzierung zu betrachten. Dieser Betrag wird als *„Cash Flow"* der Periode bezeichnet; er stellt den in der regulären Geschäftstätigkeit erzeugten disponiblen Geldbetrag dar.

Außenfinanzierung. Unter dieser Bezeichnung werden die Einlagen der Eigentümer, die Finanzkredite, die Lieferantenkredite sowie staatliche Subventionen zusammengefasst. Ziehen wir Kapitalrückzahlungen und Kredittilgungen ab, so erhalten wir die Netto-Außenfinanzierung.

Eigen- und Fremdfinanzierung. Die Beschaffung von Zahlungsmitteln auf Kredit wird als Fremdfinanzierung bezeichnet.

Die Beschaffung von Zahlungsmitteln ohne Rückzahlungsverpflichtung ist Eigenfinanzierung. Sie geschieht zum einen dadurch, dass die Eigentümer — die bisherigen oder auch neu hinzukommende — Einlagen leisten; dann spricht man von Beteiligungsfinanzierung. Zum anderen ist auch die Innenfinanzierung Eigenfinanzierung, denn der *Cash Flow* aus der Umsatztätigkeit muss natürlich nicht zurückgezahlt werden. Diese Aussage ist dann einzuschränken, wenn in dem Geschäftsjahr Zuweisungen zu den Rückstellungen erfolgt sind: In dieser Höhe liegt Fremdfinanzierung vor, denn Rückstellungen stellen wirtschaftlich gesehen Verpflichtungen dar, die später zu Auszahlungen führen werden. Abbildung 6-1 zeigt die Arten der Finanzierung.

	Innenfinanzierung	Außenfinanzierung
Eigenfinanzierung	Cash Flow (minus Zuweisung zu Rückstellungen)	Einlagen, Subventionen
Fremdfinanzierung	Zuweisung zu Rückstellungen	Kreditaufnahme

Abb. 6-1: Finanzierungsarten

6.3 Kurzfristige Finanzplanung

Das Hauptinstrument zur Sicherung der Liquidität und zur Vermeidung unnützer Überbestände an Geld ist die Finanzplanung. Langfristige Pläne arbeiten tendenziell mit einem gröberen Zeitraster (Quartale oder Jahre), kurzfristige haben einen Planungshorizont von bis zu einem Jahr und ein feineres Zeitraster (Tage, Wochen, Monate).

Die Finanzplanung bezieht sich auf die für den Planungszeitraum prognostizierbaren Zuflüsse („Einzahlungen") und Abflüsse („Auszahlungen") an Zahlungsmitteln. *Zahlungsmittel* sind Sichtguthaben (= jederzeit fällige Guthaben) bei Geldinstituten sowie Bargeld. Eingeräumte, noch nicht ausgenutzte Kreditlinien kann man ebenfalls zu dem Bestand an Zahlungsmitteln rechnen. Für jeden zukünftigen Zeitpunkt t muss gelten, dass in der Planung

   der Anfangsbestand an Zahlungsmitteln
+ Summe aller geplanten Einzahlungen bis t
− Summe aller geplanten Auszahlungen bis t

größer oder gleich null ist; andernfalls droht Illiquidität (= Zahlungsunfähigkeit), da nicht alle geplanten Auszahlungen erfolgen können.

Tritt in der Planung zu irgendeinem Zeitpunkt während der Planungsperiode ein Defizit auf, so sind Gegenmaßnahmen zu planen, die das Defizit abdecken. Überflüssige Zahlungsmittel hingegen können ertragbringend angelegt werden.

Häufig werden die Ausdrücke *Einzahlung* und *Einnahme* sowie *Auszahlung* und *Ausgabe* synonym gebraucht. In der Fachliteratur wird jedoch gewöhnlich ein Unterschied gemacht. Einnahmen und Ausgaben sind dann Zu- bzw. Abflüsse vom Geldvermögen. Das *Geldvermögen* ist definiert als

   Zahlungsmittel
+ Forderungen (soweit nicht schon in Zahlungsmitteln enthalten)
− alle Verbindlichkeiten.

Bei dieser Begriffsbildung ist z.B. die Lieferung von Erzeugnissen auf Kredit schon eine Einnahme, aber noch keine Einzahlung. Der Eingang einer Kundenanzahlung ist eine Einzahlung, aber keine Einnahme. Der Bezug von Rohstoffen unter Inanspruchnahme eines Lieferantenkredits ist eine Ausgabe, aber noch keine Auszahlung. Die Gewährung eines Wohnungsbaudarlehns an einen Mitarbeiter stellt eine Auszahlung, aber keine Ausgabe dar.

Wir werden im folgenden Beispiel die Bestände, Zu- und Abflüsse von *Zahlungsmitteln* planen. Im Finanzplan wird zunächst der Anfangsbestand an Zahlungsmitteln zu Beginn der Planungsperiode festgehalten. Sodann werden die geplanten Einzahlungen und Auszahlungen jeder Planperiode eingesetzt.

Ausgangspunkt der Finanzplanung sind die vorgelagerten leistungswirtschaftlichen Planungen, also die Absatz-, Produktions-, Beschaffungs-, Personal- und Investitionsplanung. Darüber hinaus sind finanzwirtschaftliche Vorgänge zu berücksichtigen, wie Rückzahlung fälliger Darlehen und Steuerzahlungen.

Die Einzahlungen lassen sich zum Teil genau planen, wenn sie aus bereits bestehenden Forderungen gegen seriöse und zahlungskräftige Schuldner resultieren. Aber zum Teil lässt sich das Zahlungsverhalten nicht sicher vorhersagen. Ungewiss ist der Teil der Einzahlungsplanung, der nur auf Umsatzschätzungen, nicht auf schon abgerechneten Leistungen oder Auftragsbeständen basiert.

Auch bei den Auszahlungen gibt es gut vorhersehbare — Löhne und Gehälter, Sozialabgaben, Mieten u.a. —, die auf bestehenden Verträgen oder Gesetzen beruhen. Auszahlungen für Material und Fremdleistungen können Preisschwankungen unterliegen. Hier hat das Unternehmen, was die Zahlungsfristen betrifft, auch einen gewissen Spielraum. Die Planung der Auszahlungen wird erleichtert durch Budgetierung, d.h. durch Vorgaben an Abteilungen, bestimmte Auszahlungsbeträge nicht zu überschreiten.

Das Beispiel in Abbildung 6-2 zeigt eine einfache kurzfristige Finanzplanung für die Monate Januar bis Juni. Die Zeilen 1 und 2 enthalten die Einzahlungen und Auszahlungen aus dem Leistungsbereich sowie der Steuern, Zeile 3 die geplanten Privatentnahmen des Unternehmers. Im Planungszeitpunkt (Ende Dezember) verfügt das Unternehmen über 50 (tausend Euro) flüssige Mittel, die für einen Monat auf einem Festgeldkonto angelegt sind.

Die Zeilen 5 bis 8 zeigen die Dispositionen, die ergriffen werden, um die Defizite bzw. Überschüsse auszugleichen. Der Zinssatz für Festgeld ist der Einfachheit halber mit null, der Zinssatz für Bankkredit mit 1% pro Monat angenommen. Aus den geschätzten Ein- und Auszahlungen im Januar ergibt sich für das Monatsende ein Auszahlungsüberschuss (-15), jedoch werden 50 Festgeld frei, so dass 35 für einen weiteren Monat auf dem Festgeldkonto angelegt werden können usw. Im April muss ein Bankkredit von 122 aufgenommen werden. Dieser erreicht im Mai einen Höchststand von 134,2 und geht im Juni auf 40,6 zurück.

	Dez	Jan	Feb	Mrz	Apr	Mai	Jun
1 Einzahlungen aus Umsatzerlösen		211,0	235,0	225,0	180,0	244,0	250,0
2 minus Auszahlungen für Prod.-faktoren, Steuern		-216,0	-199,0	-275,0	-293,0	-245,0	-145,0
3 minus Entnahmen des Unternehmers		-10,0	-10,0	-10,0	-10,0	-10,0	-10,0
4 Einzahlungsüberschuss vor Finanztransaktionen		-15,0	26,0	-60,0	-123,0	-11,0	95,0
5 plus Rückfluss von Finanzanlagen		50,0	35,0	61,0	1,0		
6 minus Rückzahlung Bankkredit						-123,2	-135,6
7 Auszahlung für Finanzanlagen	-50,0	-35,0	-61,0	-1,0			
8 Einzahlung aus Kreditaufnahme					122,0	134,2	40,6

Abb. 6-2: Kurzfristige Finanzplanung

Dieser Finanzplan beruht darauf, dass das Unternehmen einmonatige Bankkredite in der jeweiligen geplanten Höhe bekommen kann. Ist dies nicht der Fall, müssen andere Maßnahmen erwogen werden. Aber selbst wenn hinreichender Kredit verfügbar ist, könnte es sein, dass andere Maßnahmen kostengünstiger wären.

Zur Deckung eines kurzfristigen Geldbedarfs kommen grundsätzlich folgende Möglichkeiten in Betracht:

- Korrekturen der vorgelagerten leistungswirtschaftlichen Planungen, insbesondere der Produktions-, Beschaffungs-, Personal- und Investitionsplanung (rekursive Planung, vgl. Kapitel 2). So könnten beispielsweise durch Verkaufsförderungs-Aktionen zusätzliche Mittel hereingeholt oder durch verringerte Lagerhaltung Materialauszahlungen eingespart werden.
- Vorziehen von Einzahlungen (z.B. durch Mahnung von Kunden) und Verschieben von Auszahlungen an Lieferanten.
- Zusätzliche Verkäufe von Vermögensgegenständen, zum Beispiel Wertpapieren.
- Aufnahme von kurzfristigen Krediten. Hierauf gehen wir im folgenden Abschnitt ein.

Angesichts der Unsicherheit der Planung kann es nicht genügen, dafür zu sorgen, dass die Liquidität *gerade eben* gewahrt bleibt. Es muss auch mit geringeren Einzahlungen und höheren Auszahlungen gerechnet werden als geplant. Daher ist eine Liquiditätsreserve erforderlich. Zum Beispiel wird man mit der Bank eine höhere Kreditgrenze vereinbaren, als zurzeit nötig erscheint.

6.4 Kurzfristige Kreditfinanzierung

Wir werfen nun einen Blick auf die Möglichkeiten des Unternehmens, sich kurzfristigen Kredit zu verschaffen, und die daraus entstehenden Kosten.

6.4.1 Kontokorrentkredit

Die mit der Bank vereinbarte Überziehung eines laufenden Kontos bei einer Bank je nach Bedarf eignet sich besonders für die Finanzierung kurzfristiger Liquiditätsengpässe, z.B. bei Lohn- oder Steuerterminen oder saisonal bedingten Wareneinkäufen. Formal wird der Kredit nur kurzfristig gewährt, aber faktisch besteht er, solange die Bank und das Unternehmen es wünschen. Die Zinskosten für die Inanspruchnahme liegen gewöhnlich 3-6% über dem Diskontsatz, dazu kann eine Bereitstellungsprovision von z.B. 3% auf die eingeräumte Kreditsumme kommen; bei Überschreitung derselben wird meist eine Überziehungsprovision in Höhe von 3-4% berechnet. In Hochzinsphasen können sich so Finanzierungskosten bis zu 20% p.a. ergeben. Trotzdem ist der Kontokorrentkredit wegen seiner Flexibilität oft günstig.

6.4.2 Lieferantenkredit

Der Lieferant stundet dem Abnehmer die Zahlung des Kaufpreises für eine bestimmte Frist. Zur Sicherung der Forderung behält sich der Lieferant häufig das Eigentum an den gelieferten Waren vor. Der Abnehmer wird berechtigt, vom Rechnungspreis einen Prozentsatz („Skonto") abzuziehen, wenn er innerhalb einer kurzen Frist zahlt. Der Lieferantenkredit ist gewöhnlich sehr teuer. Beispiel: Der Kaufpreis ist fällig innerhalb vier Wochen; bei Zahlung innerhalb einer Woche wird ein Skonto von 3% gewährt. Man verdient also, wenn man nach einer statt nach vier Wochen zahlt, 3% des Zielpreises. Auf den Einsatz von 97% bezogen entspricht dies einem Zins von 3/97 = 3,09% für drei Wochen oder 53,6% pro Jahr. Das heißt, es ist allemal günstig, mit Skonto zu zahlen, selbst wenn man dafür einen Bankkredit in Anspruch nehmen muss.

6.4.3 Kundenanzahlung

Insbesondere Unternehmen, die im Kundenauftrag fertigen, z.B. im Maschinen- oder Flugzeugbau oder im Baugewerbe, fordern häufig Zahlungen, bevor die Leistung ganz fertiggestellt ist. So wird im Großmaschinenbau üblicherweise ein Drittel des Kaufpreises bei Auftragserteilung, ein weiteres Drittel bei Lieferung und der Rest mit vereinbartem Ziel fällig. Dies ist eine zinslose Kreditgewährung durch den Kunden. Allerdings können Kunden Sicherheiten z.B. in Form von Bankgarantien verlangen, um zu verhindern, dass ihre Anzahlung verloren geht, falls der Lieferant seinen Verpflichtungen nicht nachkommt. Die Gebühren für diese Bankgarantien sind Kosten des Kundenkredits.

6.4.4 Diskontkredit

Ein Wechsel ist ein Papier, auf dem sich ein Schuldner zur Zahlung eines bestimmten Betrags zu einem bestimmten Termin verpflichtet. Haben Kunden des Unternehmens anstelle von Geld mit Wechseln bezahlt und will das Unternehmen nicht warten, bis diese fällig sind, so kann es sie seiner Bank verkaufen. Es erhält den Wechselbetrag abzüglich Zinsen („Diskont") und einer Gebühr. Die Bank legt den Wechsel bei Fälligkeit dem Schuldner zur Zahlung vor. Eigentlich handelt es sich gar nicht um einen Kredit, sondern um den Verkauf einer Forderung. Da die Bank sich jedoch vorbehält, dem Einreicher die Schuld zurückzubelasten, wenn der Wechsel nicht bezahlt wird, spricht man dennoch von einem Kredit. In der Regel ist der Diskontkredit günstiger als der Kontokorrentkredit.

6.4.5 Factoring

Hier kauft ein Finanzierungsinstitut die Forderungen, die das Unternehmen gegenüber seinen Kunden hat, an und zieht sie auf eigene Rechnung und Gefahr ein. Das Unternehmen kann also den Abnehmern Kredit gewähren, erhält aber dennoch sofort sein Geld. Neben der Finanzierungs- und Risikoabwälzungsfunktion ergibt sich noch der Vorteil, dass das Unternehmen auf eine eigene Debitorenbuchhaltung und Mahnwesen verzichten kann, also Kosten spart.

Dem stehen naturgemäß die Gebühren gegenüber, die das Unternehmen dem Factor zahlen muss. Der Zins für die Bevorschussung der Forderungen liegt z.T. etwas über dem für Kontokorrentkredite, die Übernahme des Ausfallrisikos kostet 0,2% bis 1,2% und die Verwaltungsfunktion muss mit 0,5% bis 3% des Forderungsumsatzes vergütet werden.

6.4.6 Notes

Seit den 1990er Jahren – in den USA auch schon früher – werden zunehmend traditionelle Kreditfinanzierungen durch wertpapiermäßige Verbriefung handelsfähig gemacht. Als *Notes* werden die daraus hervorgehenden kurz- bis mittelfristigen, nicht börsennotierten Wertpapiere bezeichnet. Mit ihrer Hilfe können vor allem Großunternehmen mit sehr gutem Rating (vgl. Kapitel 6.6) Finanzmittel am Kapitalmarkt aufnehmen. Die an der Emission beteiligten Banken treten nicht selbst als Kreditgeber auf, sondern fungieren überwiegend nur als Absatzmittler zwischen Kreditnehmer und Kreditgebern und wickeln die Wertpapier-Emissionen ab.

Bei Euro-Notes handelt es sich um Papiere mit einer Laufzeit von 1 bis 6 Monaten, die auf dem Euro-Markt platziert werden. Sie sind häufig mit einer Absatzgarantie der Banken versehen; sie übernehmen diejenigen Notes, die nicht am Markt platziert werden können *(Underwritten Facilities; Euro-Note-Fazilität)*. Auf diese Weise kommt es zu einer Vermischung von Geldmarktpapier und Kredit. Im Unterschied dazu verbleibt bei *Non-Underwritten Facilities* – (Euro)Commercial Paper (CP), Medium Term Notes (MTN) – das Risiko der erfolgreichen Platzierung am Kapitalmarkt beim emittierenden Unternehmen. *Commercial*

Paper haben oft eine Laufzeit von 1 bis 9 Monaten, doch sind auch abweichende Laufzeiten möglich. *Medium Term Notes* sind Schuldverschreibungen mit Laufzeiten zwischen 1 und 5 Jahren. Sie schließen die Lücke zwischen Commercial Paper und lang-fristigen Anleihen und können unter bestimmten Bedingungen auch für das Management von Währungsrisiken *(Hedging)* ein-gesetzt werden. Den Orientierungspunkt für die Verzinsung al-ler Notes bilden die Geldmarktzinssätze, meist der LIBOR (*Lon-don Interbank Offered Rate*) (Schäfer 2002).

Euro-Notes sind meist in eine langfristige Kreditzusage (5 bis 10 Jahre) der Banken eingebettet. Sie ermöglicht es den Unter-nehmen, die Euro-Notes je nach Finanzierungsbedarf mit Lauf-zeiten von 1 bis 6 Monaten am Markt zu platzieren. Auch CP und MTN werden oft im Rahmen mehrjähriger Programme in mehre-ren Tranchen bzw. revolvierend ausgegeben. Sie nehmen da-durch den Charakter einer Daueremission an und eignen sich aus diesem Grund für Unternehmen mit gleich bleibend guter Bonität, die einen wiederkehrenden umfangreichen kurz- bzw. mittelfristigen Finanzbedarf haben. Die Grenze zwischen kurz- und langfristiger Fremdfinanzierung verschwimmt durch diese und andere Kapitalmarktinnovationen zusehends.

6.5 Langfristige Finanzierung

Nach der kurzfristigen Finanzplanung und der Betrachtung der kurz- bis mittelfristigen Finanzierungsmöglichkeiten wenden wir uns der längerfristigen Planung zu. Damit kommen einer-seits zusätzliche Finanzierungsmöglichkeiten hinzu, anderer-seits sind auch neue Investitionen in Betracht zu ziehen.

Wir werden zunächst die Finanzierungsseite behandeln.

6.5.1 Beteiligungsfinanzierung

Beteiligungsfinanzierung ist die Erhöhung des *Eigenkapitals* durch Einlagen des Inhabers bzw. der Gesellschafter von Perso-nengesellschaften oder durch Einlagen bei der Gründung oder bei Kapitalerhöhungen von Kapitalgesellschaften. Beteiligungs-finanzierung ist sowohl Eigen- wie Außenfinanzierung.

Die Eigenkapitalgeber haften für die Verbindlichkeiten des Unternehmens. Der Umfang dieser Haftung hängt von der

Rechtsform des Unternehmens ab. Sie kann sich auf das gesamte Privatvermögen der Kapitalgeber erstrecken oder auf die Kapitaleinlage in das Unternehmen beschränkt sein. Aus diesem Grund hat die Rechtsform einen erheblichen Einfluss auf die Möglichkeiten der Beteiligungsfinanzierung.

Die Bedingungen der Beteiligungsfinanzierung haben sich in den vergangenen Jahren erheblich verändert, da sich die Möglichkeiten der öffentlichen Finanzierung über Börsen verbessert haben. Dazu hat das Aufkommen neuer Börsensegmente beigetragen. In Deutschland zählten hierzu das Kleinstwertesegment SMAX und der Neue Markt. Der Neue Markt war ein Börsensegment, das die Deutsche Börse nach dem Vorbild der amerikanischen NASDAQ für junge, innovative Wachstumsunternehmen geschaffen hatte. Zwar sind beide Börsensegmente letztlich gescheitert, dennoch haben sie wesentlich zum gestiegenen Stellenwert der Börse im Rahmen der Beteiligungsfinanzierung beigetragen.

Die Bedeutung der Börsenfinanzierung steigert auch der Gang mancher Unternehmen an ausländische Börsen. Seit den 1990er Jahren nutzen vor allem Groß- und Technologieunternehmen verstärkt den US-Kapitalmarkt zur Beteiligungsfinanzierung durch Direktplatzierung von Aktien. Allerdings sind die Hürden hoch, da von der amerikanischen Börsenaufsicht SEC *(Securities and Exchange Commission)* u.a. eine Rechnungslegung nach US-GAAP (*Generally Accepted Accounting Principles;* vgl. Kapitel 8.5) gefordert wird. Unternehmen, die die damit verbundenen Kosten vermeiden wollen, können sich alternativ für Aktienzertifikate *(ADR, American Depositary Receipts)* entscheiden. ADR werden durch amerikanische Depotbanken *(depositary banks)* ausgegeben und verkörpern eine bestimmte Anzahl hinterlegter Aktien des jeweiligen ausländischen Unternehmens. Sie werden an Stelle der hinterlegten Aktien im US-Kapitalmarkt gehandelt und von amerikanischen institutionellen Investoren z.T. sogar bevorzugt.

Auch abseits der Börsen haben sich neue Formen der Beteiligungsfinanzierung entwickelt. Diese sog. Private Equity-Finanzierung ist vor allem auf besondere Finanzierungsanlässe ausgerichtet. Zu diesen zählen die Gründung junger Unternehmen (Venture Capital-Finanzierung) und die Erhaltung etablierter Un-

ternehmen, die Nachfolgeprobleme haben oder in einer Krise
stecken (Buy Out-Finanzierung).

6.5.1.1 Personenunternehmen

Einzelunternehmen. Der Einzelunternehmer haftet mit seinem
gesamten Vermögen allein und unbeschränkt für die Verbindlichkeiten seines Unternehmens. Neues Eigenkapital kann nur
aus dem Privatvermögen des Unternehmers stammen. Die Höhe
dieses Vermögens beschränkt daher auch die Möglichkeiten der
Kapitalerweiterung.

Eine Möglichkeit zur Vergrößerung des Eigenkapitals besteht
in der Aufnahme eines stillen Gesellschafters. Ob dessen Einlage
als Beteiligung angesehen werden kann, hängt von den vertraglichen Regelungen ab. Ist die Teilhabe des Stillen an Verlusten
vertraglich ausgeschlossen, so hat die Einlage eher Fremdkapi-
talcharakter.

Personengesellschaften. Bei den Personengesellschaften ist
das Eigenkapital nicht durch das Vermögen der Gesellschafter
begrenzt, da neue Gesellschafter aufgenommen werden können.

Dabei hat die KG vergleichsweise bessere Möglichkeiten der
Eigenfinanzierung als die OHG. Die Kommanditisten haften nur
für ihre Kapitaleinlagen und deshalb werden mehr Kapitalgeber
bereit sein, sich mit einer Einlage zu beteiligen. Hemmend wirkt
sich aus, dass der Kommanditist gegebenenfalls Schwierigkeiten
haben wird, seinen Kommanditanteil zu veräußern. Der Wert
eines Anteils ist für den Außenstehenden schwer abzuschätzen;
ein organisierter Markt besteht nicht. Personengesellschaften
können ebenfalls stille Gesellschafter aufnehmen.

6.5.1.2 Kapitalgesellschaften

Gesellschaft mit beschränkter Haftung. Die Höhe des Stammka-
pitals einer GmbH wird im Gesellschaftsvertrag festgelegt und
ins Handelsregister eingetragen. Eine Erhöhung des Stammkapi-
tals erfordert daher eine Satzungsänderung, die die Gesellschafterversammlung mit Dreiviertelmehrheit beschließen muss.

Auch bei der GmbH ist die Gewinnung neuer Teilhaber dadurch erschwert, dass der einzelne Gesellschafter über seinen
Anteil nur schwer verfügen kann. Die Übertragung von GmbH-

Anteilen muss notariell beurkundet werden.

Aktiengesellschaft. Soweit die Aktien einer AG zum Börsen-handel zugelassen sind (das trifft für weniger als 20% der deut-schen Aktiengesellschaften zu), besteht tendenziell die Möglich-keit der Aufbringung eines hohen Eigenkapitals, weil viele Anle-ger sich mit kleinen Beträgen beteiligen und ihre Anteile jeder-zeit wieder verkaufen können.

Abgesehen von der Gründung vollzieht sich die Beteiligungs-finanzierung durch drei Formen der Kapitalerhöhung (§§ 182 ff AktG): Kapitalerhöhung gegen Einlagen, bedingte Kapitalerhö-hung und genehmigtes Kapital. Darüber hinaus gibt es die Kapi-talerhöhung aus Gesellschaftsmitteln, bei der kein Geld in das Unternehmen fließt, sondern Gratisaktien ausgegeben werden; dies ist keine Finanzierungsmaßnahme.

Bei der *Kapitalerhöhung gegen Einlagen (ordentliche Kapital-erhöhung)* gibt die Gesellschaft neue Aktien gegen Bar- oder Sacheinlagen aus. Die bisherigen Aktionäre haben ein gesetzli-ches Bezugsrecht. Wird z.B. das Grundkapital von 10 auf 12 Mio. Euro erhöht, so kann jeder Altaktionär, der fünf Aktien besitzt, eine neue beziehen. Der Sinn des gesetzlichen Bezugsrechts ist, dass der Aktionär die Chance haben soll, sich an der Kapitaler-höhung zu beteiligen und seinen prozentualen Stimmenanteil zu wahren. Der Ausgabekurs darf nicht unter dem Nennwert liegen (§ 9 AktG) und kann faktisch nicht über dem derzeitigen Börsenkurs der alten Aktien liegen, da sonst kein Kaufanreiz be-stünde. Das Bezugsrecht kann gehandelt werden.

Bedingte Kapitalerhöhung. Die Hauptversammlung be-schließt eine Kapitalerhöhung, deren Ausmaß jedoch vom Wil-len Dritter abhängig ist. Drei Fälle sind vom Gesetz zugelassen (§ 192 AktG):

1. Gewährung von Umtausch- oder Bezugsrechten an Gläubi-ger von Wandelschuldverschreibungen bzw. Optionsanlei-hen (siehe nächsten Abschnitt),
2. Vorbereitung von Unternehmenszusammenschlüssen (vgl. oben Kapitel 5),
3. Gewährung von Bezugsrechten an Arbeitnehmer und Mit-glieder der Geschäftsführung.

Genehmigtes Kapital. Die Hauptversammlung genehmigt dem Vorstand die Durchführung einer Kapitalerhöhung bis zu einem bestimmten Nennbetrag. Diese Ermächtigung gilt für höchstens fünf Jahre und darf 50% des bisherigen Grundkapitals nicht übersteigen. Damit wird dem Vorstand freie Hand gegeben, die Kapitalerhöhung zu einem Zeitpunkt durchzuführen, an dem die Bedingungen am Kapitalmarkt günstig sind.

Kapitalerhöhung aus Gesellschaftsmitteln. Die Hauptversammlung beschließt die Umwandlung von Teilen der Kapital- oder Gewinnrücklagen in Grundkapital. Im Nominalbetrag der Kapitalerhöhung werden Gratisaktien an die Aktionäre ausgegeben. Durch diesen Schritt wird vorhandenes Eigenkapital (Rücklagen) der Ausschüttbarkeit entzogen, was die Kreditfähigkeit des Unternehmens verbessert. Da sich das Eigenkapital nun auf ein größeres Nominalkapital verteilt, sinkt der Kurs der Aktien, was ebenfalls beabsichtigt sein kann, um zu teuer gewordene Aktien für Kleinanleger wieder interessanter zu machen. Die Kapitalerhöhung aus Gesellschaftsmitteln ist keine Finanzierungsmaßnahme, aber sie kann dazu dienen, Finanzierungsmaßnahmen zu erleichtern.

Gewinnthesaurierung. Bei allen Rechtsformen besteht die Möglichkeit, erzielten und ausschüttbaren Gewinn im Unternehmen „stehen zu lassen". Bei Kapitalgesellschaften kann es zweckmäßig sein, einen Gewinn zunächst auszuschütten und dann per Kapitalerhöhung wieder einzukassieren („Schütt-aus-hol-zurück-Politik"), wenn der ausgeschüttete Gewinn niedriger besteuert wird als der einbehaltene.

6.5.2 Langfristige Kreditfinanzierung

Langfristige Darlehen. Sie werden von Banken, vor allem Realkreditinstituten, sowie von Versicherungen und Bausparkassen und der öffentlichen Hand gewährt. Die Besicherung erfolgt gewöhnlich durch Grundpfandrechte. Die Rückzahlung erfolgt häufig in jährlich oder monatlich gleich bleibenden Beträgen, so genannten Annuitäten, die sich aus Zins- und Tilgungszahlungen zusammensetzen.

Schuldverschreibungen (Anleihen, Obligationen) sind langfristige Darlehen in verbriefter Form, die große Unternehmen an der Börse aufnehmen. Eine Stückelung des gesamten benötigten Kapitals in Teilschuldverschreibungen ist möglich. Die klassische Anleihe *(Straight Bond* oder *Fixed Income Bond)* ist gekennzeichnet durch feste Laufzeit, festen Zinssatz, regelmäßige Zinszahlungen zu im voraus feststehenden Terminen, die Rückzahlung des Nennbetrags am Ende der Laufzeit sowie den Verzicht auf die Gewährung von Zusatzrechten. Ausgehend davon sind durch Variation der Parameter Verzinsung, Rückzahlungsbetrag, Emissionskurs, Rechteausstattung, Emissionswährung und Besicherung zahlreiche Anleihevarianten geschaffen worden (Schäfer 2002, S. 407ff.; Investkredit 2002):

- *Verzinsung.* Floating Rate Notes (FRN, *Floater)* sind mit einer variablen Verzinsung ausgestattet, die an einen Referenzzinssatz, z.B. LIBOR (London Interbank Offered Rate) gekoppelt ist. Die Schwankungsbreite des Zinssatzes kann nach oben *(Capped Note)*, nach unten *(Floor Note)* oder in beide Richtungen *(Collared Note)* begrenzt werden. Beim *Reverse Floater* steigt die Verzinsung, wenn das allgemeine Zinsniveau sinkt, und umgekehrt. Dies stellt z.B. die Verwendung der Zinsformel „10% minus LIBOR" sicher.

- *Rückzahlungsbetrag.* Bei der Indexanleihe *(Index linked Bond)* ist die Höhe des zu tilgenden Betrags an einen Index, z.B. einen Preis- oder Aktienindex, gebunden. Eine Preisindexklausel schützt den Gläubiger vor den Folgen der Inflation.

- *Emissionskurs.* Die Nullkupon-Anleihen *(Zero Bonds)* zahlen während der Laufzeit überhaupt keinen Zins. Die angesammelten Zinsen sind vielmehr im Rückzahlungskurs enthalten, der daher erheblich über dem Ausgabekurs liegt. *Zero Bonds* haben häufig sehr lange Laufzeiten (weit über 10 Jahre) und eignen sich für Anleger, die nicht regelmäßige Zinszahlungen, sondern einen langfristigen Vermögenszuwachs anstreben.

- *Zusatzrechte.* Bei der *Gewinnobligation* (Gewinnschuldverschreibung, *Participating Bond)* erhält der Gläubiger neben dem festen Zins eine Gewinnbeteiligung, die an die Höhe der Dividende gekoppelt ist. Bei der *Wandelanleihe (Convertible Bond)* haben die Gläubiger neben den Rechten aus der Anleihe die Berechtigung, ab einem bestimmten Termin, innerhalb einer bestimmten Frist und zu einem bestimmten Preis Schuldverschreibungen in Aktien umzutauschen. Mit der Ausübung des Wandlungsrechts erlischt der Anspruch auf Rückzahlung der Anleihe. Die *Optionsanleihe (Bond with Equity Warrants)* gewährt statt des Wandlungsrechts ein Recht auf den Bezug von Aktien. Bei Wandelobligation und Optionsanleihe treten Fremdfinanzierung und Beteiligungsfinanzierung in einer Kombination auf. Allerdings folgt die Beteiligungsfinanzierung erst später und ihr Ausmaß hängt vom Willen der Anleihegläubiger ab, ist also im Zeitpunkt der Emission der Anleihe noch nicht sicher abzusehen. Grundlage für das Wandel- bzw. Optionsrecht der Anleihegläubiger ist eine bedingte Kapitalerhöhung der ausgebenden Aktiengesellschaft.

- *Emissionswährung.* **Fremdwährungsanleihen** lauten nicht auf die jeweilige Landeswährung, sondern auf eine fremde Währung, z.B. Yen. *Doppelwährungsanleihen (Dual Currency Bonds)* werden in einer Währung, z.B. einer Hartwährung, begeben und verzinst und in einer anderen Währung, z.B. einer Weichwährung, getilgt. Der Gläubiger erzielt meist einen Zinsvorteil, trägt aber das Devisenkursrisiko. *Composite Currency Bonds* lauten auf Währungskörbe, z.B. Euro und Schweizer Franken.

- *Besicherung.* Asset Backed Securities (ABS) sind mit Aktiva, meist Forderungen, unterlegt. Bei der *Asset Securitization* werden die Forderungen aus der Bilanz eines Unternehmens ausgegliedert und durch die Ausgabe von Wertpapieren am Kapitalmarkt refinanziert. Die Finanzaktiva, z.B. Forderungen aus Lieferungen und Leistungen, aus Lizenz- und Franchisegeschäften, aus Leasingverträgen, aus Kreditkartengeschäften und Konsumentenkrediten, werden an eine eigens gegründete Zweckgesellschaft verkauft, die die mit den Forderungen unterlegten ABS emittiert. Die Zins- und Tilgungszahlungen der ABS werden direkt aus den Zahlungsströmen (Cash Flow) der übertragenen Finanzaktiva geleistet. Wegen der hohen Kosten bietet sich die ABS-Finanzierung überwiegend für Großunternehmen an.

Genussscheine. Sie sind ein nicht gesetzlich geregeltes und deshalb flexibles Finanzierungsinstrument, das Merkmale von Eigen- und Fremdfinanzierung vereinigen kann. Die Verzinsung von Genussscheinen setzt sich häufig aus einer Mindestverzinsung und einer an die Dividende gekoppelten Gewinnbeteili-

gung zusammen. Sie können auch eine Verlustbeteiligung ein-
schließen. Die Rückzahlung kann durch Fristablauf oder Kündigung geregelt werden, es kann auch eine unbegrenzte Laufzeit
vorgesehen sein. Sie gewähren Gläubiger-, aber keine Stimm-
oder sonstigen Eigentümerrechte.

Leasing. Das Unternehmen (Leasingnehmer) mietet einen
Gegenstand von einem anderen Unternehmen (Leasinggeber),
das dieses Vermietungsgeschäft gewerbsmäßig betreibt. Beim
Operating-Leasing hat der Leasingnehmer ein kurzfristig künd-
bares Nutzungsrecht; es gleicht dem klassischen Mietvertrag.
Der Leasinggeber trägt also das Risiko der Amortisation (=
Rückgewinnung des Kaufpreises); infolgedessen eignen sich
hierfür nur Mietgegenstände, die leicht mehrfach hintereinander vermietet werden können, wie Baumaschinen, Flugzeuge
u.ä. Von Financial-Leasing (oder „echtem Leasing") spricht man,
wenn eine längerfristige Grundmietzeit ohne Kündigungsmög-
lichkeit vereinbart ist, die dem Leasinggeber die Amortisation
ermöglicht. Daher eignet sich das Financial-Leasing für Güter,
die speziell auf den Leasingnehmer zugeschnitten sind und nach
Ablauf der Grundmietzeit kaum an andere weitervermietet werden können. Das Financial-Leasing ähnelt einem Kauf auf Kredit
mit ratenweiser Rückzahlung.

6.6 Exkurs: Rating und „Basel II"

Jede Überlassung von Kapital beinhaltet vielfältige Informati-
ons- und Anreizprobleme. Dies gilt auch und ganz besonders bei
der Überlassung von Fremdkapital. So ist der Kreditgeber z.B. in
aller Regel sehr viel schlechter als der Kreditnehmer über dessen
Möglichkeit zur pünktlichen Leistung von Zins- und Tilgungszahlungen informiert. Die Informations- und Anreizprobleme
können auf verschiedene Weise gelöst werden, z.B. durch die
Einräumung von Kreditsicherheiten oder die Durchführung von
Kreditwürdigkeitsprüfungen (Schäfer 2002, S. 269ff.).

Für die Funktionsfähigkeit internationaler Kredit- und Anlei-
hemärkte hat sich die Tätigkeit von Rating-Agenturen (z.B.
Standard & Poor's, Moody's) als außerordentlich bedeutsam erwiesen. Ihre Tätigkeit besteht darin, Informationen zu Kreditrisiken zu verkaufen. Das *Rating* eines Schuldners erfolgt auf der

Grundlage einer Bonitätsbeurteilung. Der Auftrag dazu wird häufig durch den (potentiellen) Schuldner selbst erteilt, um ohne hohe Risikozuschläge Fremdkapital aufnehmen zu können. Die Agenturen führen aber z.T. auch unaufgeforderte Ratings durch. Am Ende steht die Einstufung des Schuldners (genauer: der Schulden) in Rating-Klassen, die beispielsweise bei Standard & Poor's von AAA (Die Fähigkeit des Schuldners, seine finanziellen Verpflichtungen zu erfüllen, ist außergewöhnlich gut) bis D (Zahlungsverzug vorhanden oder Insolvenzverfahren eröffnet) reicht.

Die Bewertung von Risiken bildet auch einen Eckpfeiler der vom Baseler Ausschuss für Bankenaufsicht formulierten Neuen Baseler Eigenkapitalvereinbarung, die als *„Basel II"* bekannt geworden ist. Sie soll die bereits 1988 verabschiedete, bis heute geltende Eigenkapitalvereinbarung für Banken („Basel I") ablösen. „Basel I" sieht vor, dass Banken Kredite an Unternehmen in aller Regel pauschal mit 8% Eigenkapital unterlegen müssen. „Basel II" ruht auf drei Säulen:

- Neue Mindest-Eigenkapitalanforderungen, die die Kapitalanforderungen an Banken stärker als bislang vom ökonomischen Risiko abhängig machen,
- Hinwendung zu einer stärker qualitativ ausgerichteten Bankenaufsicht, die nicht länger nur auf die Analyse der Meldungen und Berichte der Banken sowie Wirtschaftsprüferberichte vertraut, sowie
- Erweiterung der Offenlegungspflichten für Banken zur Stärkung der Marktdisziplin.

Um die Sicherheit und Solidität des Bankensystems zu erhöhen, sieht „Basel II" erstmals vor, neben den Kredit- und den Marktrisiken auch die sog. operationellen Risiken in die Berechnung der Mindest-Eigenkapitalanforderungen einzubeziehen. Als operationelles Risiko definiert „Basel II" „die Gefahr von Verlusten, die in Folge der Unangemessenheit oder des Versagens von internen Verfahren, Menschen und Systemen oder in Folge externer Ereignisse eintreten" (Ziffer 607). Zur Messung der Kreditrisiken können die Banken Ratings von externen Rating-Agenturen verwenden. Da sich in Europa aber nur eine kleine Minderheit der Unternehmen einem externen Rating unterzogen hat, bedarf die geforderte individuelle Risikoabschätzung im Regelfall der Durchführung bankinterner Ratings zur Beurteilung der Bonität der (potentiellen) Schuldner. Anders als bisher müssen Kredite an Unternehmen nicht mehr pauschal mit 8% Eigenkapital unterlegt werden. „Basel II" sieht stattdessen beim Standardansatz der Risikogewichtung Gewichte von 20% für beste Risiken bis 150% für sehr schlechte Risiken vor. Kredite an Unternehmen sind dementsprechend mit 1,6% bis 12% Eigenkapital zu unterlegen. An diesen unterschiedlichen Anforderungen werden sich auch die Kreditkonditionen für Unternehmen orientieren, so dass ein Teil der Unternehmen günstigere, ein anderer Teil hingegen ungünstigere Konditionen als unter „Basel I" erhalten wird.

6.7 Beurteilung von Investitionsprojekten

6.7.1 Isolierte Projektbeurteilung

Investitionen haben wir als Auszahlungen gekennzeichnet, die mit der Absicht getätigt werden, dass sie später zu Einzahlungen führen. Anstelle von Einzahlungen kann auch die Einsparung von Auszahlungen beabsichtigt sein (z.B. Rationalisierungsinvestitionen; man investiert in eine automatische Anlage, um Auszahlungen für Löhne zu sparen). Für den Investitionsbegriff und für die monetäre Beurteilung von Investitionen ist es unerheblich, ob mit der Investition ein langlebiger Gegenstand — Grundstück, Produktionsanlage, Wertpapier — erworben wird oder nicht. Auch Geld für Mitarbeiterschulung, Werbung oder Grundlagenforschung hat Investitionscharakter, wenn man es in der Hoffnung ausgibt, dass es spätere Rückflüsse auslöst.

Formal besteht ein Investitionsprojekt aus einer geplanten *Zahlungsreihe,* die in der Regel mit einer Auszahlung beginnt und in späteren Zeitpunkten Einzahlungsüberschüsse enthält. Es ist zweckmäßig, die Vielzahl der von einem Investitionsprojekt ausgelösten Zahlungen periodenweise zu bündeln, so wie wir in der Finanzplanung auch die Zahlungen eines Monats zu einer Zahl zusammengefasst haben. Wenn Investitionen sich über Jahre erstrecken, wird üblicherweise der Einzahlungs- bzw. Auszahlungsüberschuss pro Jahr geschätzt.

Wir wollen jetzt die Frage angehen, wie man ein Investitionsprojekt beurteilen kann. Es geht darum, ob das Projekt akzeptiert oder abgelehnt werden soll. Betrachten Sie folgendes Beispiel.

Ein Projekt besteht darin, dass 80.000 Euro in die Kapazitätserweiterung einer Produktionsanlage gesteckt werden, wovon man sich für die nächsten fünf Jahre zusätzliche Einzahlungsüberschüsse von je 25.000 Euro verspricht. Danach kommt eine ganz neue Anlage, so dass das Investitionsprojekt beendet ist. Das Projekt hat die Zahlungsreihe (in tausend Euro)

$$-80, \ 25, \ 25, \ 25, \ 25, \ 25.$$

Dies erscheint auf den ersten Blick lohnend, doch ist noch nicht bekannt, zu welchen Zinsen die Investitionssumme beschafft werden kann. Angenommen, das Unternehmen besitze hinreichend eigene Mittel in Finanzanlagen, die 5% p. a. Zinsen bringen. Die 80 Geldeinheiten für die Investition würden aus den Finanzanlagen herausgezogen; dadurch gehen die Zinsen verloren. Wenn die Investition sich lohnen soll, muss sie diesen Verlust mindestens wieder einspielen. Wir können also sagen, das Projekt kostet 5% Zinsen, wobei die Kosten nicht in Auszahlungen, sondern in entgangenen Einzahlungen bestehen. Man spricht dann von *Opportunity costs*. Jahr für Jahr liefert das Projekt 25 Geldeinheiten. Abbildung 6-3 zeigt, wie sich der *„Stand des Projekts"* entwickelt. Der Projektstand S_t ist zu Beginn gleich der Investitionsauszahlung. In jedem folgenden Zeitpunkt ist er gleich der Summe aus dem um ein Jahr aufgezinsten Stand des Vorjahrs plus dem Zahlungsüberschuss des Jahres, z_t. Zum Beispiel ist das Projekt in $t=1$ durch die Anschaffungsauszahlung zuzüglich Zinsen mit 84 belastet; der Rückfluss von 25 erhöht den Projektstand auf -59. Der Schlussstand des Projekts, S_5, sagt aus, dass das Unternehmen nach Beendigung des Projekts um 36 (tausend Euro) wohlhabender ist als bei Unterlassung des Projekts. Der Schlussstand wird üblicherweise als *Endwert* des Projekts bezeichnet. Offensichtlich lautet das Entscheidungskriterium: Akzeptiere (nur) Projekte mit positivem Endwert.

Jahr t		1	2	3	4	5
1	Projektzahlungen z_t	−80	25,0	25,0	25,0	25,0	25,0
2	S_{t-1} $(1+i)$			−84,0	−62,0	−38,8	−14,5	11,0
3	Projektstand S_t	−80	−59,0	−37,0	−13,8	10,5	**36,0**

Abb. 6-3: Entwicklung des Projektstandes

Sei mit i der Zinssatz (ausgedrückt als Dezimalbruch, im Beispiel $i=0{,}05$) bezeichnet. Statt sukzessiv über die Projektstände können wir den Endwert C_T auch durch Aufzinsen aller Zahlungen auf den Zeitpunkt T ermitteln:

$$C_T = \sum_{t=0}^{T} z_t \, (1+i)^{T-t}$$

Statt aufzuzinsen können wir auch alle Zahlungen auf den Zeitpunkt null abzinsen (diskontieren). Die Addition ergibt dann den Betrag, um den sich das Vermögen des Unternehmens als Folge der Investition im Zeitpunkt null erhöht. Dieser Betrag heißt *Kapitalwert* des Projekts. Seine Formel lautet:

$$C_0 = \sum_{t=0}^{T} z_t \, (1+i)^{-t}$$

Er ist betragsmäßig kleiner als der Endwert, weil er gleich dem abgezinsten Endwert ist. Im Zahlenbeispiel beträgt der Kapitalwert 28,2. Das Vorzeichen ist dasselbe wie beim Endwert. Daher ist es zur Prüfung der Frage, ob ein Projekt lohnend ist, gleichgültig, ob man den Kapitalwert oder den Endwert berechnet. In der Literatur und in der Praxis arbeitet man überwiegend mit dem Kapitalwert. Diese Größe drückt den Wert aus, den das Projekt im Zeitpunkt des Beginns hat. Der Unternehmer, der sich für das Projekt unseres Beispiels entscheidet, könnte in $t=0$ privaten Konsum von 28,2 aus der Unternehmenskasse bezahlen; das Unternehmen stünde dennoch nicht schlechter da, als wenn das Projekt unterbleiben würde.

6.7.2 Integrierte Finanz- und Investitionsplanung

Die soeben skizzierte Beurteilung eines Investitionsprojekts durch Kapital- oder Endwertberechnung geht davon aus, dass ein einheitlicher Kalkulationszinsfuß für alle Perioden gilt. Im Beispiel haben wir angenommen, während der nächsten fünf Jahre stünden genügend eigene Mittel zur Verfügung, so dass die Investition bezahlt werden kann, indem Mittel aus Finanzanlagen abgezogen werden. Hierdurch entstehen *Opportunity costs*. Rückflüsse aus dem Projekt werden wieder in Finanzanlagen gesteckt. Relevant ist also nur der Anlagezins.

Das Unternehmen kann jedoch vor der Situation stehen, dass nicht von vornherein bekannt ist, in welchen zukünftigen Perioden eigene Mittel vorhanden sind, in welchen Perioden mangels eigener Mittel Kredit aufgenommen werden muss, und zu welchem Zins und innerhalb welcher Grenzen Kredit aufgenommen werden kann. In Jahren, in denen genug eigene Mittel vorhanden sind, ist der Zins der Finanzanlagen maßgeblich für die Beurteilung eines Investitionsprojekts. In Perioden mit Verschuldung dagegen muss der Kreditzins der Bank herangezogen werden. Braucht das Projekt Geld, erhöht sich der Bankkredit; erzeugt das Projekt Zahlungsüberschüsse, werden sie zur Verringerung des Bankkredits eingesetzt.

Es bietet sich daher an, das Projekt in die bestehende Finanzplanung zu integrieren. Das heißt, wir führen eine „Finanzplanung ohne das Projekt" und eine „Finanzplanung mit dem Projekt" durch. Der Fall ohne Projekt heißt *Basisfall*. Dann vergleichen wir die Zahlungsmittelbestände am Planungshorizont. Das Projekt ist lohnend, wenn mit ihm ein höherer Zahlungsmittel-Endbestand erreicht wird als im Basisfall.

Betrachten Sie das Beispiel in Abbildung 6-4. Die Zeilen 1 bis 3 enthalten die Ein- und Auszahlungen, die im *Basisfall* für die nächsten fünf Jahre geplant werden. Daraus ergeben sich die Einzahlungsüberschüsse pro Jahr in Zeile 4 (im Jahr 2 tritt ein negativer Überschuss auf). Zu Beginn sind eigene Mittel von 150 vorhanden. Sie werden zu 5% für ein Jahr angelegt; demnach fließen in $t=1$ einschließlich Zinsen 157,5 zurück. Zusammen mit dem Überschuss des Jahres 1 von 100 entsteht ein Bestand von 257,5. Dieses Geld wird wiederum für ein Jahr angelegt. So erhält man dann einen Endbestand in $t=5$ in Höhe von 1.138.

Jahr t	0	1	2	3	4	5
1 Einzahlungen aus Umsatzerlösen		2.400,0	2.550,0	2.800,0	3.300,0	4.000,0
2 minus Auszahlungen für Prod.-faktoren u. Steuern		−2.200,0	−2.500,0	−2.500,0	−2.900,0	−3.500,0
3 minus Entnahmen des Unternehmers		−100,0	−105,0	−110,0	−115,0	−120,0
4 Einzahlungsüberschuss vor Finanztransaktionen		100,0	−55,0	190,0	285,0	380,0
5 plus Rückfluss einjähriger Finanzanlagen		157,5	270,4	226,1	437,0	758,0
6 Zahlungsmittelbestand (in Finanzanlagen)	150,0	257,5	215,4	416,1	722,0	1.138,0

Abb. 6-4: Finanzplanung im Basisfall

Nun kommt der *Fall mit dem Projekt* (Abbildung 6-5). In die Tabelle fügen wir in Zeile 3a die Zahlungsreihe des Investitionsprojekts ein. Zur Finanzierung der 80 werden eigene Mittel verwendet; es bleiben nur noch 70 übrig. Dafür wächst in den Jahren 1 bis 5 der Einzahlungsüberschuss in Zeile 4 um je 25 aus Projektrückflüssen.

Zum Schluss planen wir, wie viel Geld wir in den einzelnen Jahren in Finanzanlagen übrig haben und bis zu einer besseren Verwendung in Finanzanlagen stecken können. Analog zum Vorgehen im Basisfall gelangen wir zum Endbestand von 1.174,1. Gegenüber dem Basisfall ist das 36,1 mehr. Das Projekt lohnt sich also. Der Mehrbetrag ist identisch mit dem Endwert des Projekts, den wir mit 36,0 ermittelt haben (die Abweichung von 0,1 ist eine Rundungsdifferenz.)

Es zeigt sich, dass sowohl ohne wie mit Projekt das Unternehmen stets eigene flüssige Mittel hält und dass nur *ein* Zinssatz, der für Finanzanlagen, relevant ist.

Jahr t	0	1	2	3	4	5
1 Einzahlungen aus Umsatzer-lösen		2.400,0	2.550,0	2.800,0	3.300,0	4.000,0
2 minus Auszah-lungen für Prod.-faktoren u. Steuern		−2.200,0	−2.500,0	−2.500,0	−2.900,0	−3.500,0
3 minus Entnah-men des Unter-nehmers		−100,0	−105,0	−110,0	−115,0	−120,0
3a Projektzahlun-gen z_t	−80,0	25,0	25,0	25,0	25,0	25,0
4 Einzahlungs-überschuss vor Finanztransakti-onen		125,0	−30,0	215,0	310,0	405,0
5 plus Rückfluss einjähriger Fi-nanzanlagen		73,5	208,4	187,3	422,5	769,1
6 Zahlungsmittel-bestand (in Fi-nanzanlagen)	70,0	198,5	178,4	402,3	732,5	1.174,1

Abb. 6-5: Integrierte Finanz- und Investitionsplanung

Doch es kann auch anders kommen. Wir ändern den Fall so, dass zu Beginn statt eigener Mittel auf dem Bankkonto ein Minus von 100 besteht. Der Kreditzins beträgt 12% p. a. Überschüsse wer-den nun natürlich zur Kredittilgung verwendet; erst wenn der Kredit verschwunden ist, werden Finanzanlagen interessant. Abbildung 6-6 zeigt, dass im *Basisfall* der Kredit in $t=3$ getilgt ist. Die Zeile 7 (Liquiditätsposition) ist so zu verstehen, dass ne-gative Zahlen eine Kreditaufnahme, positive Zahlen eine Fi-nanzanlage bedeuten. In den ersten drei Perioden ist das Unter-nehmen also verschuldet und nur der Kreditzins relevant. Ab dem vierten Jahr spielt nur noch der Anlagezins eine Rolle. Am Planungshorizont erscheint ein Zahlungsmittelbestand von 804,2.

Jahr t	0	1	2	3	4	5
1 Einzahlungen aus Umsatzerlösen		2.400,0	2.550,0	2.800,0	3.300,0	4.000,0
2 minus Auszahlung für Prod.-faktoren u. Steuern		−2.200,0	−2.500,0	−2.500,0	−2.900,0	−3.500,0
3 minus Entnahmen des Unternehmers		−100,0	−105,0	−110,0	−115,0	−120,0
4 Einzahlungsüberschuss vor Finanztransaktionen		100,0	−55,0	190,0	285,0	380,0
5 plus Rückfluss einjähriger Finanzanlagen		0,0	0,0	0,0	119,0	424,2
6 minus Rückzahlung einjähriger Kredite			−112,0	−13,4	−76,7	0,0	0,0
7 Liquiditätsposition	−100,0	−12,0	−68,4	113,3	404,0	804,2

Abb. 6-6: Finanzplanung im Basisfall mit Anfangsverschuldung

Jahr t	0	1	2	3	4	5
1 Einzahlungen aus Umsatzerlösen		2.400,0	2.550,0	2.800,0	3.300,0	4.000,0
2 minus Auszahlung für Prod.-faktoren u. Steuern		−2.200,0	−2.500,0	−2.500,0	−2.900,0	−3.500,0
3 minus Entnahmen des Unternehmers		−100,0	−105,0	−110,0	−115,0	−120,0
3a Projektzahlungen z_t	−80,0	25,0	25,0	25,0	25,0	25,0
4 Einzahlungsüberschuss vor Finanztransaktionen		125,0	−30,0	215,0	310,0	405,0
5 plus Rückfluss einjähriger Finanzanlagen		0,0	0,0	0,0	89,6	419,6
6 minus Rückzahlung einjähriger Kredite		−201,6	−85,8	−129,7	0,0	0,0
7 Liquiditätsposition	−180,0	−76,6	−115,8	85,3	399,6	824,6

Abb. 6-7: Integrierte Finanz- und Investitionsplanung mit Anfangsverschuldung

Das *Investitionsprojekt* muss in $t=0$ durch zusätzlichen Kredit finanziert werden (Abbildung 6-7). Auch hier ist erst in $t=3$ der

Kredit getilgt und eine positive Liquiditätsposition geschaffen. Am Schluss ist sie mit 824,6 höher als im Basisfall; die Differenz ist 20,4.

Das Projekt lohnt sich. Es ist aber weit weniger vorteilhaft als in dem Fall, wo das Unternehmen mit einem Anfangsbestand an flüssigen Mitteln ausgestattet war (hier betrug der Endwert 36,0), denn die hohen Bankzinsen machen den Vorteil partiell zunichte.

Eine theoretisch exakte Berechnung des Wertes von Investitionsprojekten ist in der Regel nur durch eine integrierte Finanz- und Investitionsplanung möglich. Für praktische Bedürfnisse reicht es aber meist aus, Investitionsrechnungen isoliert durchzuführen und hierfür mit einem einheitlichen Zinsfuß zu arbeiten, zumal die geschätzten Zahlungsreihen der Projekte ohnehin unsicher sind und eine große Genauigkeit hinsichtlich der Zinssätze daher nicht erforderlich erscheint.

6.8 Exkurs: Insolvenz

Insolvenz ist die Unfähigkeit eines Schuldners, seine Verpflichtungen zu erfüllen. Während bei der Einzelvollstreckung nur die „schnellsten" Gläubiger zu ihrem Geld kommen, strebt das gerichtliche Insolvenzverfahren eine anteilige, gemeinschaftliche Befriedigung aller Gläubiger an. Das Verfahren ist in der Insolvenzordnung (InsO) geregelt, die seit dem 1.1.1999 gilt.

Es gibt drei mögliche Eröffnungsgründe für ein Insolvenzverfahren:

1. *Zahlungsunfähigkeit:* die Unfähigkeit des Schuldners, fällige Verpflichtungen zu erfüllen,
2. *Drohende Zahlungsunfähigkeit:* Auf Antrag des Schuldners kann das Insolvenzverfahren eingeleitet werden, wenn sich aus der Finanzplanung mit hinreichender Wahrscheinlichkeit eine Zahlungsunfähigkeit vorhersehen lässt,
3. *Überschuldung:* Das Vermögen des Schuldners deckt nicht die Schulden. Dieser Tatbestand ist nur für Kapitalgesellschaften und solche Personengesellschaften, bei denen keine natürliche Person haftet, relevant.

Das Gericht eröffnet das Insolvenzverfahren nur dann, wenn das verwertbare Vermögen (die Insolvenzmasse) ausreicht, die Kosten des Verfahrens zu decken.

Durch die Eröffnung des Insolvenzverfahrens geht die Verfügungsmacht des Schuldners über die Insolvenzmasse auf den Insolvenzverwalter über. Bei Kapitalgesellschaften bewirkt die Eröffnung des Insolvenzverfahrens die Liquidation der Gesellschaft.

Grundsätzlich erfasst das Insolvenzverfahren das gesamte Vermögen eines Schuldners. Gegenstände, die dem Schuldner nicht gehören (z.B. unter Eigentumsvorbehalt stehende), zählen jedoch nicht zur Masse; sie werden *ausgesondert*. Gläubiger mit Grundpfandrechten, Pfandrechten an beweglichen Sachen, Sicherungsübereignungen u. ä. haben ein *Absonderungsrecht*, d.h. sie können bevorzugte Befriedigung aus dem Sicherungsgut verlangen.

Die Gläubigerversammlung kann beschließen, ob das Unternehmen stillgelegt oder vorläufig weitergeführt werden soll. Im Übrigen hat der Insolvenzverwalter freie Hand, wie er die Masse verwertet. Neben der Zerschlagung des Unternehmens durch Veräußerung der einzelnen Vermögensgegenstände kommt die Sanierung in Frage. Diese wird man wählen, wenn die Gläubiger sich dadurch eine bessere Bedienung ihrer Forderungen, vielleicht auch eine Fortsetzung der Geschäftsbeziehungen erhoffen. Dabei ist es möglich, dass der Schuldner das Unternehmen fortführt; häufiger wird das Unternehmen jedoch an ein anderes Unternehmen verkauft.

Literaturhinweise

Brealey, R. A./ Myers, S. C./ Marcus, A. J. (2004): Fundamentals of corporate finance. 4. Auflage. McGraw-Hill

Drukarczyk, J. (2003): Finanzierung. 9. Auflage. Lucius & Lucius

Eisenführ, F. (2000): Investitionsrechnung. 13. Auflage. Wissenschaftsverlag Mainz

Franke, G./ Hax, H. (2004): Finanzwirtschaft des Unternehmens und Kapitalmarkt. 5. Auflage. Springer

Kruschwitz, L. (2003): Investitionsrechnung. 9. Auflage. Oldenbourg

Perridon, L./ Steiner, M. (2003): Finanzwirtschaft der Unternehmung. 12. Auflage. Vahlen

Schäfer, H. (2002): Unternehmensfinanzen. 2. Auflage. Physica

Vormbaum, H. (1995): Finanzierung der Betriebe. 9. Auflage. Gabler

Wöhe, G./ Bilstein, J. (2002): Grundzüge der Unternehmensfinanzierung. 9. Auflage. Vahlen

Nachschlagewerk

Gerke, W./ Steiner, M. (Hrsg.) (2001): Handwörterbuch des Bank- und Finanzwesens. 3. Auflage. Schäffer-Poeschel

Kapitel 7
Personalwirtschaft

7.1 Aufgaben und Ziele

Die Personalwirtschaft hat es mit folgenden Aufgabenbereichen zu tun:

- *Personalplanung.* Die Planung des Personalbedarfs und der Entwicklung des Personalbestands.
- *Personalbeschaffung und -abbau.* Grundsatzentscheidungen betreffen zum Beispiel die Frage, ob das Unternehmen selbst ausbildet, ob interne Bewerber externen vorgezogen werden, nach welchen Richtlinien bei notwendigen Entlassungen ausgewählt wird etc. Bei der eigentlichen Personalbeschaffung sind unter anderem die Anwerbung sowie die Methoden und Kriterien der Bewerberauswahl zu regeln.
- *Personalentwicklung.* Hier ist zwischen der beruflichen Erstausbildung und Weiterbildung zu unterscheiden. Die berufliche Erstausbildung umfasst die Ausbildung von Lehrlingen und die Einarbeitung von Hochschulabsolventen in Form von Trainee-Programmen. Betriebliche und außerbetriebliche Weiterbildung von Mitarbeitern kann dazu dienen, diese für anspruchsvollere Tätigkeiten zu qualifizieren oder sich ändernden Anforderungen der Arbeit gerecht zu werden.
- *Personaleinsatz.* Die Planung des Personaleinsatzes kann sich zum einen auf die Arbeitsgestaltung (Stellenbildung, *job design*) beziehen. Zum anderen umfasst die Personaleinsatzplanung die Zuordnung von Mitarbeitern zu Arbeitsplätzen sowie die zeitliche Einsatzplanung (insbesondere bei Schichtbetrieb, schwankendem Arbeitsanfall, Kurzarbeit oder Teilzeitkräften).
- *Personalerhaltung und Leistungsstimulation.* Das Unternehmen muss Anreize bieten, dass qualifiziertes Personal nicht abwandert, und finanzielle und andere Anreize zu hoher Leistung gewähren.

Von diesen Bereichen werden im Folgenden die Personalbedarfsplanung sowie die Anpassung der Personalkapazität an den Bedarf behandelt, ferner die Bewerberauswahl und die Förderung von Arbeitszufriedenheit und -motivation durch das Arbeitsentgelt.

Personalwirtschaftliche Ziele beziehen sich regelmäßig auf

- die Personalkosten,
- die Eignung des Personals,
- die Verfügbarkeit des Personals,
- die Motivation der Mitarbeiter und
- die Arbeitszufriedenheit der Mitarbeiter.

7.2 Rechtliche Grundlagen

Das Verhältnis zwischen dem Unternehmen und seinen Mitarbeitern ist in Deutschland in so hohem Maße rechtlich reguliert, dass es vor der Erörterung ausgewählter Funktionen nützlich ist, sich einen Überblick über die juristischen Grundlagen des Arbeitsverhältnisses zu verschaffen. Dieses wird gestaltet von

- dem individuellen *Arbeitsvertrag* (individuelles Vertragsrecht),
- ggf. dem *Tarifvertrag* zwischen Arbeitgeber oder Arbeitgeberverband und Gewerkschaft (Tarif- und Arbeitskampfrecht),
- ggf. *Betriebsvereinbarungen* zwischen Unternehmen und Betriebsrat im Rahmen der betrieblichen Mitbestimmung (Betriebsverfassungsgesetz),
- *Arbeitnehmerschutzgesetzen*, wie z.B. dem Arbeitszeitgesetz, Lohnfortzahlungsgesetz (Entgeltfortzahlung im Krankheitsfall bis zu sechs Wochen), Kündigungsschutzgesetz, Arbeitssicherheitsgesetz, Mutterschutzgesetz, Ladenschlussgesetz, Jugendarbeitsschutzgesetz oder Bundesurlaubsgesetz,
- dem *Sozialrecht*, insbesondere der gesetzlichen Sozialversicherung.

Dabei haben Gesetze Vorrang vor Tarifverträgen, diese wiederum vor Betriebsvereinbarungen. Der gesetzlich abgesicherte Vorrang des Tarifvertrags vor der Betriebsvereinbarung (§ 77 Abs. 3 BetrVG) stand in den letzten Jahren in der Diskussion. Stichworte waren u.a. „Krise des Flächentarifs" und „Flexibilisierung des Arbeitsrechts". Wesentliche rechtliche Wirkungen hat diese Diskussion bisher nicht gehabt (Streeck/ Rehder 2003).

7.2.1 Der Arbeitsvertrag

Der Arbeitsvertrag ist ein Spezialfall des Dienstvertrages (§ 611 BGB). Während sich im allgemeinen Dienstvertrag eine Person zu einer bestimmten Tätigkeit verpflichtet, kommt beim Arbeitsvertrag eine persönliche Abhängigkeit hinzu: Der Arbeitende ist weisungsgebunden und in die Arbeitsorganisation des Unternehmens eingegliedert. Hauptpflicht des Arbeitnehmers ist die Arbeitspflicht, als Nebenpflicht hat er die sog. Treuepflicht zu beachten; sie umfasst die Pflicht zur Verschwiegenheit bezüglich Geschäftsgeheimnissen, das Verbot der Schmiergeldannahme, das Wettbewerbsverbot usw. Nach dem Prinzip von Treu und Glauben darf der Arbeitnehmer dem Arbeitgeber nicht bewusst schaden, sondern muss im Gegenteil drohenden Schaden abzuwenden versuchen. Entsprechend muss der Arbeitgeber neben seiner Hauptpflicht (Entgeltzahlung) seine Fürsorgepflicht erfüllen, nämlich dafür sorgen, dass der Arbeitnehmer nicht an Leben und Gesundheit (Unfallsicherheit) geschädigt wird oder materiellen oder psychischen Schaden erleidet.

7.2.2 Der Tarifvertrag

Das Tarifvertragsgesetz ermöglicht es Arbeitgebern oder Arbeitgeberverbänden und Gewerkschaften, die Arbeitsbedingungen unter sich zu regeln (Tarifautonomie), insbesondere Löhne und Gehälter, Arbeitszeit und Urlaub. Das Instrument dazu ist der Tarifvertrag, der zwischen den „Sozialpartnern" geschlossen wird. In *Manteltarifverträgen* werden meist für eine Laufzeit von mehreren Jahren die allgemeinen Arbeitsbedingungen geregelt. *Vergütungs- bzw. Entgelttarifverträge* sind Tarifverträge über die Höhe der Löhne, Gehälter, Entgelte und Ausbildungsvergütungen.

In der Regel werden Tarifverträge für eine bestimmte Branche und ein bestimmtes Tarifgebiet geschlossen („Flächen- bzw. Verbandstarifvertrag"). Unternehmen brauchen sich nicht durch einen Verband vertreten zu lassen, sondern können auch eigenständig Tarifverträge mit ihrer zuständigen Gewerkschaft schließen („Firmen- bzw. Haustarifvertrag") oder ohne Tarifvertrag auskommen. Viele ertragsschwache Unternehmen sind schon aus ihren Arbeitgeberverbänden ausgetreten, weil sie die ausgehandelten Lohnerhöhungen als untragbar hoch empfanden. Der Tendenz zur „Flucht aus dem Flächentarifvertrag" kann dadurch begegnet werden, dass in Tarifverträge „Öffnungsklauseln" aufgenommen werden, die es erlauben, auf betrieblicher Ebene Abweichungen zu Ungunsten der Arbeitnehmer zu vereinbaren, um z.B. Entlassungen zu vermeiden. Dadurch ermöglichte „betriebliche Bündnisse" haben sich in den 1990er Jahren zu einem wichtigen Mittel zur Gestaltung der Arbeitsbeziehungen entwickelt und den Flächentarifvertrag stabilisiert (Streeck/Rehder 2003).

Tarifverträge gelten grundsätzlich nur für Arbeitsverhältnisse, bei denen der Arbeitgeber selbst den Tarifvertrag abgeschlossen hat oder Mitglied des vertragsschließenden Arbeitgeberverbandes ist, *und* bei denen der Arbeitnehmer Mitglied der vertragsschließenden Gewerkschaft ist. Allerdings pflegen die Unternehmen gewerkschaftlich organisierte und nicht organisierte Arbeitnehmer gleich zu behandeln.

Das Bundesministerium für Wirtschaft und Arbeit kann im Einvernehmen mit Arbeitgebern und Gewerkschaft Tarifverträge für „allgemeinverbindlich" erklären (§ 5 TVG). Dann gelten sie für alle Unternehmen der betreffenden Branche und des betreffenden Tarifbezirks. Voraussetzung ist, dass die tarifgebundenen Arbeitgeber bereits mindestens die Hälfte der unter den Geltungsbereich des Tarifvertrags fallenden Arbeitnehmer beschäftigen und die Allgemeinverbindlichkeit im öffentlichen Interesse liegt.

In Deutschland bestanden zum Jahresende 2003 etwa 33.100 Verbandstarifverträge, davon ca. 15.100 im öffentlichen Dienst, sowie ca. 26.500 Firmentarifverträge. Vor allem die Anzahl der Firmentarifverträge ist in den letzten Jahren stark angestiegen; ihre Zahl betrug 1999 erst rund 19.500. Die Zahl der allgemeinverbindlich erklärten Tarifverträge lag Anfang 2003 bei nur noch 480; dies ist der niedrigste Wert seit 1976. Insgesamt sind etwa 68% (Westdeutschland: 70%, Ostdeutschland: 54,5%) aller Arbeitnehmer in Deutschland bei tarifgebundenen Arbeitgebern beschäftigt. Da sich auch Teile der nicht tarifgebundenen Unternehmen an den einschlägigen Tarifverträgen orientieren, entfalten die Tarifverträge für rund 84% aller Arbeitnehmer in Deutschland Wirkung. Diese Zahlen waren in den letzten Jahren stabil (www.bmwi.de).

Die Tarifvertragsnormen sind nur Mindestnormen, d.h. der Arbeitgeber kann bessere Bedingungen gewähren (außertarifliche Leistungen). Der Arbeitnehmer kann auf tarifliche Rechte nicht verzichten, also z.B. nicht zu einem geringeren Lohn als dem Tariflohn arbeiten (Günstigkeitsprinzip, § 4 Abs. 3 TVG) .

Experten- und Führungspositionen werden von Tarifverträgen nicht erfasst, sondern außertariflich bezahlt.

Während der Laufzeit eines Tarifvertrags herrscht „Friedenspflicht": Die Vertragsparteien dürfen keine Kampfmaßnahmen (Streik, Aussperrung) zur Änderung der festgelegten Arbeitsbedingungen ergreifen.

Scheitern Tarifvertragsverhandlungen, so wird eine Einigung mittels eines Schlichtungsverfahrens gesucht. Zu diesem Zweck werden freiwillige Schlichtungsvereinbarungen zwischen den Arbeitgeberverbänden und den Gewerkschaften geschlossen. Scheitert die Schlichtung, kann es zum Arbeitskampf kommen: Die Gewerkschaft ruft zum Streik auf, der Arbeitgeber hat das Mittel der Abwehraussperrung von Arbeitnehmern.

7.2.3 Die betriebliche Mitbestimmung der Arbeitnehmer

Die betriebliche (oder „arbeitsrechtliche") Mitbestimmung ist im Betriebsverfassungsgesetz (BetrVG) von 1972 in der Neufassung von 2001 geregelt. Im Gegensatz zur unternehmerischen Mitbestimmung im Aufsichtsrat zielt sie in erster Linie auf die Gestaltung der Verhältnisse am Arbeitsplatz und versucht, Interessenkonflikte in partnerschaftlicher Zusammenarbeit zwischen Arbeitgeber und Arbeitnehmern zu lösen.

7.2.3.1 Institutionen

In Betrieben mit mindestens fünf wahlberechtigten Arbeitnehmern werden *Betriebsräte* gewählt. Deren Mitgliederzahl hängt von der Belegschaftsstärke ab. Bei bis zu 20 Arbeitnehmern besteht der Betriebsrat nur aus einer Person. Bei mehr als 1.000 Arbeitnehmern hat der Betriebsrat bereits 15, bei mehr als 7.000 Arbeitnehmern 35 und in Größtbetrieben noch wesentlich mehr Mitglieder. Der Betriebsrat soll sich aus Arbeitnehmern der verschiedenen Beschäftigungsarten und Organisationsbereiche zusammensetzen;

das Geschlechterverhältnis ist bei Betriebsräten mit mehr als zwei Mitgliedern einzuhalten. Ab 200 Arbeitnehmern ist mindestens ein Betriebsratsmitglied beruflich freizustellen; die Zahl der Freigestellten wächst mit der der Arbeitnehmer. Der Betriebsrat wählt aus seiner Mitte einen Vorsitzenden und dessen Stellvertreter. Ein Betriebsrat mit neun oder mehr Mitgliedern bildet einen *Betriebsausschuss*, der die laufenden Geschäfte führt. In Betrieben mit mehr als 100 Arbeitnehmern kann der Betriebsrat weitere Ausschüsse bilden und Aufgaben auf Arbeitsgruppen übertragen.

Der Betriebsrat ist für einen Betrieb als technisch-organisatorische Einheit gewählt. Ein Unternehmen mit mehreren Betrieben kann daher mehrere Betriebsräte haben. In diesem Fall ist ein *Gesamtbetriebsrat* zu errichten, dessen Verhandlungspartner die Unternehmensleitung ist. Für einen Konzern kann durch Beschlüsse der einzelnen Gesamtbetriebsräte ein *Konzernbetriebsrat* gebildet werden. Diese Gremien sind nötig, damit die Arbeitnehmervertreter mit dem Arbeitgeber auf derjenigen Hierarchiestufe verhandeln können, auf der die betreffenden Angelegenheiten entschieden werden. Zum Beispiel ist der Verhandlungspartner des Betriebsrats, wenn es um unternehmensweite Personalauswahlrichtlinien geht, die Geschäftsführung des Unternehmens und nicht der örtliche Betriebsleiter.

Einmal pro Quartal findet eine *Betriebsversammlung* statt, in der der Betriebsrat über seine Tätigkeit berichtet. Die Versammlung hat keine Mitwirkungsrechte. Falls eine Versammlung aller Beschäftigten in der Arbeitszeit nicht möglich ist, sind Teilversammlungen durchzuführen.

Weitere Institutionen sind die *Jugend- und Auszubildendenvertretung* (ggf. auch auf Unternehmens- und Konzernebene), die *Jugend- und Auszubildendenversammlung*, der *Wirtschaftsausschuss* und die *Einigungsstelle*.

Die Einigungsstelle wird zur Beilegung von Meinungsverschiedenheiten zwischen Arbeitgeber und Betriebsrat gebildet – entweder ad hoc zur Lösung eines bestimmten Konflikts oder als ständige Einrichtung. Sie besteht aus einer gleich großen Anzahl von Vertretern beider Seiten sowie einem unparteiischen Vorsitzenden, auf dessen Person sich beide Seiten einigen müssen.

7.2.3.2 Aufgaben des Betriebsrats

Allgemeine Aufgaben des Betriebsrats (§ 80 BetrVG) sind: Darüber zu wachen, dass die zugunsten der Arbeitnehmer erlassenen Gesetze, Verträge und Vereinbarungen eingehalten werden; Maßnahmen zum Wohl der Arbeitnehmer beim Arbeitgeber zu beantragen; die Gleichstellung von Frauen und Männern sowie die Vereinbarkeit von Beruf und Familie zu fördern; berechtigte Anregungen der Arbeitnehmer an den Arbeitgeber weiterzuleiten; die Eingliederung Schwerbehinderter sowie ausländischer Arbeitnehmer zu fördern etc.

Des Weiteren wirkt der Betriebsrat an drei besonderen Aufgaben mit:

1. Soziale Angelegenheiten (§§ 87 ff BetrVG),
2. personelle Angelegenheiten (§§ 92 ff BetrVG),
3. wirtschaftliche Angelegenheiten (§§ 106 ff BetrVG).

Zunächst ist festzustellen, dass die Mitbestimmung sich nicht auf Angelegenheiten bezieht, die bereits durch einen Tarifvertrag geregelt sind. So können beispielsweise nicht niedrigere Löhne oder längere Arbeitszeiten im Gegenzug gegen einen Erhalt der Arbeitsplätze vereinbart werden, sofern eine solche Möglichkeit nicht durch eine Öffnungsklausel im Tarifvertrag vorgesehen ist.

In den Fällen, bei denen der Betriebsrat mitbestimmungsberechtigt ist, einigen sich Arbeitgeber und Betriebsrat und unterschreiben eine *Betriebsvereinbarung*. Kommt es wegen Meinungsverschiedenheiten zu keiner Betriebsvereinbarung, so kann jede Seite die Einigungsstelle anrufen. Der Spruch der Einigungsstelle ist verbindlich.

Als *soziale Angelegenheiten* sind in § 87 Abs. 1 die folgenden aufgeführt. Es geht dabei um Dinge, die die Interessen der Arbeitnehmer direkt berühren und wo das Mitbestimmungsrecht eine wichtige konfliktregulierende Funktion hat: (1) Fragen der Ordnung des Betriebs und des Verhaltens der Arbeitnehmer im Betrieb, (2) Beginn und Ende der täglichen Arbeitszeit einschließlich der Pausen sowie Verteilung der Arbeitszeit auf die einzelnen Wochentage, (3) vorübergehende Verkürzung oder Verlängerung der betrieblichen Arbeitszeit, (4) Zeit, Ort und Art der Auszahlung der Arbeitsentgelte, (5) Aufstellung allgemeiner Urlaubsgrundsätze und des Urlaubsplans sowie die Festsetzung der zeitlichen Lage des Urlaubs für einzelne Arbeitnehmer, wenn zwischen dem Arbeitgeber und den beteiligten Arbeitnehmern kein Einverständnis erzielt wird, (6) Einführung und Anwendung von technischen Einrichtungen, die dazu bestimmt sind, das Verhalten oder die Leistung der Arbeitnehmer zu überwachen, (7) Regelungen über die Verhütung von Arbeitsunfällen und Berufskrankheiten sowie über den Gesundheitsschutz im Rahmen der gesetzlichen Vorschriften oder der Unfallverhütungsvorschriften, (8) Form, Ausgestaltung und Verwaltung von Sozialeinrichtungen, deren Wirkungsbereich auf den Betrieb, das Unternehmen oder den Konzern beschränkt ist, (9) Zuweisung und Kündigung von Wohnräumen, die den Arbeitnehmern mit Rücksicht auf das Bestehen eines Arbeitsverhältnisses vermietet werden, sowie die allgemeine Festlegung der Nutzungsbedingungen, (10) Fragen der betrieblichen Lohngestaltung, insbesondere die Aufstellung von Entlohnungsgrundsätzen und die Einführung und Anwendung von neuen Entlohnungsmethoden sowie deren Änderung, (11) Festsetzung der Akkord- und Prämiensätze und vergleichbarer leistungsbezogener Entgelte, einschließlich der Geldfaktoren, (12) Grundsätze über das betriebliche Vorschlagswesen, und (13) Grundsätze über die Durchführung von Gruppenarbeit.

In diesen Angelegenheiten hat der Betriebsrat, wie erwähnt, ein Mitbestimmungsrecht. Ein gleich starkes Mitbestimmungsrecht hat er, sofern die Arbeitnehmer durch Änderungen der Arbeitsplätze, des Arbeitsablaufs oder der Arbeitsumgebung, die den gesicherten arbeitswissenschaftlichen Erkenntnissen offensichtlich widersprechen, in besonderer Weise belastet werden. Hier kann er angemessene Maßnahmen zur Abwendung, Milderung oder zum Ausgleich der Belastung verlangen (§ 91).

Bei den *personellen Angelegenheiten* — sie werden in allgemeine personelle Angelegenheiten, Berufsbildung und personelle Einzelmaßnahmen gegliedert — ist die Mitwirkung des Betriebsrats unterschiedlich geregelt. Am stärksten ist das Mitbestimmungsrecht bei den *allgemeinen* personellen Angelegenheiten wie der Ausschreibung von Arbeitsplätzen (§ 93), dem Inhalt von Personalfragebogen und Beurteilungsgrundsätzen (§ 94) sowie der Erstellung von Richtlinien für die personelle Auswahl bei Einstellungen, Versetzungen, Umgruppierungen und Kündigungen (§ 95) — sofern das Unternehmen solche Richtlinien aufstellt — ausgeprägt.

Hingegen ist die Mitbestimmung bei personellen *Einzelmaßnah-men* vergleichsweise schwächer. Zwar muss der Betriebsrat über diese unterrichtet werden und kann innerhalb einer Woche seine Zustimmung verweigern. Stimmt jedoch der Betriebsrat einer Einstellung, Eingruppierung, Umgruppierung oder Versetzung nicht zu, so kann der Arbeitgeber beim Arbeitsgericht beantragen, die Zustimmung zu ersetzen. Zur Kündigung siehe unten Kapitel 7.2.4.

Die *wirtschaftlichen Angelegenheiten* sind u.a. die wirtschaftliche und finanzielle Lage des Unternehmens, das Produktions- und Investitionsprogramm, Rationalisierungsvorhaben, Fragen des betrieblichen Umweltschutzes, die Einschränkung, Stilllegung oder Verlegung von Betrieben oder Betriebsteilen sowie der Zusammenschluss von Unternehmen. In Betrieben mit mehr als 100 Arbeitnehmern ist vom Betriebsrat ein *Wirtschaftsausschuss* mit 3-7 Mitgliedern zu bilden. Seine Aufgabe ist es, die wirtschaftlichen Angelegenheiten mit dem Unternehmer zu beraten und den Betriebsrat zu unterrichten. Auch Leitende Angestellte können Mitglieder des Wirtschaftsausschusses sein. Dadurch ist eine erhöhte Chance gegeben, auf der Arbeitnehmerseite Personen mit betriebswirtschaftlichem Expertenwissen für die Behandlung wirtschaftlicher Angelegenheiten einzusetzen. Ein Mitbestimmungsrecht hat der Wirtschaftsausschuss aber nicht.

Bedeutungsvoll ist in Betrieben mit mehr als 20 wahlberechtigten Arbeitnehmern die Mitbestimmung bei *Betriebsänderungen.* Dabei handelt es sich nach § 111 BetrVG um Einschränkungen oder Stilllegungen des Betriebs oder von wesentlichen Betriebsteilen, Betriebsverlegungen, Betriebszusammenschlüsse, grundlegende Änderungen der Betriebsorganisation, des Betriebszwecks oder der Betriebsanlagen sowie die Einführung grundlegend neuer Arbeitsmethoden und Fertigungsverfahren. Wenn eine solche Änderung wesentliche Nachteile für die Belegschaft haben kann, so ist zunächst über einen *Interessenausgleich* (§ 112) zu verhandeln. Dies ist eine Einigung darüber, ob, wann und in welcher Weise die Änderung durchgeführt werden soll. Kommt – ggf. auch nach Vermittlung – kein Interessenausgleich zustande, so ist das Unternehmen frei, die Maßnahme durchzuführen. Nun kann jedoch der Betriebsrat die Aufstellung eines *Sozialplans* (Plan für den Ausgleich oder die Milderung der wirtschaftlichen Nachteile der Arbeitnehmer) verlangen. Ein Sozialplan sieht z.B. im Fall von Entlassungen Abfindungszahlungen, Übernahme von Umschulungskosten, Verbleiben in Werkswohnungen o.ä. vor. Kommt keine Einigung über den Sozialplan zustande, so hat die Einigungsstelle unter Berücksichtigung sowohl der sozialen Belange der Arbeitnehmer als auch der wirtschaftlichen Vertretbarkeit für das Unternehmen verbindlich zu entscheiden.

	Soziale Angelegenheiten	Personelle Angelegenheiten			Wirtschaftliche Angelegenheiten	
		Allg. Maßnahmen	Berufsbildung	Einzelmaßnahmen	Allgemein	Betriebsänderungen
Mitbestimmung	§§ 87, 91	§§ 93-95	§§ 97 Abs. 2, 98	§§ 99, 102-104		§ 112
Mitwirkung	§§ 89, 90	§§ 92, 92a	§§ 96, 97 Abs. 1	§ 105	§§ 106-110	§ 111

Abb. 7-1: Mitbestimmung und Mitwirkung des Betriebsrats

In Abbildung 7-1 sind die wichtigsten Aufgaben des Betriebsrates zusammengestellt. Dabei werden Mitbestimmungsrechte so definiert, dass im Fall von Meinungsverschiedenheiten eine dritte Stelle (Einigungsstelle bzw. Arbeitsgericht) verbindlich entscheidet, während Mitwirkungsrechte alle Unterrichtungs-, Anhörungs- und Beratungsrechte umfassen.

7.2.4 Der Kündigungsschutz

Kündigungsschutz hat in Zeiten hoher Arbeitslosigkeit große Bedeutung für die Beschäftigten, gleichzeitig erschwert er den Unternehmen den Entschluss zur Einstellung von Arbeitskräften und wirkt sich zu Lasten der Arbeitslosen aus. In Deutschland ist der Kündigungsschutz – trotz einiger Lockerungen z.B. im Zuge der Umsetzung der Agenda 2010 – immer noch relativ stark. Nach Ablauf von sechs Monaten („Probezeit") tritt in Betrieben mit mindestens sechs vollzeitbeschäftigten Arbeitnehmern der allgemeine Kündigungsschutz ein. Sind Arbeitnehmer nach dem 31.12.2003 eingestellt worden, so greift der allgemeine Kündigungsschutz erst ab 10 Arbeitnehmern. Eine Kündigung ist nach § 1 KSchG dann unwirksam, wenn sie „sozial ungerechtfertigt" ist. Dies bedeutet:

1. Nicht jeder *Kündigungsgrund* ist zulässig. Die Kündigung darf nur aus Umständen, die in der Person oder dem Verhalten des Arbeitnehmers liegen, oder durch dringende betriebliche Erfordernisse begründet sein. Personenbedingte Gründe können etwa mangelnde Eignung oder dauerhafte Krankheit sein. Verhaltensbedingte Gründe sind z.B. Arbeitsverweigerung, Trunkenheit oder Bummelei; hier muss der Arbeitnehmer in der Regel vor der Kündigung abgemahnt werden. Betriebsbedingte Gründe sind etwa Auftragsmangel oder Rationalisierung.

2. Die Kündigung ist auch sozialwidrig, wenn
   - sie gegen eine existierende Auswahlrichtlinie nach § 95 BetrVG verstößt oder wenn
   - der Arbeitnehmer an einem *anderen Arbeitsplatz* des Unternehmens, ggf. nach zumutbaren Umschulungs- oder Weiterbildungsmaßnahmen, beschäftigt werden kann, oder wenn
   - der Arbeitnehmer unter *geänderten Arbeitsbedingungen* weiterbeschäftigt werden kann, mit denen er einverstanden ist, oder wenn
   - bei einer Kündigung aus dringenden betrieblichen Erfordernissen der Arbeitgeber bei der Auswahl der zu Entlassenden *die Dauer der Betriebszugehörigkeit, das Lebensalter, die Unterhaltspflichten und die Schwerbehinderung des Arbeitnehmers* nicht ausreichend berücksichtigt hat.

Allerdings sind in die soziale Auswahl diejenigen Arbeitnehmer nicht einzubeziehen, deren Weiterbeschäftigung im berechtigten betrieblichen Interesse liegt. Bei Kündigungen aus betrieblichen Gründen erwirbt der Arbeitnehmer einen Abfindungsanspruch in Höhe von 0,5 Monatsverdiensten für jedes Jahr des Bestehens des Arbeitsverhältnisses, sofern er auf eine Kündigungsschutzklage verzichtet.

Der Arbeitnehmer kann gegen die Kündigung innerhalb von drei Wochen Klage erheben. Im Arbeitsgerichtsprozess hat der Arbeitgeber die Gründe zu beweisen, die die Kündigung bedingen. Das Vorliegen dringender betrieblicher Erfordernisse ist vom Gericht nur in Grenzen nachprüfbar, da die pessimistische Einschätzung der Zukunftsaussichten, die zu einem Kapazitätsabbau führt, prinzipiell subjektiv ist. Der Arbeitnehmer hat die Sozialwidrigkeit zu beweisen, wenn der Kündigungsgrund selbst zulässig ist.

Vor jeder Kündigung ist der Betriebsrat zu hören (§ 102 BetrVG); falls dies unterbleibt, ist die Kündigung unwirksam. Er kann innerhalb einer Woche dagegen Bedenken vortragen oder aus einem der oben unter Punkt 2 angeführten Gründe widersprechen. Ein Widerspruch des Betriebsrates führt in dem Fall, dass der Arbeitnehmer gegen die Kündigung klagt, zu einem Anspruch auf Weiterbeschäftigung bei unveränderten Arbeitsbedingungen bis zum rechtskräftigen Urteil.

7.2.5 Die Sozialversicherung

Die gesetzliche Sozialversicherung sichert die Arbeitnehmer und ihre Ehepartner und Kinder gegen die großen Risiken des Lebens. Sie besteht aus fünf Einzelversicherungen:

- Unfallversicherung,
- Krankenversicherung,
- Rentenversicherung,
- Pflegeversicherung,
- Arbeitslosenversicherung.

Es handelt sich um Pflichtversicherungen. Bei der Unfallversicherung zahlt der Arbeitgeber den vollen Beitrag, bei den übrigen Zweigen tragen Arbeitgeber und Arbeitnehmer je die Hälfte der Beiträge (Ausnahme: Pflegeversicherung in Sachsen).

Mit Ausnahme der Unfallversicherung sind die Beiträge als Prozentsätze vom Arbeitsentgelt festgesetzt.

7.2.6 Arten von Arbeitsverhältnissen

Nach der *Fristigkeit* des Arbeitsvertrags ist zwischen dem normalen, unbefristeten und dem befristeten Arbeitsverhältnis zu unterscheiden. Letzteres ist nur zulässig, wenn für die Befristung ein sachlicher Grund vorliegt, zum Beispiel Erprobung, Saisonarbeit oder Aushilfstätigkeiten. Dadurch soll verhindert werden, dass der nach sechs Monaten einsetzende Kündigungsschutz umgangen wird. Nur in den ersten vier Jahren nach der Gründung eines Unternehmens bedarf die Befristung keines sachlichen Grundes.

Teilzeitarbeitsverhältnisse enthalten Arbeitszeiten, die unter der üblichen Arbeitszeit des Betriebs liegen (z.B. Halbtagsarbeit).

Berufsausbildungsverhältnisse sind keine Arbeitsverhältnisse, weil hier die Ausbildung im Vordergrund steht.

Historisch gewachsen, heute aber weitgehend antiquiert ist die Unterscheidung zwischen *Arbeitern* und *Angestellten*. Arbeitertätigkeit war überwiegend körperlicher, Angestelltentätigkeit geistiger Art. Je mehr körperliche Arbeit durch Maschinen übernommen wird, deren Bedienung Fachwissen und Verantwortung verlangt, desto anachronistischer wird diese Unterscheidung. Sie wird daher zunehmend überwunden, z.B. durch gemeinsame Entgelttarifverträge für Arbeiter und Angestellte. Bei den Angestellten ist die Gruppe der *Leitenden Angestellten* rechtlich hervorgehoben. Dabei handelt es sich um Angestellte, die durch unternehmerische Tätigkeit, erheblichen Entscheidungsspielraum und Interessenpolarität gekennzeichnet sind. Sie unterliegen nicht dem Betriebsverfassungsgesetz (vgl. Kapitel 7.2.7).

Mitglieder von Organen von Kapitalgesellschaften — GmbH-Geschäftsführer, Vorstands- und Aufsichtsratmitglieder — haben keinen Arbeitsvertrag und gelten daher nicht als Arbeitnehmer.

Scheinselbstständigkeit. Verbirgt sich hinter der Zusammenarbeit eines Unternehmens mit einem formal Selbstständigen faktisch eine abhängige Beschäftigung, so spricht man von Scheinselbstständigkeit. Krasse Fälle entstehen manchmal, wenn ein Arbeitgeber bisherige Arbeitnehmer „in die Selbstständigkeit entlässt", zum Beispiel:

* Der LKW-Fahrer, dem von seinem Arbeitgeber nahe gelegt wird, sich als Ein-Mann-Unternehmer selbstständig zu machen, aber nur für ihn zu fahren und seinen LKW für diesen Zweck zu kaufen;

* die Kellnerin in der Gastwirtschaft, die die bestellten Getränke vom Gastwirt kauft und im eigenen Namen an den Kunden weiterverkauft,

* die Friseuse, die ehemals Angestellte war und jetzt auf Wunsch der Inhaberin als freie Mitarbeiterin im Salon arbeitet.

Der scheinbar Selbstständige kommt nicht in den Genuss der arbeitsrechtlichen Schutzvorschriften (Lohnfortzahlung, Urlaub, Kündigungsschutz etc.) und der Arbeitgeber zahlt nicht in die Sozialversicherungskassen. Bei der Prüfung, ob der Betreffende als Arbeitnehmer einzustufen ist, stellt man vor allem auf die Merkmale „Weisungsgebundenheit" und „Eingliederung in die Arbeits-

organisation des Weisungsgebers" ab (§ 7 Abs. 1 SGB IV). Stufen die
Sozialversicherungsträger bzw. die Arbeits- und Sozialgerichte einen Beschäftigten als Scheinselbstständigen und damit als Arbeitnehmer ein, so sind – ggf. auch rückwirkend – Beiträge an alle So-
zialversicherungen abzuführen.

In vielen Fällen herrscht Rechtsunsicherheit, ob Selbstständigkeit vorliegt, z.B. bei Unternehmensgründern, die zunächst nur für
einen Auftraggeber tätig sind, bei freien Mitarbeitern von Zeitungen oder bei Franchisenehmern. Klargestellt hat der Gesetzgeber
allerdings, dass Personen, die einen Existenzgründungszuschuss
nach dem „Hartz-Konzept" der „Ich-AG" erhalten, in jedem Fall als
selbstständig gelten. Als Handelsvertreter oder in ähnlicher Funktion tätige Personen gelten traditionell als selbstständig. Wegen
der großen finanziellen Bedeutung der Versicherungspflicht hat
der Gesetzgeber ein Anfrageverfahren zur Statusklärung eingeführt. Auf Antrag des Auftraggebers oder Auftragnehmers entscheidet die Bundesversicherungsanstalt für Angestellte, ob es sich
um eine selbstständige Tätigkeit oder um eine abhängige Beschäftigung handelt.

7.2.7 Die Sprecherausschüsse der Leitenden Angestellten

Der Betriebsrat vertritt nur die Interessen der Arbeiter und der
nicht-leitenden Angestellten. Die Leitenden Angestellten besitzen
weder ein aktives noch ein passives Wahlrecht zum Betriebsrat.
Aus diesem Grund wurde 1989 mit dem Sprecherausschussgesetz
(SprAuG) ein weiteres Interessengremium, der „Sprecherausschuss
der Leitenden Angestellten", gesetzlich verankert. Dieser Ausschuss kümmert sich um die personellen und sozialen Interessen
der Leitenden Angestellten und vertritt diese gegenüber der Unternehmensleitung. Die Größe des Ausschusses hängt von der Anzahl der Leitenden Angestellten im Betrieb ab und kann zwischen
einem und sieben Mitgliedern liegen.

Analog zum Betriebsrat ist die Bildung von Unternehmens-, Ge-
samt- und Konzernsprecherausschüssen vorgesehen. Der Sprecherausschuss ist nicht mit Mitbestimmungsrechten, sondern nur mit
Informations- und Beratungsrechten ausgestattet. Aufgrund der
besonderen, verantwortlichen Stellung der Leitenden Angestellten
im Betrieb ist dieser Verzicht auf Mitbestimmungsrechte aber

nicht sehr gravierend. Der bedeutende Vorteil des SprAuG für die Leitenden Angestellten liegt in dem Informationsrecht, weil hiermit der Unternehmensleitung die Selektion von Informationen erschwert wird.

7.3 Personalbedarfsplanung

Unter statischen Bedingungen, bei gleich bleibendem Leistungsprogramm, gleichem Leistungsvolumen und gleich bleibender Technik, kann der Personalbedarf im Wesentlichen aus den Erfahrungen der Vergangenheit abgeleitet werden. Beabsichtigte Änderungen im Leistungsprogramm, der Technik und der Organisation führen dagegen zu Abweichungen. Kennzeichnend für die gegenwärtige Praxis sind neben Standortverlagerungen ins Ausland Bemühungen, Personal durch Neugestaltung von Arbeitsprozessen, Eliminierung ganzer Führungsebenen, Übergang von Eigenfertigung auf Fremdbezug *(outsourcing)* und Automation einzusparen; dies erfordert eine sorgfältige Personalplanung.

Zu planen ist der notwendige Personalbestand von Mitarbeitern nach Kategorien, z.B. Konstrukteure, Buchhalter, Schweißer, Kassierer oder Kraftfahrer. Aufgrund der geplanten Aktivitäten, technischen Verfahren und organisatorischen Regelungen wird der erwartete Bedarf an Arbeitskräften der verschiedenen Kategorien zu einem oder mehreren zukünftigen Zeitpunkten geschätzt. Wenn der Arbeitsanfall nicht genau vorhergesagt werden kann, aber auf jeden Fall bewältigt werden soll, wird man zu dem erwarteten Bedarf einen Sicherheitsbestand addieren.

Der resultierende Personalbedarf sei x Personen. Diese Prognose ist durch den erwarteten Fehlbestand zu modifizieren. Fehlbestände sind vor allem begründet in Urlaub, Fortbildung und Schulung, Unfällen und Krankheit, Kuren und Absentismus („Krankfeiern").

Sei f ($0 \leq f < 1$) die erwartete Fehlbestandsrate für die betreffende Personalkategorie und den Planungszeitpunkt. Der vorzuhaltende Personalbestand b ergibt sich dann zu

$$b = \frac{x}{1 - f}$$

und wird als Brutto-Personalbedarf bezeichnet.

Werden beispielsweise $x = 40$ Arbeitskräfte benötigt und beträgt der erwartete Fehlbestand $f = 6\%$, so müsste rechnerisch ein Bestand von $b = 40/0{,}94 = 42{,}6$ vorgehalten werden.

Dem Brutto-Personalbedarf einer bestimmten Personalkategorie kann man den geschätzten *Personalbestand* gegenüberstellen, der sich ergibt, wenn keine weiteren Maßnahmen getroffen werden. Der geschätzte Bestand ergibt sich aus

Heutiger Bestand
+ voraussichtliche Zugänge bis zum Planungszeitpunkt
− voraussichtliche Abgänge bis zum Planungszeitpunkt
= Bestand im Planungszeitpunkt.

Voraussichtliche *Zugänge* beruhen z.B. auf der Rückkehr von Arbeitnehmern aus dem Wehrdienst, Erziehungsurlaub oder geplanter Übernahme aus Ausbildungsverhältnissen. Vorhersehbare *Abgänge* sind das Ausscheiden von Arbeitnehmern wegen Erreichung des Rentenalters, Ablauf befristeter Arbeitverträge, beabsichtigte Versetzungen und Beförderungen und bereits geplante Entlassungen. Nicht genau planbar sind Abgänge infolge Invalidität oder Tod, Kündigungen durch den Arbeitgeber aus heute noch nicht bekannter Ursache und Kündigungen durch Arbeitnehmer wegen Stellenwechsels *(„Fluktuation")*. Hier sind betriebs- oder branchenspezifische Erfahrungswerte heranzuziehen.

Die jährliche Fluktuationsrate sei r. Nach t Jahren sinkt der Bestand durch Fluktuation auf das $(1-r)^t$-fache seines Ausgangswertes. Nehmen wir als Beispiel an, in einer bestimmten Personalkategorie betrage die Fluktuationsrate 10%, so würde sich der heutige Bestand innerhalb von zwei Jahren auf $0{,}9^2 = 81\%$ seiner heutigen Höhe vermindern.

Aus dem Vergleich von Bruttobedarf und fortgeschriebenem Bestand ergibt sich der Nettopersonalbedarf:

Nettopersonalbedarf
= Bruttopersonalbedarf
− fortgeschriebener Personalbestand.

Ein positiver Netto-Personalbedarf bedeutet, dass im zukünftigen Planungszeitpunkt ein höherer Personalbestand der betreffenden Kategorie gebraucht wird als derjenige, der sich aus dem heutigen Bestand und absehbaren Zu- und Abgängen ergibt. Er erfordert Überlegungen, ob und wie die Personalkapazität erhöht werden sollte. Entsprechend deutet ein negativer Netto-Personalbedarf auf eine zukünftige Überkapazität und führt zu Überlegungen, die Personalkapazität zu verringern. Die Planung von Anpassungsmaßnahmen sollte man aber nicht nur auf einen einzigen zukünftigen Zeitpunkt stützen, sondern auf mehrere, d.h. auf eine Zeitreihe zukünftiger Netto-Personalbedarfe, um zu erkennen, von welcher Dauer ein Defizit bzw. Überhang an Personal ist. Zum Beispiel wäre es nicht sinnvoll, qualifiziertes Personal zu entlassen, das ein Jahr lang nicht voll ausgelastet ist, danach aber wieder gebraucht wird.

Der Arbeitgeber hat den Betriebsrat nach § 92 BetrVG über die Personalplanung, insbesondere über den gegenwärtigen und künftigen Personalbedarf sowie über die sich daraus ergebenden personellen Maßnahmen zu unterrichten. Er hat mit dem Betriebsrat über Art und Umfang der erforderlichen Maßnahmen und über die Vermeidung von Härten zu beraten. Der Betriebsrat kann seinerseits dem Arbeitgeber Vorschläge zur Beschäftigungssicherung unterbreiten, die der Arbeitgeber mit dem Betriebsrat beraten muss (§ 92a BetrVG).

7.4 Anpassung der Personalkapazität

7.4.1 Erhöhung der Personalkapazität

Ein positiver Netto-Personalbedarf kann auf verschiedene Weise gedeckt werden:

- Unbefristete Einstellung zusätzlicher Arbeitskräfte,
- Befristete Einstellung zusätzlicher Arbeitskräfte,
- Einsatz von Leiharbeitskräften,
- Verlängerung der Arbeitszeit vorhandener Arbeitskräfte (Überstunden, Sonderschichten, Urlaubsverschiebung),
- Rückgriff auf vorhandene Arbeitskräfte anderer Kategorien, ggf. nach Weiterbildung oder Umschulung.

Für die Wahl zwischen diesen Alternativen ist natürlich von Bedeutung, wie lange der Personalbedarf besteht und welche Kosten sie verursachen.

Der Betriebsrat muss nach § 99 BetrVG in Unternehmen mit mehr als 20 wahlberechtigten Arbeitnehmern von jeder geplanten Einstellung unterrichtet werden. Falls er innerhalb einer Woche seine Zustimmung verweigert, kann der Arbeitgeber beim Arbeitsgericht beantragen, die Zustimmung zu ersetzen. Allerdings muss sich die Verweigerung auf einen der im Gesetz genannten Gründe stützen; von diesen seien hier nur angeführt:

- Die Einstellung verstößt gegen *Gesetz, Tarifvertrag* oder *Betriebsvereinbarung* oder gegen eine bestehende *Auswahlrichtlinie*,
- es besteht die durch Tatsachen begründete Besorgnis, dass infolge der Einstellung bereits beschäftigte Arbeitnehmer *gekündigt* werden oder andere ungerechtfertigte Nachteile erleiden,
- eine vom Betriebsrat gemäß § 93 BetrVG verlangte innerbetriebliche *Ausschreibung* ist unterblieben,
- es besteht die durch Tatsachen begründete Besorgnis, dass der in Aussicht genommene Bewerber den *Betriebsfrieden* durch gesetzwidriges Verhalten oder grobe Verletzung der in § 75 enthaltenen Grundsätze der Behandlung von Betriebsangehörigen stört.

Unbefristete Einstellung. Enthält der Arbeitsvertrag keine Befristung, so spricht man von einem Dauerarbeitsvertrag bzw. unbefristeten Arbeitsverhältnis. Diese Normalform des Arbeitsverhältnisses ist geeignet zur Deckung des dauerhaften Bedarfs. Aufgrund der Kündigungsfristen und des Kündigungsschutzes wird man zur Deckung eines nur kurzfristigen oder noch unsicheren Bedarfs vor unbefristeten Einstellungen zurückschrecken.

Befristete Einstellung. Befristete Arbeitsverhältnisse bieten die Möglichkeit zur Anpassung des Personalbestands an kurzfristige Schwankungen. Je kürzer die Befristungen, desto schneller kann sich der Betrieb bei unerwartet schlechter Beschäftigungslage von überzähligem Personal trennen; andererseits steigt das Risiko, bei unerwartet guter Beschäftigung nicht genügend Arbeitskräfte zu bekommen. Kürzere Befristungen erhöhen außerdem den Aufwand in der Personalverwaltung und die Kosten der Einarbeitung. Die Befristung setzt im Regelfall einen sachlichen Grund voraus (§ 14 TzBfG).

Leiharbeitskräfte. Für die Überbrückung kurzfristiger Personalengpässe kommt auch das „Personal-Leasing" in Frage. Zeit- bzw. Leiharbeitnehmer sind bei der Verleihfirma angestellt und werden für eine begrenzte Zeit dem Entleihbetrieb überlassen. Die Beschränkung der Überlassungsdauer auf 12 bzw. 24 Monate durch das Arbeitnehmerüberlassungsgesetz (AÜG) ist zum 1. Januar 2004 entfallen. Allerdings müssen seither Entgelte und sonstige Arbeitsbedingungen der Leiharbeitnehmer denen des jeweiligen Entleihbetriebs entsprechen. Diese sog. „Equal-Treatment-Regelung" muss dann nicht angewendet werden, wenn das Zeitarbeitsunternehmen nach einem Tarifvertrag für Arbeitnehmerüberlassung entlohnt. Neue Impulse könnte das Konzept der Leiharbeit durch die auf Grundlage des „Hartz-Konzepts" eingerichteten Personalserviceagenturen erhalten.

Das Personal-Leasing bietet die Möglichkeit, sehr schnell und genau dosiert einen qualitativ genau spezifizierten Personalbedarf zu decken. Dies ist dann von Vorteil, wenn plötzlich ein unerwarteter Personalbedarf entsteht oder wenn eine bestimmte Qualifikation nur für relativ kurze Dauer benötigt wird. Natürlich enthalten die Kosten für die Arbeitnehmerüberlassung neben dem Lohn und den Lohnnebenkosten auch einen Anteil für die Gemeinkosten und den Gewinn des Verleihunternehmens.

Verlängerung der Arbeitszeit. Diese Maßnahme ist das gebräuchliche Instrument zur Erhöhung der Personalkapazität ohne Bestandserhöhung. Der Arbeitgeber kann Mehrarbeit im Rahmen der gesetzlichen und tarif- bzw. einzelvertraglichen Grenzen anordnen. Die Mitbestimmung des Betriebsrats gemäß § 87 BetrVG gilt bei einer vorübergehenden Verkürzung oder Verlängerung der betriebsüblichen Arbeitszeit, nicht jedoch bei der Anordnung von Überstunden im Ausnahmefall.

Überstunden werden höher bezahlt; die Zuschläge für Samstag, Sonntag und verschiedene Feiertage sind gestaffelt.

Rückgriff auf vorhandene Arbeitskräfte anderer Kategorien. Die *Versetzung* auf einen anderen Arbeitsplatz ist nur dann möglich, wenn der Arbeitsvertrag dies nicht ausschließt. Bei Versetzungen ist ebenso wie bei Einstellungen die Zustimmung des Betriebsrates einzuholen.

Der Bedarf an Personal gehobener Positionen kann evtl. durch *Beförderung* vorhandener Mitarbeiter gedeckt werden. Diese innerbetriebliche Bedarfsdeckung steht in Konkurrenz zur außerbetrieblichen. Vorteile der innerbetrieblichen Bedarfsdeckung sind vor allem:

- Aufstiegschancen erhöhen die Motivation der Mitarbeiter und binden ehrgeizige Leute an das Unternehmen,
- geringeres Risiko, da der Bewerber bereits bekannt ist,
- kürzere Einarbeitungszeit.

Andererseits kann für die Einstellung externer Bewerber sprechen, dass neue Ideen hereinkommen und der Betriebsblindheit entgegengewirkt wird. Durch eine externe Ausschreibung erhöht sich außerdem die Anzahl der Bewerber.

7.4.2 Verminderung der Personalkapazität

Soll ein Personalüberhang (= negativer Netto-Personalbedarf) bei einer bestimmten Personalkategorie abgebaut werden, stehen folgende Maßnahmen zur Verfügung:

- Kündigung von Arbeitsverhältnissen,
- Verkürzung der Arbeitszeit vorhandener Arbeitskräfte,
- Versetzung vorhandener Arbeitskräfte,
- vorzeitige Pensionierung.

Kündigung. Mit der Kündigung hebt die kündigende Vertragspartei das Arbeitsverhältnis auf. Dies ist im Normalfall der ordentlichen Kündigung nur unter Wahrung einer Frist möglich. Die Fristen sind in §§ 622-625 BGB geregelt, aber oft zugunsten der Arbeitnehmer tarif- oder einzelvertraglich verlängert. Im Übrigen sind gesetzliche und evtl. vertragliche Kündigungsschutzbestimmungen zu beachten.

Massenentlassung. Überschreitet die Anzahl der Kündigungen innerhalb von 30 Kalendertagen gewisse Grenzen, die in § 17 KSchG festgelegt sind (zum Beispiel 30 Arbeitnehmer in Betrieben mit mindestens 500 Arbeitnehmern), so ist der Arbeitgeber verpflichtet, diese Kündigungen vorher der Agentur für Arbeit anzuzeigen. Die Entlassungen werden vor Ablauf eines Monats nach Eingang der Anzeige nur mit Zustimmung der Agentur für Arbeit wirksam. Die Agentur kann im Einzelfall bestimmen, dass die Entlassungen nicht vor Ablauf von längstens zwei Monaten nach Eingang der Anzeige wirksam werden (§ 18 KSchG).

Falls der Arbeitgeber nicht in der Lage ist, die Arbeitnehmer bis zum Wirksamwerden der Entlassung voll zu beschäftigen, so kann die Bundesagentur für Arbeit zulassen, dass der Arbeitgeber für die Zwischenzeit Kurzarbeit einführt (§ 19 KSchG). Das Arbeitsentgelt kann dann entsprechend der Kürzung der Arbeitszeit reduziert werden, jedoch erst von dem Zeitpunkt an, an dem das Arbeitsverhältnis enden würde. Tarifvertragliche Regelungen über die Einführung, das Ausmaß und die Bezahlung von Kurzarbeit gehen vor.

Verkürzung der Arbeitszeit. Die Verkürzung der Arbeitszeit verringert die Personalkapazität ohne Verminderung des Personalbestands. Durch sie sollen oft Kündigungen vermieden werden.

Kurzarbeit ist eine vorübergehende Verkürzung der betriebsgewöhnlichen Arbeitszeit. Sie kann in einer Reduktion der täglichen oder wöchentlichen Arbeitszeit bestehen; bei Schichtarbeit spricht man von Feierschichten. Gesetzliche Grundlage für die Einführung von Kurzarbeit ist § 19 KSchG (Kurzarbeit während der Entlassungssperre bei Massenentlassungen); ansonsten kommen (Mantel-)Tarifverträge oder Betriebsvereinbarungen als Rechtsgrundlage in Betracht. Bei der Einführung und Verteilung von Kurzarbeit hat der Betriebsrat ein Mitbestimmungsrecht nach § 87 BetrVG. Einigen sich Arbeitgeber und Betriebsrat nicht, so entscheidet die Einigungsstelle.

Kurzarbeit führt nur dann zu einer Reduzierung der Lohnkosten, wenn und soweit dies durch Gesetz, Arbeits- oder Tarifvertrag oder Betriebsvereinbarung vorgesehen ist. Nach den meisten Manteltarifverträgen ist der Betrieb erst bei größeren Arbeitsausfällen zur Lohnkürzung berechtigt („Bagatellklauseln"). Unter bestimmten Bedingungen werden die Arbeitnehmer vom Staat durch das so genannte „Kurzarbeitergeld" für den Lohnausfall teilweise entschädigt. Diese Subvention ist zur Überbrückung eines vorübergehenden, unvermeidbaren, auf wirtschaftlichen Ursachen oder einem unabwendbaren Ereignis beruhenden Arbeitsausfalls bestimmt. Der Arbeitsausfall muss sich über mindestens vier Wochen erstrecken und bei mindestens einem Drittel der Arbeitnehmer zu einem Entgeltausfall von mindestens 10% des Bruttoentgelts führen. Kurzarbeitergeld wird für maximal 6 Monate gezahlt. Es wird nicht gezahlt, wenn der Arbeitsausfall

- durch normale Wetterbedingungen verursacht ist oder
- überwiegend auf branchen- oder betriebsüblichen oder saisonbedingten Gründen oder
- ausschließlich auf betriebsorganisatorischen Gründen beruht.

Einen Sonderfall stellt die Zahlung von Transferkurzarbeitergeld nach § 216b SGB III dar. Es dient der Vermeidung von Entlassungen und der Verbesserung der Vermittlungsaussichten; es wird bis zu 12 Monate gezahlt. Weitere Maßnahmen zur Verminderung der Personalkapazität sind Abwicklung von Resturlaub und Anordnung von Betriebsurlaub.

7.4.3 Flexible Arbeitszeit

Saisonale oder konjunkturelle Nachfrageschwankungen zwingen viele Unternehmen, sich mit der Personalkapazität anzupassen. Unbefristete Arbeitsverhältnisse haben für Unternehmen den Nachteil, dass die Entlassung durch den Kündigungsschutz erschwert und ggf. durch Abfindungen bzw. einen Sozialplan verteuert wird. Überstunden kosten Zuschläge. Die günstigste Lösung aus Sicht der Unternehmen ist eine Flexibilisierung der Arbeitszeit, so dass die reguläre Arbeitszeit der Mitarbeiter gemäß den betrieblichen Anforderungen über einen größeren Zeitraum verteilt werden kann. Während früher starre Arbeitszeiten die Norm waren, gibt es heute zahlreiche flexible Arbeitszeitformen sowohl auf tariflicher als auf betrieblicher Ebene. Als Mittel der Flexibilisierung dienen Arbeitszeitkonten. Innerhalb eines Bezugszeitraums, der häufig 12 Monate umfasst, teilweise aber auch erheblich länger ist, wird geleistete Mehrarbeit durch Freizeit ausgeglichen. Über den kurzfristigen Ausgleich hinaus können auch Lebensarbeitszeitkonten eingerichtet werden, auf denen Arbeitszeiten gutgeschrieben werden, die innerhalb des Ausgleichszeitraums nicht durch Freizeit abgegolten wurden. Diese Zeitgutschriften können dann beispielsweise für einen vorgezogenen Ruhestand genutzt werden.

Aus der Sicht des Arbeitgebers ist die Flexibilisierung um so interessanter, je größer die zulässige zuschlagfreie Über- bzw. Unterschreitung der Tages- oder Wochenarbeitszeit ist. Zum Auffangen hoher Nachfrage kann es für den Arbeitgeber auch vorteilhaft sein, Mehrarbeit nicht durch Freizeit abgelten zu müssen, sondern bei Bedarf in Geld entlohnen zu dürfen.

Arten der Arbeitszeitflexibilisierung, bei denen allein der Arbeitnehmer über die zeitliche Verteilung seiner Arbeit entscheidet, eignen sich nicht zur Kapazitätsanpassung. Gleitzeit, Teilzeit, *Job sharing* oder Langzeiturlaub sind jedoch geeignet, den Bedürfnis-

sen der Mitarbeiter entgegenzukommen und können die Arbeitszufriedenheit erhöhen sowie Fehlzeiten verringern. Auf Teilzeitar-
beit besteht seit dem 1. Januar 2001 ein Rechtsanspruch (§ 8
TzBfG).

7.5 Gewinnung und Auswahl von Bewerbern

Bewerbungen erhält ein Unternehmen in der Regel aufgrund einer
Stellenausschreibung. Hier unterscheidet man zwischen unternehmensinterner und externer Ausschreibung. Die externe Ausschreibung erfolgt gewöhnlich durch Zeitungsanzeige. Personalbeschaffung durch das Internet gewinnt jedoch an Bedeutung. Viele
Unternehmen präsentieren dort bereits ihre Ausschreibungen. Die
Online-Bewerbung mittels elektronischen Kurzfragebogens kann
zur ersten Kontaktaufnahme dienen und eine Vorselektion der Bewerber vereinfachen, allerdings auch zu erheblich größeren Be-
werberzahlen führen. Daneben existieren Online-Jobbörsen
privater und öffentlich-rechtlicher Betreiber, die teilweise ergänzende Dienstleistungen (z.B. Vorselektion) anbieten. Vorteile des
elektronischen Rekrutierungsmittels liegen in den u.U. geringeren
Kosten, der größeren Reichweite und der schnelleren Reaktions-
möglichkeit.

Bei der *Selektion* der Bewerber gilt es abzuschätzen, wie weit
der Bewerber hinsichtlich seiner Fähigkeiten und seines voraus-
sichtlichen Leistungswillens der Rolle gerecht wird, die ihm zuge-
dacht ist. Die Anforderungen der Rolle ergeben sich aus Stellenbeschreibungen und Arbeitsplatzanalysen, soweit vorhanden. Die
Methoden der Bewerberbeurteilung sind (Oechsler 2000):

- Analyse und Bewertung der Bewerbungsunterlagen,
- Testverfahren,
- Vorstellungsgespräch,
- Gruppendiskussion,
- Graphologisches Gutachten (umstritten),
- Biographischer Fragebogen,
- Assessment Center.

Eignungstests. Man kann die Vielzahl der psychologischen Tests in
Persönlichkeitstests, allgemeine Leistungstests und Intelligenz-
tests einteilen.

Als Beispiel sei der Intelligenz-Struktur-Test (IST) angeführt, der die allgemeine Intelligenzleistung messen und Begabungsschwerpunkte aufdecken soll (Hentze/ Kammel 2001). In neun Untertests werden folgende Facetten getestet:

- Urteilsbildung,
- Erfassen von sprachlichen Bedeutungsgehalten,
- Beweglichkeit und Umstellfähigkeit im Denken,
- sprachliche Abstraktionsfähigkeit,
- Merkfähigkeit,
- praktisch-rechnerisches Denken,
- theoretisch-rechnerisches Denken,
- Vorstellungsfähigkeit,
- räumliches Vorstellungsvermögen.

Die wichtigsten Anforderungen an Tests sind hohe Reliabilität und Validität. *Reliabilität* bedeutet die Verlässlichkeit der Messung. Sie wird durch den Reliabilitätskoeffizienten ausgedrückt, der die Übereinstimmung zwischen Erst- und Zweitmessung darstellt. Hohe Zufallsschwankungen bei der Messung führen zu niedrigen Reliabilitätskoeffizienten. Mit *Validität* bezeichnet man die Prognosekraft des Tests. Ein Test ist um so valider, je besser man von dem Testergebnis auf das zukünftige Verhalten oder die zukünftige Leistung schließen kann, über die der Test Aufschluss geben soll. Valide ist ein Test also, wenn man mit ihm etwas misst, das einen großen Einfluss auf das Verhalten bzw. den Erfolg hat. Die Validität wird durch einen Validitätskoeffizienten gemessen; dies ist ein Korrelationskoeffizient zwischen dem Abschneiden im Test und der prognostizierten Variablen.

Nach Angaben in der Literatur ist die Validität von Intelligenz- und Leistungstests gering bis mäßig. Dies kann kaum überraschen, da der berufliche Erfolg im Allgemeinen von vielen Faktoren abhängt. Zudem ist oft nicht genau genug bekannt, welche Eigenschaften für den Erfolg in einer bestimmten Position besonders wichtig sind.

Vorstellungsgespräch. Einstellungsinterviews sind oft die wichtigste Informationsgrundlage für die Bewerberauswahl. Sie können sehr verschiedenartig ausgestaltet werden. Nach dem Freiheitsgrad kann zwischen strukturierten, halbstrukturierten und freien Interviews unterschieden werden. Sie können als Einzelgespräch, Abfolge von Einzelgesprächen (serielle Interviews), Juryinterviews (mehrere Interviewer) oder Gruppeninterviews (mehrere Bewerber) organisiert sein. Sonderformen sind das Stressinterview, das Tiefeninterview sowie das mehrere Gesprächsformen kombinierende multimodale Interview. Die Aussagekraft von Vorstellungsgesprächen wird allgemein weit überschätzt. Validitätsprobleme resultieren aus Beobachtungs- und Beurteilungsfehlern. So besteht die Tendenz, hervorstechende Eigenschaften überzubewerten (Halo-Effekt), sich sehr stark vom ersten Eindruck leiten zu lassen (Primacy-Effekt) oder Bewerber zu bevorzugen, die dem Interviewer in Verhalten oder Herkunft ähnlich sind (Ähnlichkeitsphänomen). Daneben hat die jeweilige Bewerbungssituation, z.B. der Anforderungsbezug der Fragen, Erfahrung, Geschlecht, Alter und Attraktivität der beteiligten Personen, Einfluss auf die Validität von Vorstellungsgesprächen (Scholz 2000, S. 472ff.)

Assessment Center. Jeder psychologische Eignungstest hat den Nachteil, in einer von der Berufstätigkeit weit entfernten Situation eine oder wenige Eigenschaften zu messen, deren Einfluss auf den Erfolg möglicherweise gering ist. Auch die Aussagekraft von Vorstellungsgesprächen ist begrenzt. Daher erscheint es aussichtsreicher, den Bewerber in eine simulierte Berufsumgebung zu versetzen und zu beobachten, wie er mit deren Anforderungen fertig wird. Der Bewerber liefert gleichsam eine „Arbeitsprobe". Die Methode wurde zur Auswahl und Entwicklung von Führungskräften erfunden und ist inzwischen weit verbreitet. Das Assessment dauert meist mehrere Tage und erfordert die Mitwirkung von Managern des Unternehmens als Beobachter.

Während der Dauer der Prozedur werden die Bewerber einer ganzen Anzahl von Aufgaben ausgesetzt, wie Interviews, Tests, Gruppendiskussionen und Rollenspielen. Sie müssen Stellungnahmen oder Reden entwerfen, unternehmerische Entscheidungen treffen oder einen Korb voll Eingangspost in knapper Zeit abarbeiten. Die gezeigten Leistungen werden von den firmeninternen Beobachtern hinsichtlich gewisser Fähigkeitsdimensionen wie Überblick, Organisationstalent, Belastbarkeit, Überzeugungsfähigkeit und sozialer Kompetenz bewertet.

Gut ausgestalteten Assessment Centern wird eine vergleichsweise hohe Validität zugebilligt (Scholz 2000, S. 485f.). Der Erfolg im Assessment Center ist offenbar relativ gut mit dem späteren Führungserfolg korreliert. Allerdings besagt eine hohe Korrelation zwischen der Beurteilung durch die heutigen Führungskräfte und dem späteren Aufstieg des Bewerbers im Unternehmen nicht, dass wirklich die besten Bewerber ausgewählt werden. Kritik am Assessment Center ist beispielsweise bei Neuberger (1989) und Mungenast/Finzer (1993) zu finden, die allerdings neuere Weiterentwicklungen (Sarges 1996) nicht berücksichtigen.

7.6 Arbeitsentgelt

7.6.1 Arten und Bestandteile des Entgelts

Unter Arbeitsentgelt verstehen wir alle Arten der als Gegenleistung für die erbrachte Arbeit vom Arbeitgeber an den Beschäftigten gewährten Vergütungen. Traditionell wird zwischen Lohn (für Arbeiter) und Gehalt (für Angestellte) unterschieden. Hinzu kommen gesetzliche, tarifliche und freiwillige Nebenleistungen. Die Lohnnebenkosten oder Lohnzusatzkosten machen durchschnittlich etwa 80% der Bruttoentgelte aus. Sie werden wegen dieser Höhe häufig als Belastung für den Standort Deutschland angesehen. Gesetzliche Nebenleistungen sind vor allem die Arbeitgeberbeiträge zur Sozialversicherung, bezahlte Feiertage und Entgeltfortzahlung im Krankheitsfall. Tarifliche Nebenleistungen betreffen vor allem Urlaubsgeld, Sonderzahlungen wie 13. Monatsgehalt und betriebliche Altersversorgung.

Freiwillige Nebenleistungen beruhen auf Betriebsvereinbarungen oder auf der betrieblichen Übung und können die soeben genannten Leistungen, wenn sie nicht tariflich fixiert sind, sowie z.B. Fahrgeld- und Essenszuschüsse oder die private Nutzung von Firmenfahrzeugen umfassen.

7.6.2 Anforderungen an das Entgelt

Die finanzielle Entlohnung ist der wichtigste Anreiz für die in einem Unternehmen Beschäftigten. Gleichzeitig ist sie einer der wichtigsten Kostenfaktoren, für viele Branchen der wichtigste überhaupt.

Das Entgeltsystem eines Unternehmens soll zwei grundlegende *motivierende Funktionen* erfüllen:

- Es soll die benötigten Arbeitskräfte motivieren, in das Unternehmen einzutreten und dort zu bleiben, und
- es soll die Arbeitskräfte zu einer hohen Leistung motivieren.

Die erste Funktion verlangt, dass die Bezahlung als „gerecht" oder bescheidener als „angemessen" empfunden wird. Nach der Theorie des sozialen Vergleichs von Adams bildet der Arbeitnehmer sich eine Vorstellung von den Beiträgen (inputs), die er erbringt, und den Erträgen (outputs), die er erhält (vgl. oben Kapitel 3). Das Gefühl der Ungerechtigkeit entsteht, wenn der Arbeitnehmer meint, sein eigenes Ertrags-Beitrags-Verhältnis unterscheide sich von dem der Vergleichsperson. Im Fall einer empfundenen Benachteiligung wird er dem Unternehmen nicht beitreten bzw. sich nach einer anderen Beschäftigung umsehen. Ein Entlohnungssystem, das als gerecht empfunden werden soll, muss transparent sein und gleiche Beiträge gleich belohnen.

Die Beiträge des Mitarbeiters werden allgemein in zwei Kategorien eingeteilt: Anforderungen und Leistungen. Mit Anforderungen sind die objektiven Eigenschaften des Arbeitsplatzes gemeint, die seine „Schwierigkeit" ausmachen; zum Beispiel erforderliche Fachkenntnisse, nervliche Beanspruchung oder körperliche Belastungen. Mit Leistung hingegen meint man den Erfolg, den der Mitarbeiter aufgrund seiner persönlichen Anstrengung erzielt. Es wird allgemein unterstellt, dass eine als gerecht empfundene Bezahlung sowohl die Anforderungen als auch die Leistung berücksichtigen muss.

Ein dritter Faktor ist der soziale Status. Es wird als gerecht angesehen, dass die Lebensumstände des Einzelnen berücksichtigt werden, wie Familienstand, Alter und Dauer der Betriebszugehörigkeit. Auch soll der Mitarbeiter vor einem — insbesondere unverschuldeten — Abstieg bewahrt werden.

Somit ergeben sich als Determinanten der Entgeltgestaltung

- der Anforderungsbezug,
- der Leistungsbezug,
- der Bezug zum sozialen Status.

Besondere Überlegungen gelten im Bereich der Führungskräfteentlohnung.

7.6.3 Zeitentgelt, Leistungsentgelt und Mischformen

Entlohnungssystem und -höhe werden gewöhnlich in Tarifverträgen festgelegt (vgl. Kapitel 7.2.2). Das tarifgebundene Unternehmen hat einen erheblichen Spielraum dann nur im außertariflichen Bereich, also für Führungskräfte und Experten sowie im Bereich der übertariflichen Leistungen. Hinsichtlich der dem Betriebsverfassungsgesetz unterliegenden Arbeitnehmer ist außerdem das Mitbestimmungsrecht des Betriebsrates nach § 87 BetrVG zu beachten.

7.6.3.1 Zeitentgelt

Beim reinen Zeitentgelt (Zeitlohn, Gehalt) richtet sich das Entgelt nur nach der Arbeitszeit, wobei Bezugsbasis die Stunde, der Tag, die Schicht, die Woche, der Monat oder das Jahr sein kann. Diese Entgeltform bietet keinen direkten Leistungsanreiz. Ein indirekter Anreiz ist allenfalls durch die Aussicht gegeben, dass gute Leistung bemerkt und eines Tages durch Beförderung in eine höhere Position belohnt wird, schlechte Leistung hingegen zum Verlust des Arbeitsplatzes führen könnte. Wenn der Mitarbeiter keine Aussicht auf Beförderung hat und der Arbeitsplatz ungefährdet erscheint, bietet das Entgelt keinen Leistungsanreiz. Damit ist jedoch nicht ausgeschlossen, dass der Mitarbeiter dennoch (intrinsisch) zu hoher Leistung motiviert ist.

Rein zeitabhängige Entlohnung kann geboten sein, wenn

- das Arbeitsergebnis vom Mitarbeiter nicht wesentlich beeinflusst werden kann, z.B. infolge Automatisierung oder Zufallsabhängigkeit, oder
- die Leistung nicht zuverlässig gemessen werden kann, wie bei komplexen geistigen Tätigkeiten, oder
- vielfältige Leistungsdimensionen zu beachten sind, so dass nicht durch Belohnung einer einzigen Dimension die anderen vernachlässigt werden sollen, etwa der mengenmäßige Ausstoß auf Kosten der Qualität, der Sicherheit oder des pfleglichen Umgangs mit Maschinen geht, oder
- eine besondere Sorgfalt wichtig ist, z.B. in Laboratorien oder bei gefährlichen Arbeiten.

Entgeltdifferenzen zwischen unterschiedlichen Tätigkeiten können hier im Wesentlichen auf den Anforderungen beruhen, die an die Stelleninhaber gerichtet werden. Deshalb haben die Verfahren der Arbeitsbewertung (Stellenbewertung) besondere Bedeutung (vgl. Kapitel 7.6.5).

7.6.3.2 Leistungsentgelt

Ein fast reines Leistungsentgelt ist der klassische *Akkordlohn*. Hier wird proportional zur geleisteten Arbeitsmenge bezahlt. Beispielsweise erhält der Arbeiter pro bearbeitetes Werkstück einen bestimmten Betrag (Geldakkord). Beim Zeitakkord wird der Betrag pro Stück ermittelt, indem man eine durch Arbeitsstudien ermittelte Vorgabezeit (Minuten pro Arbeitseinheit) mit einem Geldfaktor (Euro pro Minute) multipliziert. Der Stücklohn bzw. der Geldfaktor ergibt sich aus dem für die betrachtete Tätigkeit gültigen tariflich festgelegten Zeitlohn (Akkordgrundlohn) zuzüglich eines Akkordzuschlags (etwa 15-30%). Akkordgrundlohn und Akkordzuschlag ergeben zusammen den Akkordrichtsatz, der die Grundlage der weiteren Berechnungen bildet. Beträgt der tarifliche Stundenlohn z.B. 8 Euro und der Akkordzuschlag 1 Euro und die Vorgabeleistung 6 Stück/Stunde, so werden im Geldakkord 1,50 Euro/Stück gezahlt; der Geldfaktor beträgt 0,15 Euro/Minute.

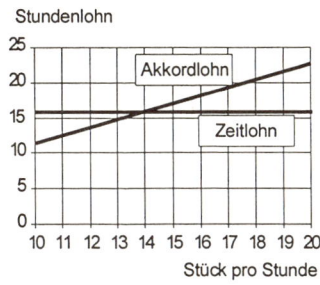 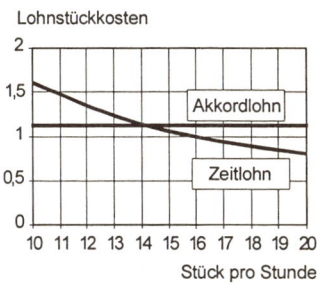

Abb. 7-2: Wirkung der Leistung auf den Stundenlohn und die Lohnstückkosten

Abbildung 7-2 zeigt links den Lohn eines Arbeitnehmers pro Stunde. Bei Zeitlohn betrage er konstant 16 Euro, bei Akkordlohn ist er abhängig von der geleisteten Stückzahl pro Stunde und betrage pro Stück 1,12 Euro. Ab einer Stückzahl von ca. 14,3 pro Stunde kann der Arbeitnehmer also mehr verdienen als im Zeitlohn.

Den Einfluss des Entlohnungssystems auf die Lohnkosten pro Stück (die sog. „Lohnstückkosten") zeigt der rechte Teil von Abbildung 7-2. Bei Zeitlohn kostet das Stück $16/x$ (wobei $x =$ Stückzahl pro Stunde), wird also um so billiger, je höher die Leistung des Arbeitnehmers ist. Bei Akkordlohn sind die Lohnstückkosten mit 1,12 Euro unabhängig von der Leistung. Bei hoher Anstrengung scheint der Zeitlohn für den Arbeitgeber günstiger zu sein, doch ist dieser Teil der Kurve illusorisch, weil der Arbeitnehmer nicht bereit sein wird, diese hohe Leistung ohne finanziellen Anreiz zu bringen.

Der Akkordlohn kann als Einzel- oder Gruppenakkord gestaltet sein. Letzteres ist dann sinnvoll, wenn der Einzelne in einer Arbeitsgruppe das Ergebnis nicht allein beeinflussen kann oder sein Anteil nicht erkennbar ist oder aber die Belohnung der individuellen Leistung ein kontraproduktives Verhalten auslösen würde, d.h. also „mannschaftsdienliches" Verhalten wichtig ist.

In den Tarifverträgen wird der Akkordlohn um einen Mindestlohn ergänzt. Wenn der Arbeitnehmer ohne Verschulden nicht arbeiten kann, z.B. wegen Auftrags- oder Materialmangels, so erhält er Zeitlohn. Oft ist auch eine Leistungsobergrenze, z.B. 130% der Vorgabeleistung, vorgesehen.

Voraussetzungen für eine sinnvolle Anwendung von Akkordlohn sind vor allem

- das Vorhandensein eines hinreichend eindeutigen und objektiven *Leistungsmaßes,*
- die Möglichkeit der *Leistungsbeeinflussung* durch den Einzelnen bzw. die Gruppe,
- eine über längere Zeit *gleich bleibende Arbeit,* so dass sich die erforderlichen Arbeitsstudien lohnen und die Arbeitenden die normale Leistung erreichen können (Akkordfähigkeit),
- ein von allen *Mängeln befreiter* Arbeitsablauf (Akkordreife).

Die Bedeutung des Akkordlohns hat abgenommen, da viele einfache, repetitive Tätigkeiten automatisiert worden sind und auch die reine Mengenmaximierung gegenüber anderen Zielen, wie hoher Qualität, pfleglicher Maschinenbehandlung oder Verringerung von Beständen (Just-in-Time-Prinzip), an Wichtigkeit verloren hat. Außerdem werden die erhofften Anreizeffekte oft nicht erreicht. Bei

Mitarbeitern, die sich an das Akkordsystem gewöhnt haben, wird der Akkordlohn oft zu einem Quasi-Festlohn nahe der vereinbarten Obergrenze (Schmierl 1994; Theuvsen 1998).

7.6.3.3 Mischformen von Zeit- und Leistungsentgelt

Um einen Anreiz zu hoher Leistung zu bieten, wird das zeitabhängige Entgelt um individuelle leistungsabhängige Zulagen ergänzt. Hier ist zu unterscheiden zwischen

- *Prämien*, d.h. an objektiv messbaren Leistungen anknüpfenden Zahlungen, und
- *Leistungszulagen*, die auf einer subjektiven Beurteilung durch den Vorgesetzten beruhen.

Prämien können zum Beispiel an der Mengenleistung, der Qualität, dem Umsatz, dem Wert abgeschlossener Versicherungsverträge, der Ausschussrate, der Einhaltung eines vorgegebenen Termins, dem Wert von Verbesserungsvorschlägen oder dem Unterschreiten einer Kostengrenze anknüpfen. Prämienlohnsysteme sind sehr flexibel, da verschiedene Prämien kombiniert werden können. Allerdings ist die Existenz sinnvoller, objektiver Leistungsmaßstäbe im Allgemeinen auf Routinetätigkeiten beschränkt.

In vielen Fällen, vor allem bei Management- und Expertentätigkeiten, ist die Leistung nicht an einigen wenigen, objektiv messbaren Tatbeständen festzumachen. Hier ist eine *Leistungsbeurteilung* notwendig. Gewöhnlich beurteilt der Vorgesetzte periodisch seine Untergebenen. Analog zur Arbeitsbewertung kann auch die Leistungsbewertung summarisch oder analytisch, durch Reihung oder Stufung erfolgen (vgl. Kapitel 7.6.5). Im Fall der analytischen Leistungsbewertung werden sowohl Merkmale des Verhaltens wie des Erfolgs herangezogen.

Das Kernproblem solcher Systeme ist, Leistungsmaße zu entwickeln, die die Bestrebungen der Organisationsmitglieder in die richtige Richtung lenken und die hinreichend objektiv überprüfbar sind (Theuvsen 2003). Häufig werden die subjektiven Beurteilungen durch den Vorgesetzten als unzutreffend empfunden. Dies ist dann zu erwarten, wenn Messprobleme auftreten oder wenn Vorgesetzte die Tätigkeit ihrer Untergebenen im Zeitablauf zu wenig beobachten und unterstützen, so dass sie auf entstandene Probleme nicht aufmerksam werden und Mängel in den Ergebnissen den

Mitarbeitern anlasten. Andererseits wird mancher Vorgesetzte dazu tendieren, die Leistungen seiner Mitarbeiter überzubewerten, weil er den Konflikt mit ihnen scheut.

7.6.4 Entgeltgestaltung für Führungskräfte

Die Entlohnung von Führungskräften stellt einen eigenständigen Problembereich dar, der im vergangenen Jahrzehnt erheblich an Bedeutung gewonnen hat. Vorstandsmitgliedern bzw. Geschäftsleitern und sonstigen obersten Führungskräften wird zunehmend neben dem Fixum ein variabler, erfolgsabhängiger Entgeltbestandteil gezahlt. Damit wird beabsichtigt, die Manager stärker zur Verfolgung der finanziellen Interessen der Anteilseigner zu motivieren. Den theoretischen Hintergrund bildet die Agency-Theorie, die Interessengegensätze zwischen Managern und Anteilseignern in den Vordergrund stellt. In der geschickten Gestaltung von Anreizsystemen wird eine Möglichkeit zur Lösung der sog. Agency-Probleme gesehen (vgl. Kapitel 2.4.2).

Variable Entgelte für Führungskräfte setzen Entscheidungen über die Belohnungsfunktion, die Bemessungsgrundlage sowie die Art der Belohnung voraus (Seifert 2001, S. 10ff.). Die *Belohnungsfunktion* beschreibt den funktionalen Zusammenhang zwischen der Belohnung und der Ausprägung der Bemessungsgrundlage. Aus Gründen der Einfachheit und Praktikabilität bevorzugt die Praxis lineare Belohnungsfunktionen, obwohl diese unter bestimmten Bedingungen – wie die Agency-Theorie zeigen konnte – die Manager zu Entscheidungen motivieren können, die nicht im Interesse der Anteilseigner sind.

Als *Bemessungsgrundlage* werden in vielen Unternehmen finanzielle, aus dem Rechnungswesen abgeleitete Zielgrößen herangezogen: Gewinn, Return on Investment, Eigenkapitalrendite (vgl. Kapitel 8.4.3), Gewinn pro Aktie, Umsatzwachstum, Dividende usw. Allerdings eignen sich diese Größen nur bedingt als Bezugsbasis, da sie einerseits manipulierbar sind und andererseits eher kurzfristig wirkende als auf lange Sicht Erfolg versprechende Entscheidungen fördern. Sie werden daher in einem Teil der Unternehmen um sog. strategische Meilensteine ergänzt, um die langfristige Erfolgsorientierung des Managements sicherzustellen. Als Zielgrößen kommen z.B. Marktanteils-, Qualitäts-, Produktivitäts-,

Diversifikations-, Innovations-, Image-, Kundenzufriedenheits- oder Projektziele in Betracht. Der Stellenwert nichtfinanzieller Ziele ist durch das in der Unternehmenspraxis sehr erfolgreiche Konzept der Balanced Scorecard (Kaplan/Norton 1996) gewachsen. Es deckt neben der finanzwirtschaftlichen Perspektive auch die Dimensionen „Kunden", „interne Geschäftsprozesse" sowie „Lernen und Wachstum" ab.

Seit Anfang der 1990er Jahre haben vor allem in Publikumsgesellschaften vermehrt sog. wertorientierte Bemessungsgrundlagen Aufmerksamkeit gefunden. Sie sollen im Sinne des Shareholder Value-Konzepts das Managerhandeln noch stärker auf die Steigerung des Aktionärsvermögens ausrichten. Als Bemessungsgrundlage werden nicht Kennzahlen aus dem Rechnungswesen, sondern z.B. der Börsenkurs oder der Kapitalwert (vgl. Kapitel 6.7.1) der zukünftigen Cash Flows des Unternehmens herangezogen. Allerdings greifen einige Konzepte bei der Ermittlung der abzuzinsenden Beträge durchaus auf (allerdings korrigierte) Jahresabschlussgrößen, z.B. das Betriebsergebnis, zurück. Dies trifft z.B. auf den populären Ansatz des Economic Value Added (EVA) der Beratungsgesellschaft Stern Stewart & Co. zu.

Eine verbreitete (und umstrittene) *Belohnungsart* sind Aktienoptionen *(Stock Options)*. Aktienoptionen geben den begünstigten Managern das Recht, innerhalb eines bestimmten Zeitraums zu einem festgelegten Kurs eine bestimmte Zahl von Aktien ihres Unternehmens zu erwerben. Für die Führungskräfte erwächst daraus ein starker Anreiz, alles für eine Erhöhung des Börsenkurses zu tun. Denn: Liegt der Börsenkurs am Ende des Ausübungszeitraums unterhalb des vereinbarten Bezugskurses, so lohnt die Ausübung der Aktienoptionen nicht. Der Manager könnte die Aktien billiger an der Börse erwerben; die Aktienoption ist wertlos bzw. steht „unter Wasser", wie es in der Praxis manchmal heißt. Je weiter der Aktienkurs oberhalb des Bezugskurses liegt, desto größer ist dagegen der Gewinn, den der Manager einstreicht.

Aktienoptionen werfen zahlreiche rechtliche Probleme auf, die sich aus dem Steuerrecht, dem Bilanzrecht und dem Wertpapierrecht (Stichwort: Insider-Geschäfte) ergeben. Darüber hinaus ist die Wirksamkeit von Aktienoptionen auf unvollkommenen Kapitalmärkten und angesichts von Konstruktionsmängeln vieler Aktienoptionspläne umstritten. So werden z.B. die Bezugskurse oft (zu) niedrig angesetzt oder nachträglich abgesenkt. In anderen Fällen fehlt die Bindung des Bezugskurses an einen Aktienindex, so dass die Manager auch von allgemeinen Kurssteigerungen an der Börse profitieren, oder es ist keine Haltefrist für die Aktien vorgeschrieben. Eine Verlustbeteiligung der Führungskräfte ist sogar stets ausgeschlossen, da die Aktienoptionen kostenlos gewährt werden. Für die Altaktionäre bedeuten umfangreiche Aktionsoptionspläne einen „Verwässerungseffekt", da durch die Abgabe von Aktien unter dem Marktpreise der Wert der übrigen Anteile sinkt.

In den USA verbreitet, in Deutschland dagegen eher selten ist die Individualisierung der Führungskräfteentlohnung in Form sog. Cafeteria-Systeme. Bei diesen haben Führungskräfte die Möglichkeit, innerhalb eines bestimmten Budgets Zusatzleistungen (Lebensversicherung, Werkswohnung, Freizeit, Kongressteilnahmen, Barzahlungen usw.) entsprechend ihrer individuellen Bedürfnisse auszuwählen.

7.6.5 Arbeitsbewertung

Die Arbeitsbewertung (genauer: Stellenbewertung) zielt auf die Messung der *Anforderungen,* die die einzelnen Arbeitsplätze stellen, nicht auf die Bewertung von Personen. Sie setzt regelmäßig wiederkehrende, vorhersehbare Tätigkeiten voraus, deren Anforderungen konkret bestimmbar sind. Dies dürfte im Allgemeinen eher für Arbeitsplätze zutreffen, deren Entgelt in Tarifverträgen geregelt wird, als im außertariflichen Bereich der Führungskräfte und Spezialisten. Viele Tarifverträge regeln die anzuwendenden Arbeitsbewertungsverfahren.

Die Anforderungen können *summarisch* (jeder Stelle wird ein Schwierigkeitsgrad zugeordnet) oder *analytisch* durch Definition mehrerer Anforderungsarten bestimmt werden. Ferner können die Anforderungen auf kontinuierlichen Skalen (dann spricht man von *Reihung*) oder diskontinuierlich *(Stufung)* gemessen werden. Damit ergeben sich vier Klassen von Verfahren (Abbildung 7-3).

Rangfolgeverfahren. Die Arbeitsplätze werden zunächst in eine Rangfolge ihrer globalen Schwierigkeit gebracht. Bei n Arbeitsplätzen erfordert dies $n \cdot (n\text{-}1)/2$ Vergleiche. In größeren Unternehmen geht man daher oft in mehreren Schritten vor. Erst werden abteilungsweise Rangfolgen gebildet, aus denen dann die Gesamtrangfolge entwickelt wird. Da eine rein ordinale Messung die unterschiedlichen Differenzen nicht wiedergibt, muss sich dann zur Lohnfestsetzung noch eine kardinale Messung, z.B. auf einer 100-Punkt-Skala, anschließen.

	Summarisch	Analytisch
Reihung	Rangfolgeverfahren	Rangreihenverfahren
Stufung	Lohngruppenverfahren	Stufenwertzahlverfahren

Abb. 7-3: Verfahren der Arbeitsbewertung

Lohngruppenverfahren. Man legt im Vorhinein einen Katalog von Lohn- bzw. Gehaltsgruppen fest. Die Schwierigkeit jeder Gruppe wird verbal beschrieben. Dann wird jeder Arbeitsplatz eingestuft. Innerhalb einer Gruppe ist der Lohn gleich. Es folgen als Beispiel die Definitionen einiger Lohngruppen aus dem Lohn- und Gehaltsrahmen-Tarifvertrag für die Metallindustrie Nordwürttemberg/Nordbaden vom 19. Juni 2001:

Lohngruppe 1
Arbeiten mit geringen Belastungen, die ohne vorherige Arbeitskenntnisse und ohne jegliche Ausbildung nach kurzer Anweisung ausgeführt werden können. 85,03 % des Ecklohns.

Lohngruppe 2
Arbeiten mit geringen Belastungen, die ohne jegliche Ausbildung nach kurzer Anweisung und Übung ausgeführt werden können. 85,03 % des Ecklohns.

Lohngruppe 3
Arbeiten mit geringen Belastungen, die ohne jegliche Ausbildung nach kurzer Einarbeitungszeit ausgeführt werden können. 86,39 % des Ecklohns. ...

Lohngruppe 6
Arbeiten, die ein Können erfordern, das erreicht wird durch eine Anlernzeit von mehr als 12 Wochen. 94,91 % des Ecklohns.

Lohngruppe 7
Arbeiten, die neben beruflichen Fertigkeiten und Berufskenntnissen einen Ausbildungsstand erfordern, wie er entweder durch eine fachentsprechende Berufsausbildung in einem anerkannten Ausbildungsberuf oder auf andere Weise erworben wird. 100 % des Ecklohns. ...

Lohngruppe 10
Arbeiten, die außer umfangreichen Berufskenntnissen und einer mehrjährigen Berufserfahrung auch noch ein betriebliches Spezialwissen vor-

aussetzen. 120,69 % des Ecklohns. ...

Lohngruppe 12
Arbeiten, die hervorragendes Können, Dispositionsvermögen, umfassendes Verantwortungsbewusstsein und entsprechende theoretische Kenntnisse erfordern. 135,02 % des Ecklohns.
(Quelle: IG Metall, Bezirk Baden-Württemberg, www.bw.igm.de)

Die Lohngruppenbeschreibungen werden oft durch Richtbeispiele ergänzt.

Rangreihenverfahren. Dieses Verfahren legt der Arbeitsbewertung verschiedene Anforderungsarten zugrunde. Auf einer internationalen Fachtagung 1950 in Genf einigten sich 16 Staaten auf ein einheitliches Schema, das folgende Anforderungsarten enthält („Genfer Schema"):

- Geistiges Fachkönnen,
- Körperliches Fachkönnen,
- Geistige Belastung,
- Körperliche Belastung,
- Verantwortung,
- Arbeitsbedingungen.

Weitere Schemata sind entwickelt und in Tarifen vereinbart worden. Die ursprünglichen, mehr auf Arbeitertätigkeiten abgestellten Anforderungsarten wurden für die Bewertung von Angestelltentätigkeiten durch weitere Anforderungen ergänzt, wie „Nachdenken, Gestalten und Planen", „Kooperation" oder „Verantwortung für Personalführung".

Jeder Arbeitsplatz kann nun bezüglich jeder Anforderungsart auf einer 100-Punkt-Skala bewertet werden. Der REFA-Verband für Arbeitsgestaltung, Betriebsorganisation und Unternehmensentwicklung in Darmstadt schlägt z.B. vor, die geistige Belastung bei Anstreicherarbeiten mit 15, bei Rohrschlosserarbeiten mit 45 und bei der Bedienung einer Eisenerzeugungsanlage mit 80 Punkten zu bewerten (Luczak 1998, S. 684f.). Will man den Anforderungen unterschiedliche Gewichte beimessen, so muss man die Einzelwerte mit Gewichtungsfaktoren multiplizieren, ehe man sie zum Gesamt-Arbeitswert addiert. Die Gewichtung kann aber auch implizit erfolgen, indem weniger wichtigen Anforderungsarten geringere Höchstpunktzahlen zugeordnet werden.

Dem niedrigstbewerteten Arbeitsplatz ordnet man den vorgesehenen Mindestlohn zu, dem höchstbewerteten den vorgesehenen Maximallohn. Dazwischen sind alle übrigen Arbeitsplätze gemäß ihren Arbeitswerten einzuordnen.

Stufenwertzahlverfahren. Dieses unterscheidet sich vom Rangreihenverfahren nur dadurch, dass für jede Anforderungsart eine Anzahl von Ausprägungen (Stufen) definiert wird. Jede Stufe erhält eine Wertzahl. Die Wertzahlen können entweder schon eine implizite Gewichtung enthalten oder auf ein gleiches Intervall (z.B. 0 bis 10) normiert sein und mit Gewichtungsfaktoren multipliziert werden.

Primäres Ziel der Arbeitsbewertung ist es, den Arbeitnehmern das Gefühl der Gleichbehandlung und Gerechtigkeit der Bezahlung zu geben. Als nützlicher Nebeneffekt gilt, dass eine analytische Arbeitsbewertung Mängel von Arbeitsplätzen und -abläufen zutage fördert, die man abstellen kann, statt sie den Arbeitnehmern zu vergüten.

Analytische Verfahren sind offensichtlich besser nachvollziehbar als summarische, dafür aber viel aufwendiger, vor allem wenn ein häufiger Wandel in der Arbeitsgestaltung stattfindet. Die Fragen: „Welche Anforderungen sollen herangezogen werden? Wie sind sie zu gewichten? Wie ist der einzelne Arbeitsplatz bezüglich jeder Anforderungsart zu bewerten?" lassen sich nicht objektiv richtig beantworten. Dies ist aber zur Erreichung der Ziele der Arbeitsbewertung auch nicht entscheidend.

Literaturhinweise

Frese, E. (1994): Personalwirtschaft. In: M. Schweitzer (Hrsg.): Industriebetriebslehre. Das Wirtschaften in Unternehmungen. 2. Auflage, S. 219-325. Vahlen

Gebert, D./ von Rosenstiel, L. (2002): Organisationspsychologie. Person und Organisation. 5. Auflage. Kohlhammer

Hentze, J./ Kammel, A. (2001): Personalwirtschaftslehre 1. 7. Auflage. Haupt

Hentze, J. (1995): Personalwirtschaftslehre 2. 6. Auflage. Haupt

Oechsler, W. A. (2000): Personal und Arbeit. Grundlagen des Human Resource Management und der Arbeitgeber-Arbeitnehmer-Beziehungen. 7. Auflage. Oldenbourg

Schanz, G. (2000): Personalwirtschaftslehre. Lebendige Arbeit in verhaltenswissenschaftlicher Perspektive. 3. Auflage. Vahlen

Scholz, C. (2000): Personalmanagement. Informationsorientierte und verhaltenstheoretische Grundlagen. 5. Auflage. Vahlen

Nachschlagewerk

Gaugler, E./ Oechsler, W. A./ Weber, W. (Hrsg.) (2004): Handwörterbuch des Personalwesens. 3. Auflage. Schäffer-Poeschel

Kapitel 8
Rechnungswesen

8.1 Aufgaben und Ziele

Das Rechnungswesen des Unternehmens besteht aus zwei großen Bereichen: dem externen und dem internen Rechnungswesen.

Externes Rechnungswesen. Jedes Unternehmen muss von
Gesetzes wegen (z.B. HGB) Bücher führen und am Ende jedes Geschäftsjahrs einen *Jahresabschluss* machen. Das externe Rechnungswesen erfasst Vorgänge zwischen dem Unternehmen und
externen Partnern, wie Abnehmern, Lieferanten, Kreditgebern.
Die jährlichen Abschlussrechnungen dienen zum einen der Information des Unternehmens und der Rechenschaftslegung des
Leitungsorgans gegenüber den Eigentümern bzw. Anteilseignern. Zum anderen ist das externe Rechnungswesen zum Schutz
der Gläubiger erforderlich, denn Missmanagement oder Verun-
treuungen könnten die Sicherheit ihrer Forderungen gefährden.
Der Jahresabschluss ist auch die Grundlage der Ausschüttungs-
bemessung und der Gewinnbesteuerung. Zur Information der
Mitarbeiter ist der Jahresabschluss dem Wirtschaftsausschuss
unter Beteiligung des Betriebsrats zu erläutern. Der Jahresabschluss umfasst die Bilanz und die Gewinn- und Verlustrechnung. Kapitalgesellschaften haben zusätzlich einen Anhang und
einen Lagebericht zu erstellen. Dies trifft auch auf GmbH & Co.
KG und andere Personengesellschaften mit Kapitalgesellschaften
als persönlich haftenden Gesellschafter zu. Bei kapitalmarktori-
entierten Konzernmüttern umfasst der Konzernabschluss ferner
eine Kapitalflussrechnung, eine Segmentberichterstattung und
einen Eigenkapitalspiegel.

Die breite Öffentlichkeit hat Interesse am Wohl und Wehe
zumindest größerer Unternehmen. Deshalb wurden *Publizitäts-
pflichten* eingeführt, deren Umfang von der Rechtsform und der
Größe der Unternehmen abhängt. Kapitalgesellschaften sowie
Personengesellschaften, bei denen eine oder mehrere Kapitalgesellschaften persönlich haftende Gesellschafter sind (insbesondere GmbH & Co. KG), sind stets publizitätspflichtig. Personenunternehmen sind nur bei Überschreiten gewisser Größen-
merkmale (Bilanzsumme 65 Mio. €, Umsatz 130 Mio. €, Arbeitnehmer 5.000) nach dem Publizitätsgesetz zur Veröffentlichung

verpflichtet. Die Sanktionen zur Durchsetzung der Publizitäts-
pflichten sind wesentlich verschärft worden (§ 335a HGB).

	Internes Rechnungs- wesen	Externes Rech- nungswesen
Adressaten	Führungskräfte aller Ebenen	Unternehmensleitung Gesellschafter Fiskus Gläubiger Mitarbeiter Öffentlichkeit
Zwecke	Kontrolle Entscheidungsunter- stützung Bestandsbewertung	Rechenschaftslegung Vermittlung von Infor- mationen über die Vermögens-, Finanz- und Ertragslage Gläubigerschutz Besteuerung
Gesetzliche Grundlage	Keine	§§ 238-342a HGB
Rechenwerke	Kostenartenrechnung Kostenstellenrechnung Kostenträgerrechnung	insb. Bilanz sowie Gewinn- und Verlust- rechnung
Publizität	Keine	Bei Kapitalgesellschaf- ten (§ 325 HGB), Per- sonengesellschaften mit Kapitalgesellschaf- ten als persönlich haftenden Gesellschaf- tern (§ 264a i.V.m. § 325 HGB) und Groß- unternehmen (PublG)

Abb. 8-1: Internes und externes Rechnungswesen

Internes Rechnungswesen. Hier werden Informationen über die
inneren Vorgänge im Unternehmen erfasst und aufbereitet. Die
Adressaten sind „Insider", also Führungskräfte des Unternehmens. Zwecke sind die Kontrolle der Wirtschaftlichkeit der Be-
triebsprozesse und die Fundierung von Entscheidungen. Der
Einsatz von Produktionsfaktoren und die resultierende Erstellung von Gütern und Dienstleistungen werden in Geldeinheiten
gemessen. Die in Geld bewerteten Faktoreinsätze heißen „Kosten", die in Geld bewerteten erbrachten Güter und Dienste
„Leistungen". Daher wird das interne Rechnungswesen auch

„Kosten- und Leistungsrechnung" oder einfach nur „Kosten-rechnung" genannt.

Als *Ziele* des externen Rechnungswesens kann man die mög-lichst zutreffende Darstellung der Vermögens-, Finanz- und Er-tragslage, im internen Rechnungswesen die detaillierte Analyse und Kontrolle der Erfolgsquellen ausmachen. Darüber hinaus ist nicht zu verkennen, dass mit publizierten Daten auch Politik nach außen gemacht wird, um die Meinungen der Anleger, Kre-ditgeber und weiterer Öffentlichkeit über das Unternehmen zu beeinflussen.

Im Folgenden stellen wir zuerst die Grundtatbestände des externen Rechnungswesens, ab Kapitel 8.6 die des internen Rechnungswesens dar.

8.2 Die Bilanz

8.2.1 Inhalt der Bilanz

Die Bilanz ist eine Gegenüberstellung der in Geld bewerteten Vermögensgegenstände und des Kapitals. Das Kapital setzt sich aus den Schulden und dem Reinvermögen zusammen. Das Rein-vermögen ist die Differenz zwischen Vermögen (= Summe der Aktiva) und Schulden; daher muss die Summe jeder Bilanzseite („Bilanzsumme") immer gleich der der anderen Seite sein.

Angenommen, Sie wollen einen Überblick über Ihre Vermö-genslage gewinnen. Sie teilen ein Blatt Papier durch einen senk-rechten Strich in zwei Hälften. Auf der linken Seite schreiben Sie all Ihr Hab und Gut auf und bewerten es in Euro. Die Summe ist Ihr Bruttovermögen. Auf die rechte Seite schreiben Sie Ihre Schulden. Ist das Vermögen größer als die Schulden, tragen Sie auf der rechten Seite die Differenz als Reinvermögen ein. Da-durch addieren sich beide Seiten auf die gleiche Summe. Abbil-dung 8-2 zeigt, wie Ihre Bilanz im Prinzip aussieht.

In gepflegter Kaufmannssprache heißen die Schulden Fremd-kapital oder Verbindlichkeiten, das Reinvermögen Eigenkapital. Außerdem schreibt man über die linke Seite, wo das Vermögen steht, „Aktiva" und über die rechte Seite „Passiva".

Aktiva		Bilanz zum 31. 12. 2003	Passiva
Auto	12.500	Schulden bei Oma	2.000
Möbel	5.200	Reinvermögen	17.285
Forderung gegen Max	300		
Sparkonto	1.200		
Bargeld	85		
Summe	19.285	Summe	19.285

Abb. 8-2: Ihre private Bilanz

Die Passivseite zeigt die „Mittelherkunft": aus welchen Quellen (Eigentümer, Kreditgeber) ist das Kapital gekommen; die Aktivseite zeigt die „Mittelverwendung": In welche Vermögensgegenstände hat man das Kapital investiert?

Die Gliederung der Handelsbilanz ist für Kapitalgesellschaften vorgeschrieben (§ 266 HGB). Das Schema (Abbildung 8-3) zeigt die Mindestgliederung; mittlere und große Kapitalgesellschaften müssen die Positionen feiner untergliedern.

Die *Aktiva* sind in zwei große Blöcke geteilt: das Anlagevermögen und das Umlaufvermögen. Zum *Anlagevermögen* gehören die zum dauerhaften Verbleib im Unternehmen bestimmten Vermögensteile, die in immaterielle Vermögensgegenstände (z.B. erworbene Konzessionen, Schutzrechte, Software), Sachanlagen (z.B. Gebäude, Maschinen) und Finanzanlagen (z.B. Beteiligungen, Darlehensforderungen) unterteilt werden. Zum *Umlaufvermögen* gehören die sich schnell umschlagenden Vermögensteile, wie Rohstoff- und Fertigproduktbestände, Forderungen gegen Kunden und Zahlungsmittel. Die Rechnungsabgrenzungsposten auf der Aktivseite haben forderungsähnlichen Charakter. Es handelt sich um Beträge, die bereits gezahlt wurden, jedoch erst nach dem Bilanzstichtag Aufwand darstellen. Hier steht zum Beispiel der Betrag, der im Voraus für Miete im nächsten Jahr gezahlt wurde.

Aktiva	Passiva
A. Anlagevermögen	A. Eigenkapital
I. Immaterielle VG	I. Gezeichnetes Kapital
II. Sachanlagen	II. Kapitalrücklage
III. Finanzanlagen	III. Gewinnrücklagen
B. Umlaufvermögen	IV. Gewinn-/Verlustvortrag
I. Vorräte	V. Jahresüberschuss/ -fehlbetrag
II. Forderungen u. sonst. VG	B. Rückstellungen
III. Wertpapiere	C. Verbindlichkeiten
IV. Kassenbestand, Bankguthaben, Schecks	D. Rechnungsabgrenzungsposten
C. Rechnungsabgrenzungsposten	

Abb. 8-3: Mindestgliederung der Bilanz von Kapitalgesellschaften (VG = Vermögensgegenstände)

Die *Passiva* sind untergliedert in Eigenkapital, Rückstellungen und Fremdkapital. Das Eigenkapital ist bei Kapitalgesellschaften auf mehrere Positionen aufgeteilt. Das „gezeichnete Kapital" ist satzungsmäßig fixiert und bleibt bis zu einer Kapitalerhöhung oder Kapitalherabsetzung konstant. Es ist das Nominalkapital, das bei der AG Grundkapital und bei der GmbH Stammkapital heißt. Daneben gibt es verschiedene *Rücklagen*. Sie stellen den variablen Teil des Eigenkapitals dar. Gewinnrücklagen nehmen nicht ausgeschüttete Gewinne auf; wird mehr ausgeschüttet als in dem jeweiligen Jahr verdient wurde, mindert dies die Gewinnrücklage. Die Kapitalrücklage weist Eigenkapital aus, das die Eigentümer über den Nominalbetrag hinaus zugeführt haben; der Überschuss der Einlage über den Nominalbetrag heißt *Agio*. Fließen zum Beispiel bei der Ausgabe neuer Aktien von nominal 10 Mio. Euro dem Unternehmen 25 Mio. Euro zu (Zunahme der Aktiva), so werden 10 Mio. Euro in das gezeichnete Kapital und 15 Mio. Euro in die Kapitalrücklage eingestellt (Zunahme der Passiva).

Die *Rückstellungen* haben den Charakter von Fremdkapital, sind aber rechtlich keine Verbindlichkeiten, weil noch ungewiss ist, in welcher Höhe, zu welchem Zeitpunkt und/oder an wen Zahlungen geleistet werden müssen. Der bedeutendste Posten sind meist die Pensionsrückstellungen für Betriebsrenten. Da man noch nicht wissen kann, welche Personen in welchem Umfang Rente bekommen werden, liegt juristisch noch keine Verbindlichkeit vor. Der Barwert der Pensionsansprüche lässt sich mit versicherungsmathematischen Methoden abschätzen, aber nicht exakt berechnen. Aus Vereinfachungsgründen wird häufig nur der steuerliche Teilwert angesetzt. Die *Rechnungsabgrenzungsposten* auf der Passivseite ähneln ebenfalls Verbindlichkeiten. Es handelt sich um bereits vereinnahmte Beträge, die erst in der nächsten Rechnungsperiode als Ertrag ausgewiesen werden. Hier würden etwa im Voraus kassierte Mieteinnahmen ausgewiesen.

Ein *Gewinnvortrag* entsteht, wenn ein Gewinn nicht in die Gewinnrücklage eingestellt und nicht ausgeschüttet wird. Ein *Verlustvortrag* ist aus dem Vorjahr übernommener Verlust. Der *Jahresüberschuss* bzw. *-fehlbetrag* ist der im Berichtsjahr erzielte Gewinn oder Verlust einer Kapitalgesellschaft.

Die Widrigkeiten des Wirtschaftslebens können dazu führen, dass eines Tages die Schulden größer sind als das Vermögen. Das Eigenkapital ist durch Verluste aufgezehrt, rechnerisch ist es negativ. In der Bilanz muss es dann entweder als Aktivposten oder mit negativem Vorzeichen als Passivposten eingesetzt werden, damit die Bilanz stimmt. Der Tatbestand heißt „*Überschuldung*". Bei den Gläubigern ruft Überschuldung die berechtigte Befürchtung hervor, dass ihre Forderungen nicht mehr in voller Höhe bezahlt werden. Deshalb ist Überschuldung bei Kapitalgesellschaften, wo ja keine private Haftung besteht, ein Insolvenzgrund, unabhängig davon, ob das Unternehmen noch zahlungsfähig ist.

8.2.2 Die Bewertung des Vermögens

Das Hauptproblem des Jahresabschlusses ist die Bewertung der Vermögensgegenstände. Es gilt grundsätzlich das Prinzip der Einzelbewertung — nicht der Wert des Unternehmens als Ganzes wird ermittelt, sondern die Werte der einzelnen Gegenstände. Dies dient zwar der Objektivität, setzt aber trotz Beachtung des Grundsatzes der Unternehmensfortführung (Going concern-Prinzip, § 252 Abs. 1 Nr. 2 HGB) der Bemühung um eine „richtige" Vermögens- und Erfolgsermittlung von vornherein Grenzen. Ein Hauptanliegen der Vorschriften zur Bewertung in den §§ 252-256 HGB (sowie für Kapitalgesellschaften zusätzlich in den §§ 279-283 HGB) ist es, eine übermäßig positive Darstellung der Vermögens- und Ertragslage zu verhindern (Vorsichtsprinzip). Dies wird vor allem mit dem *Gläubigerschutz* begründet: Je höher das Vermögen bewertet ist, desto eher könnten Kreditgeber zur Gewährung von Krediten an das Unternehmen verleitet werden. Zu hohe Bewertung könnte auch zum Ausweis − und damit zur Besteuerung und Ausschüttung − von Gewinnen führen, die real gar nicht erzielt wurden, und somit die haftende Substanz des Unternehmens verringern.

Vermögensgegenstände sind höchstens mit den *Anschaffungskosten* (wenn sie erworben wurden) oder *Herstellungskosten* (wenn sie selbsterstellt wurden) zu bewerten. Abnutzbare Gegenstände des Anlagevermögens sind planmäßig abzuschreiben.

Anschaffungskosten umfassen auch die Kosten des Erwerbs und der Versetzung in Betriebsbereitschaft; Rabatte, Skonti u.ä. sind abzuziehen. Zu den Herstellungskosten zählen mindestens die Materialkosten, Fertigungskosten und Sonderkosten der Fertigung, soweit es sich um Einzelkosten handelt. Über diese Bewertungs-Untergrenze hinaus dürfen in angemessener Höhe Gemeinkosten eingerechnet werden, also Kosten, die nicht unmittelbar dem einzelnen Produkt ursächlich zugerechnet werden können (siehe 8.7.1). Vertriebskosten dürfen nicht in die Herstellungskosten einbezogen werden.

Schon die Wörter „dürfen" und „angemessen" deuten auf einen Ermessensspielraum hin. Die Ermittlung der Herstellungskosten ist eine Aufgabe des internen Rechnungswesens, das hier eine Hilfsfunktion für das externe Rechnungswesen übernimmt.

Die im Rahmen des Zulässigen ermittelten Anschaffungsbzw. Herstellungskosten eines Gegenstands werden, wenn dieser Gegenstand abnutzbar ist, über die Jahre der Nutzung planmäßig abgeschrieben. Der ursprüngliche Buchwert, vermindert um alle bisherigen Abschreibungen, wird auch als „fortgeschriebener" Anschaffungs- bzw. Herstellungswert bezeichnet. Bei einem Gegenstand, der für 10.000 Euro gekauft wurde und gleichmäßig über fünf Jahre auf null abgeschrieben wird, stehen nach zwei Jahren noch 6.000 Euro als fortgeschriebener Anschaffungswert zu Buch.

Über die planmäßige Abschreibung hinaus ist eine außerplanmäßige Abschreibung möglich, wenn der Tageswert am Bilanzstichtag unter dem fortgeschriebenen Anschaffungswert liegt. Dies ist das *Niederstwertprinzip*. Die Bestimmungen sind für das Anlage- und Umlaufvermögen unterschiedlich:

- *Anlagevermögen:* Eine außerplanmäßige Abschreibung ist vorzunehmen, wenn der Gegenstand am Abschlussstichtag einen niedrigeren Wert als die fortgeschriebenen Anschaffungs- bzw. Herstellungskosten hat und die Wertminderung voraussichtlich von Dauer sein wird *(„strenges" Niederstwertprinzip)*. Bei voraussichtlich vorübergehender Wertminderung hat das Unternehmen ein Wahlrecht, abzuschreiben oder nicht *(„gemildertes" Niederstwertprinzip)*. Kapitalgesellschaften dürfen bei voraussichtlich vorübergehender Wertminderung die außerplanmäßige Abschreibung nur bei Finanzanlagen vornehmen.
- *Umlaufvermögen:* Liegt der Börsen- oder Marktpreis oder, falls ein solcher nicht existiert, der dem Gegenstand am Abschlussstichtag beizulegende Wert unter den Anschaffungs- bzw. Herstellungskosten, so ist auf den niedrigeren Wert abzuschreiben („strenges" Niederstwertprinzip).

Der einem Anlage- oder Umlaufgegenstand am Abschlussstichtag beizulegende Wert ist der Wiederbeschaffungs- oder Reproduktionswert, bei zum Verkauf bestimmten Gütern der geschätzte Verkaufserlös abzüglich der noch entstehenden Vertriebs- und Bearbeitungskosten.

Das Anlagevermögen wird milder behandelt, weil es zum Verbleib im Betrieb bestimmt und ein vorübergehend niedriger Marktwert daher nicht unmittelbar relevant ist. Beim Umlaufvermögen, das ja demnächst auf den Markt kommt, muss damit gerechnet werden, dass nur der niedrige Marktwert realisiert wird.

8.3 Erfolg, Gewinn- und Verlustrechnung

Von besonderem Interesse sind diejenigen Vorgänge, die das Eigenkapital verändern, denn der Unternehmer strebt nach Erhöhung seines Reinvermögens. Steigen kann das Eigenkapital dadurch, dass die Eigentümer Einlagen leisten, oder dadurch, dass das Unternehmen Erträge erzielt (z.B. Umsatzerlöse). Sinken kann das Eigenkapital infolge von Entnahmen (Ausschüttungen) durch die Eigentümer und durch Aufwendungen (z.B. Lohnkosten). Es gilt also

    Eigenkapital am Anfang der Periode
+ Einlagen in der Periode
− Entnahmen in der Periode
+ Erträge in der Periode
− Aufwendungen in der Periode
= Eigenkapital am Ende der Periode.

Durch Einlagen wird der Unternehmer nicht reicher, das Geld wandert aus der privaten Tasche in die Unternehmenskasse. Ebenso wird er durch Entnahmen nicht ärmer. Der Erfolg (Gewinn oder Verlust) einer Periode ist die Differenz zwischen Erträgen und Aufwendungen. Einlagen und Ausschüttungen sind erfolgsneutral.

Erträge sind Wertzuwächse; sie entsprechen dem während einer Periode insgesamt im Unternehmen hervorgebrachten Output. Durch sie wird der Unternehmer reicher. Beispiele: Umsatzerlöse, Zinserträge, Erträge aus Lizenzen. In der Bilanz wirkt sich ein Ertrag so aus, dass eine Aktivposition (Zahlungsmittel oder Forderungen) steigt und im Gegenzug das Eigenkapital größer wird.

Aufwendungen sind Wertverzehre; sie entsprechen dem insgesamt verbrauchten Input einer Periode. Durch sie wird das Unternehmen ärmer. Beispiele: Materialverbrauch, Wertminderung von Maschinen, Verringerung des Kassenbestands wegen Zahlung von Löhnen und Gehältern, Glasschaden durch Hagelschlag.

Machen Sie sich klar, dass die *Einzahlungen einer Periode* nicht mit den *Erträgen derselben Periode* identisch sind und die *Auszahlungen* nicht mit den *Aufwendungen*. Ertrag und Aufwand sind Mehrung bzw. Minderung des Eigenkapitals infolge

von Outputerzeugung und Inputverbrauch, Einzahlungen und
Auszahlungen sind Mehrung bzw. Minderung der Zahlungsmittel. Zahlungen sind für die Liquiditätsplanung bedeutsam, für
die Erfolgsrechnung jedoch irrelevant. Die Bezahlung einer ge-
kauften Maschine beispielsweise ist nicht sofort erfolgswirk-
sam. Der zugehörige Aufwand tritt erst später ein, wenn der
Wert der Maschine sinkt; er wird in Form von Abschreibungen
berücksichtigt. Umgekehrt ist die Zahlung von Betriebsrenten
kein Aufwand der gleichen Periode, da der entsprechende Aufwand schon während des Arbeitslebens der Beschäftigten ge-
bucht wurde.

Wenn auch nicht jeder Ertrag *in der gleichen Periode* mit einer Einzahlung verbunden ist und nicht jeder Aufwand mit einer Auszahlung, so ist doch Ertrag gewöhnlich mit gleich hohen, wenn auch evtl. zeitlich versetzten Einzahlungen verbunden. Ebenso geht ein Aufwand in der Regel mit gleich hohen
Auszahlungen einher, auch wenn diese ganz oder teilweise in
andere Rechnungsperioden fallen. Man bezeichnet daher Ertrag
auch als „periodisierte Einzahlung" und Aufwand als „periodisierte Auszahlung".

Die Differenz zwischen den Erträgen und den Aufwendungen
einer Periode ist das (bilanzielle) *Ergebnis* oder der *Erfolg*. Übersteigen die Erträge die Aufwendungen, so heißt das Ergebnis
Gewinn, im anderen Fall *Verlust*. Bei Kapitalgesellschaften verwendet das HGB die Begriffe „Jahresüberschuss" und „Jahres-
fehlbetrag" für Gewinn bzw. Verlust.

Im Praxisjargon werden Gewinne verwirrenderweise auch als
„Erträge" bezeichnet. „Schwarze Zahlen" bedeuten ebenfalls
Gewinn, „rote Zahlen" Verlust. Sofern zwischen zwei Bilanz-
stichtagen weder Einlagen noch Ausschüttungen stattgefunden
haben, ist die Eigenkapitaldifferenz in voller Höhe Erfolg (Gewinn bzw. Verlust) der dazwischenliegenden Periode, wie Abbildung 8-4 verdeutlicht.

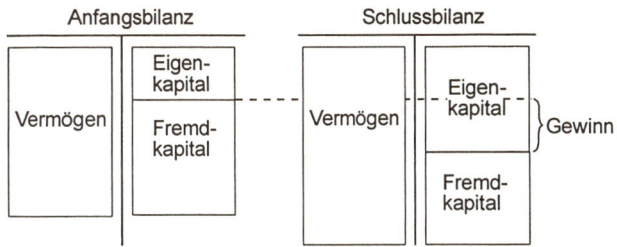

Abb. 8-4: Gewinn als Eigenkapitalzuwachs

Es genügt dem Informationsbedürfnis der Adressaten nicht, nur die *Höhe* des Gewinns oder Verlustes zu kennen. Man möchte auch wissen, wie das Ergebnis sich nach den einzelnen Ertrags- und Aufwandsarten zusammensetzt. Deshalb ist eine *Gewinn- und Verlustrechnung* aufzustellen, in der die Erträge und Aufwendungen enthalten sind.

Für Personenunternehmen gibt es keine besonderen Vorschriften über die Gestaltung der GuV-Rechnung. Kapitalgesellschaften haben nach dem Gesetz die Wahl zwischen zwei Verfahren, dem Gesamtkostenverfahren und dem Umsatzkostenverfahren. Vereinfacht gilt:

Nach dem *Gesamtkostenverfahren* ist

    Erfolg

= Umsatzerlöse

± Erhöhung/Verminderung des Bestands an Erzeugnissen

− der gesamte Aufwand des Jahres, gegliedert nach Aufwandsarten (Personal, Material, Abschreibungen etc.).

Nach dem *Umsatzkostenverfahren* ist

    Erfolg

= Umsatzerlöse

− Aufwand der abgesetzten Leistungen, gegliedert nach Funktionsbereichen (Herstellung, Vertrieb, Verwaltung).

Den Aufwand der abgesetzten Leistungen errechnet man, indem man bei Bestandserhöhung vom Gesamtaufwand des Jahres den Wert der Bestandserhöhung abzieht, bei Bestandsminderung zum Gesamtaufwand des Jahres den Wert der Bestandsminderung addiert.

Beim Gesamtkostenverfahren werden erstellte, aber noch nicht abgesetzte Halb- und Fertigprodukte, bewertet zu Herstellungskosten, als Ertrag ausgewiesen. Beim Umsatzkostenverfahren fallen sie bis zur Veräußerung unter den Tisch; dafür werden aus den gesamten Aufwendungen diejenigen, die für die nicht abgesetzten Produkte entstanden sind, eliminiert. Das Ergebnis ist bei beiden Verfahren dasselbe.

Aus Sicht der externen Adressaten der Gewinn- und Verlustrechnung haben beide Verfahren Vor- und Nachteile (Oestreicher 2003, S. 144ff.). Der potentielle Vorteil des Umsatzkostenverfahrens liegt darin, dass es eine Gliederung des Gesamterfolgs in Erfolge einzelner Geschäftsbereiche ermöglicht. Dazu sind allerdings nur wenige Unternehmen verpflichtet. Verzichtet das Unternehmen darauf, die Erfolge und Misserfolge seiner Betätigungsfelder aufzudecken, so ist das Gesamtkostenverfahren oft informativer. Gerade kleinere Unternehmen scheuen den mit dem Umsatzkostenverfahren verbundenen Aufwand.

8.4 Die Analyse des Jahresabschlusses

Der Jahresabschluss soll ein „den tatsächlichen Verhältnissen entsprechendes Bild der Vermögens-, Finanz- und Ertragslage der Kapitalgesellschaft" vermitteln (§ 264 Abs. 2 HGB). Dieser Anspruch ist selbst dann, wenn keine Absicht der Manipulation besteht, nur in den Grenzen zu erfüllen, die durch die Natur der Bilanz und der GuV-Rechnung gesetzt werden. Die Interessenten, wie Banken, Lieferanten oder Anleger, sind jedoch meist auf Jahresabschlüsse angewiesen, da ihnen interne Daten der zu beurteilenden Unternehmen nicht zur Verfügung stehen.

8.4.1 Die Finanzlage

Die Finanzlage ist für alle Gläubiger wichtig, deren Forderungen nicht hundertprozentig gesichert sind. Aber auch alle anderen am Bestehen des Unternehmens interessierten Kreise, wie Gesellschafter und Arbeitnehmer, haben Interesse an der Information über die Finanzlage.

Man kann versuchen, aus den Daten des Jahresabschlusses ein Bild davon zu gewinnen, ob das Unternehmen in der nahen Zukunft Zahlungsschwierigkeiten zu erwarten hat. Eine gebräuchliche Kennziffer ist der *Verschuldungsgrad:*

$$Verschuldungsgrad = \frac{Fremdkapital}{Eigenkapital}$$

Tendenziell ist natürlich die Gefahr der Illiquidität um so geringer, je geringer der Verschuldungsgrad ist.

Die Bilanz als Stichtagsrechnung zeigt die Bestände an liquiden Mitteln sowie an Forderungen und Vorräten, die innerhalb einer gewissen Zeit zu Einnahmen führen werden. Auch zeigt sie die am Stichtag bestehenden Verbindlichkeiten. Man kann verschiedene *Deckungsrelationen* als Quotienten zwischen Vermögens- und Kapitalgruppen berechnen, zum Beispiel die folgenden kurz- bis mittelfristigen Liquiditätskennzahlen.

$$Liquidität\ 1.\ Grades = \frac{Liquide\ Mittel}{Kurzfristige\ Verbindlichkeiten}$$

$$Liquidität\ 2.\ Grades = \frac{Liquide\ Mittel + kurzfristig\ fällige\ Forderungen}{Kurzfristige\ Verbindlichkeiten}$$

Daraus eine Aussage über die Wahrscheinlichkeit von Zahlungsschwierigkeiten abzuleiten, ist für einen externen Bilanzanalytiker jedoch nur sehr begrenzt möglich. Es ist nicht ersichtlich, ob, wann und in welcher Höhe sich einzelne Vermögensgegenstände zu Geld machen lassen. Ebenso wenig lässt sich allen Rückstellungen und Verbindlichkeiten ansehen, ob und wann sie zu Auszahlungen führen. Auch entstehen im Lauf des Geschäftsbetriebs ständig neue Zahlungsverpflichtungen (z.B. Lohnzahlung) und Geldforderungen. Ergänzende Informationen zur Finanzlage können ggf. aus dem Anhang, dem Lagebericht oder einer Kapitalflussrechnung gewonnen werden.

8.4.2 Die Vermögenslage

Die Vermögenslage ist für Gläubiger von Bedeutung, weil das Betriebsvermögen zur Begleichung der Schulden herangezogen werden kann. Auch potentielle Investoren könnten am Vermögen interessiert sein. Folgende Umstände erschweren die Beurteilung.

- Nicht alle Vermögenswerte sind *in der Bilanz ausgewiesen.* So dürfen selbsterstellte immaterielle Werte (z.B. Ergebnisse von Forschung und Entwicklung, Werbung, Ausbildung, eigene Programmierungsleistungen) nicht in das Bilanzvermögen aufgenommen werden.

- Durch die Begrenzung der Bewertung auf Anschaffungs- bzw. Herstellungskosten kann das Vermögen erhebliche „*stille Reserven*" (Differenz zwischen Bilanzwert und höherem Marktwert) enthalten. Zum Beispiel steht ein 1959 erworbenes Stadtgrundstück noch immer mit dem Anschaffungswert von 50.000 Euro in der Bilanz, obwohl sein Marktwert jetzt 1 Mio. Euro beträgt. Der gleiche Effekt entsteht durch überhöhte Abschreibungen.

- Vor allem ist in der Bilanz die Addition der Werte einzelner Vermögensgegenstände enthalten, nicht der *Gesamtwert* des Unternehmens als fortbestehende Einheit. Dieser kann infolge des Know-hows, der Marktposition etc. wesentlich höher sein. Der Wert eines Unternehmens leitet sich ja nicht aus seiner Vermögenssubstanz, sondern aus seinen zukünftigen Gewinnaussichten ab. Extremes Beispiel für die Diskrepanz zwischen Unternehmenswert und bilanziellem Vermögenswert bietet ein Unternehmen, das gerade gegründet wurde, um eine neue, äußerst innovative Software zu vermarkten. Es hat kaum Nennenswertes zu bilanzieren, kann aber dennoch für einen potentiellen Erwerber schon hunderte von Millionen Euro wert sein.

Trotz dieser Einschränkungen kann versucht werden, die Vermögenslage kennzahlengestützt zu analysieren. Beispiel:

$$Anlagenintensität = \frac{Anlagevermögen}{Gesamtvermögen}$$

Ergänzende Informationen können ggf. wieder dem Anhang und dem Lagebericht entnommen werden.

8.4.3 Die Ertragslage

Die Beurteilung der Ertragslage, die für alle am Bestehen des Unternehmens Interessierten entscheidend ist, stößt ebenfalls auf Grenzen.

- Der Ansatz gewisser Aufwendungen ist von *unsicheren Zukunftsprognosen* abhängig (z.B. Rückstellungen).
- Ausgewiesene Erträge (Umsatzerlöse) können noch *ausfallen,* wenn der Abnehmer nicht zahlt.
- Der Gewinn einer abgelaufenen Periode kann nicht ohne weiteres in die *Zukunft* projiziert werden.

Darüber hinaus muss damit gerechnet werden, dass Unternehmer bzw. Manager aus verschiedenen Gründen bewusste *Bilanz- und Erfolgspolitik* betreiben. Zwecks Minimierung der Gewinnsteuern wird man das Ergebnis drücken wollen. Gehen die Geschäfte sehr gut, mag der Vorstand, um Aktionäre und Arbeitnehmer nicht begehrlich zu machen, ebenfalls zu bescheidenerem Gewinnausweis neigen. Gehen die Geschäfte schlecht, muss das Ergebnis geschönt werden, sonst werden Aktionäre und Banken rebellisch. Drei Arten von Instrumenten zur Beeinflussung des Gewinns stehen zur Verfügung:

- *Ausnutzung von Bilanzierungs-, Zuordnungs- und Bewertungswahlrechten.* Beispiele: Bildung bestimmter Aufwandsrückstellungen, Bewertung von Bestandserhöhungen an Erzeugnissen.
- *Juristische Sachverhaltsgestaltung.* Bereits während des Geschäftsjahrs wird die Wahlmöglichkeit zwischen verschiedenen juristischen Gestaltungsmöglichkeiten des gleichen wirtschaftlichen Sachverhalts genutzt, um das Ergebnis zu beeinflussen. Beispiel: Selbsterstellte immaterielle Vermögenswerte, wie Forschungsergebnisse, dürfen nicht bilanziert werden. Verselbständigt man die Forschungs- und Entwicklungsabteilung juristisch als eigene Gesellschaft, kann man ihr die Entwicklungsergebnisse abkaufen und zum Anschaffungspreis in die Aktiva einstellen. Dadurch wird das Ergebnis verbessert.
- *Wirtschaftliche Maßnahmen.* Beispielsweise können zur Erhöhung des Gewinns nicht betriebsnotwendige Gegenstände verkauft werden, die stille Reserven enthalten. Durch

Gewinnausschüttung von Tochtergesellschaften wird der Erfolg der Muttergesellschaft erhöht. Auch das Vorziehen oder Verschieben von Transaktionen kann dem Ziel der Erfolgsverschiebung dienen. Beispiele: Vorziehen von Anlagekäufen, um die Abschreibung früher beginnen zu können, Verzögerung einer Gewinnrealisation durch Auslieferung nach dem Abschlussstichtag, Gewinnminderung durch vorgezogene Wartungs- und Renovierungsaufwendungen.

Rentabilitätskennziffern. Zur Ergänzung des Gewinns als Erfolgsmaß sind eine Reihe von Kennziffern in Gebrauch. Sie werden aus Zahlen des Jahresabschlusses errechnet und sollen bei der Beurteilung der Kreditwürdigkeit des Unternehmens oder zur Unterstützung von Kapitalanlageentscheidungen dienen. Gebräuchlich ist die *Eigenkapitalrendite:*

$$Eigenkapitalrendite = \frac{Gewinn}{Eigenkapital}$$

wobei das Eigenkapital als Durchschnitt aus dem Wert zu Anfang und zu Ende des Jahres berechnet werden sollte. Die Eigenkapitalrendite (auch Eigenkapitalrentabilität genannt) soll angeben, wie hoch sich das Eigenkapital im Berichtsjahr in dem Unternehmen verzinst hat, und somit den Eigentümern einen Anhaltspunkt für die Entscheidung geben, ihre Beteiligung zu halten, zu erhöhen oder aufzugeben.

Ferner berechnet man die *Gesamtkapitalrendite:*

$$Gesamtkapitalrendite = \frac{Gewinn\ vor\ Abzug\ von\ Fremdkapitalzinsen}{Gesamtkapital}.$$

Zum Gewinn werden die abgezogenen Fremdkapitalzinsen wieder addiert, so dass man den gesamten Kapitalertrag erhält. Die Gesamtkapitalrendite wird auch als Gesamtkapitalrentabilität oder *Return on Investment (RoI)* bezeichnet. Sie soll zeigen, wie sich das im Unternehmen arbeitende gesamte Kapital verzinst hat.

Zur Beurteilung, ob eine Aktie am Markt unter- oder überbewertet scheint, wird das *Kurs-Gewinn-Verhältnis (price-earnings ratio, KGV)* herangezogen.

$$Kurs\text{-}Gewinn\text{-}Verhältnis = \frac{Kurs\ der\ Aktie}{Gewinn\ pro\ Aktie}.$$

Bei vergleichbaren Unternehmen erscheint die Aktie mit dem niedrigeren KGV relativ unterbewertet.

Die *Umsatzrendite* setzt das Betriebsergebnis (den Teil des Ergebnisses, der aus der Umsatztätigkeit stammt, also nicht etwa aus Finanzerträgen) zum Umsatz ins Verhältnis:

$$Umsatzrendite = \frac{Betriebsgewinn}{Umsatz}.$$

Die Umsatzrendite gibt an, welcher Teil des Umsatzes als Gewinn „übrig bleibt".

Cash Flow. Da der Gewinn von unsicheren Erwartungen abhängig und manipulierbar ist, zieht man zusätzlich den Cash Flow (siehe Abschnitt 6.2) als „objektives", bewertungsunabhängiges Erfolgsmaß heran. Als Cash Flow bezeichnet man den durch die Tätigkeit am Markt erzielten Einzahlungsüberschuss, d.h. die Differenz von Betriebseinzahlungen und -auszahlungen (Operating Cash Flow). Er kann in einzelnen Jahren auch negativ sein. Im Rahmen der Jahresabschlussanalyse wird er meist indirekt ermittelt:

Cash Flow =
Jahresüberschuss/-fehlbetrag
+ Abschreibungen
± Rückstellungsveränderungen

Daneben kann auch ein Non-Operating Cash Flow aus sonstigen, nicht güterwirtschaftlichen Aktivitäten (Finanzierung, Investitionen, Desinvestitionen) berechnet werden (Hahn/ Hungenberg 2001, S. 406ff.).

Prinzipiell steht der Cash Flow für drei Verwendungen zur Verfügung: Investition, Schuldentilgung und Ausschüttung. Er gibt daher auch Auskunft über die Finanzlage des Unternehmens. Inwieweit der Cash Flow aber tatsächlich zur freien Verfügung der Unternehmensleitung steht, ist eine andere Frage. Vielleicht sind Erneuerungsinvestitionen dringend erforderlich oder fällige Schulden zu begleichen, so dass in Wirklichkeit wenig oder keine finanziellen Mittel für Zukunftssicherung und Wachstum aus eigener Kraft (Innenfinanzierung) geschaffen wurden. Auch der Cash Flow kann daher nur ein Mosaikstein im Gesamtbild sein.

8.5 Internationalisierung der Rechnungslegung in Deutschland

Das externe Rechnungswesen in Deutschland unterliegt zunehmend internationalen Einflüssen. Wichtige Entwicklungen sind
die Annäherung an angelsächsische Rechnungslegungsgepflo-
genheiten sowie die Harmonisierung innerhalb der EU (Hütten/
Lorson 2001). Dieser Trend setzte bereits Ende der 1960er Jahre
ein. Ein wichtiger Meilenstein war dann die Notierung der da-
maligen Daimler-Benz AG an der New Yorker Börse (New York
Stock Exchange), die das Unternehmen zwang, nicht nur nach
deutschen HGB-, sondern auch nach amerikanischen Vorschriften (US-GAAP, Generally Accepted Accounting Principles) zu bilanzieren. Auch der Gesetzgeber hat die Internationalisierung
des deutschen Handelsbilanzrechts forciert: Bilanzrichtlinien-
Gesetz (BiRiLiG, 1985), Kapitalaufnahmeerleichterungsgesetz
(KapAEG, 1998), Gesetz zur Kontrolle und Transparenz im Un-
ternehmensbereich (KonTraG, 1998), Kapitalgesellschaften-&Co.-
Richtlinie-Gesetz (KapCoRiLiG, 2000) sowie Transparenz- und
Publizitätsgesetz (TransPuG, 2002) (Kirsch 2002). Den nächsten
Entwicklungsschub werden das Bilanzrechtsreformgesetz (Hüttemann 2004) und das Bilanzrechtsmodernisierungsgesetz brin-
gen.

Die Gründe für die zunehmende Internationalisierung der
Rechnungslegung sind vielfältig (Hütten/ Lorson 2001):
- die zunehmende Nutzung der internationalen Kapitalmärkte
  durch deutsche Unternehmen, die oft eine Orientierung an
  ausländischen Regeln (z.B. US-GAAP) erfordert;
- die Harmonisierung der Rechnungslegungsvorschriften in
  der EU, die zu Anpassungen des nationalen Rechts führt;
- Bestrebungen der Deutschen Börse, den Finanzplatz
  Deutschland durch Orientierung an internationalen Standards (z.B. Quartalsberichterstattung) für ausländische Anleger attraktiv zu machen;
- ausländische Konzernmütter, die von ihren deutschen Töch-
  tern eine Bilanzierung nach internationalen Standards verlangen;
- deutsche Unternehmen, die sich von einer Bilanzierung nach
  US-GAAP oder International Financial Reporting Standards

(IFRS, früher: IAS, International Accounting Standards) Imagevorteile und verbesserte Investor Relations versprechen;

- deutsche Unternehmen, deren ausländische Töchter nach US-GAAP oder IFRS bilanzieren müssen oder die eine Vereinheitlichung von internem und externem Rechnungswesen anstreben und sich dabei an den für Steuerungszwecke geeigneteren angelsächsischen Rechnungslegungsstandards orientieren, sowie
- das Wirken privatrechtlicher Institutionen, etwa des Instituts der Wirtschaftsprüfer (IdW) oder des Deutschen Rechnungslegungs-Standards Committee (DRSC).

Bremsend wirkt gegenwärtig im Bereich des Einzelabschlusses noch das in Deutschland geltende Prinzip der Maßgeblichkeit der Handels- für die Steuerbilanz (Hüttemann 2004, S. 205f.).

Die angelsächsisch geprägte Rechnungslegung ist enger als die deutsche Bilanztheorie mit modernen ökonomischen Theorieentwicklungen (Agency-Theorie, Investitions- und Finanzierungstheorie usw.) verknüpft. Diese theoretische Verankerung prägt die fundamentalen Grundsätze der angelsächsischen Rechnungslegung, z.B. die Vorstellung über den Zweck des Jahresabschlusses. Aus den Grundsätzen werden die von den Unternehmen zu beachtenden Rechnungslegungsnormen (Standards) abgeleitet (Hütten/ Lorson 2001). Die Weiterentwicklung dieser Standards liegt in den Händen privatrechtlicher Organisationen, vor allem des International Accounting Standards Committee (IACS) bei den IFRS und des Financial Accounting Standards Board (FASB) bei den US-GAAP. Nach dem Vorbild dieser Organisationen wurde 1998 das Deutsche Rechnungslegungs-Standards Committee (DRSC) mit Sitz in Berlin gegründet.

Die angelsächsische Rechnungslegung ist wesentlich weniger als das HGB dem Gedanken des Gläubigerschutzes verpflichtet. Stattdessen steht die Zielsetzung im Vordergrund, den Adressaten des Jahresabschlusses nachvollziehbare Informationen zur Verfügung zu stellen, die für sie bei ihren wirtschaftlichen Entscheidungen nützlich sind *(decision usefulness)*. Die Vermittlung eines den tatsächlichen Verhältnissen entsprechenden Bildes der Vermögens-, Finanz- und Ertragslage *(„true and fair view")* tritt – anders als im HGB – im Konfliktfall nicht hinter den Gedanken des Gläubigerschutzes zurück. Die IFRS verpflichten Unternehmen, folgende Zahlenwerke vorzulegen: Bilanz, GuV, Aufstellung über die Veränderung des Eigenkapitals, Kapitalflussrechnung, Anhang sowie andere zum Abschluss gehörende Aufstellungen und Erläuterungen. Unter bestimmten Bedingungen sind eine Segmentberichterstattung und die Angabe des Ergebnisses je Aktie *(Earnings per share)* Pflicht. Die US-GAAP sehen statt der anderen Aufstellungen und Erläuterungen einen Lagebericht vor; eine Segmentberichterstattung ist stets erforderlich (Oestreicher 2003, S. 163ff. u. 220ff.). Die meisten dieser Rechnungslegungsinstrumente finden sich inzwischen auch im deutschen Konzernabschlussrecht (vgl. Kapitel 8.1).

8.6 Zwecke und Aufbau der Kosten- und Leistungsrechnung

8.6.1 Zwecke der Kosten- und Leistungsrechnung

Die Kosten- und Leistungsrechnung dient der Erfassung der betrieblichen Wertverzehre (Kosten) und Wertentstehungen (Leistungen) zu folgenden Zwecken:

- Kontrolle des Betriebs und seiner organisatorischen Untereinheiten („Kostenstellen"),
- Bereitstellung relevanter Informationen für Entscheidungen, sowie
- Bewertung von Beständen an Halb- und Fertigerzeugnissen für die Bilanzierung zu Herstellungskosten.

Kontrolle. Dieser Zweck setzt einen Vergleich voraus: Kosten und/oder Leistungen einer Einheit werden mit Basisgrößen verglichen. Die vorherige Festlegung von Kosten- und/oder Leistungsvorgaben wird als Budgetierung bezeichnet. Nach der Vergleichsbasis unterscheidet man Zeitvergleiche, Betriebsvergleiche und Soll-Ist-Vergleiche. Zeitvergleiche sind meist der einfachste und von den Mitarbeitern am ehesten akzeptierte Weg. Allerdings führt er nicht notwendig zu einer besonders wirtschaftlichen Betriebsgebarung. Betriebsvergleiche sind in der Regel nur in Unternehmen mit mehreren vergleichbaren Betriebsstätten anwendbar. Soll-Ist-Vergleiche sind die anspruchs-

vollste Methode, weil sie eine profunde Analyse des Leistungsprozesses voraussetzen. Am ehesten sind sie in einfachen Ferti-
gungsprozessen anwendbar, am schwierigsten ist die Bestimmung sinnvoller Sollgrößen bei komplexen geistigen Leistungen, wie sie etwa im Verwaltungs-, Vertriebs- und Forschungs-
bereich vorkommen.

Informationen für Entscheidungen. In zahlreichen Entscheidungssituationen sind Daten erforderlich, die aus dem internen
Rechnungswesen kommen. Zum Beispiel erfordern Entscheidungen über das Produktionsprogramm Informationen über die
Herstellungskosten der einzelnen Produkte. Das gleiche gilt für
Preisentscheidungen und für Entscheidungen über Eigenfertigung oder Fremdbezug *(Make or buy)* von Teilen. Bei der Entscheidung, ob eine Anlage noch weiterbetrieben oder durch eine
neue ersetzt werden soll, sind Kostendaten von Bedeutung,
ebenso bei der Wahl zwischen technologischen Alternativen.

Bilanzielle Bestandsbewertung. Wie erwähnt sind eigene Erzeugnisse in der Bilanz und in der GuV-Rechnung mit den Herstellungskosten zu bewerten, sofern nicht ein niedrigerer
Marktwert anzusetzen ist. Aufgabe der Kostenrechnung ist die
Kostenermittlung für diese Bestände.

8.6.2 Aufbau der Kosten- und Leistungsrechnung

Die Abrechnung geht durch drei aufeinander folgende Bereiche
(Stufen):

1. die Kostenartenrechnung,
2. die Kostenstellenrechnung,
3. die Kostenträgerrechnung.

Kostenartenrechnung. In der Kostenrechnung werden nicht
Ausgaben oder Auszahlungen erfasst, sondern Kosten. Gewöhnlich beruhen diese auf Auszahlungen, die allerdings in anderen
Rechnungsperioden liegen können. Hauptkriterium der Periodi-
sierung ist der *Verbrauch.* Wird zum Beispiel Material im Produktionsprozess verarbeitet, werden entsprechende Kosten erfasst. Löhne und Gehälter, Strom- und Telefonrechung werden
als Kosten dem Monat zugeordnet, in dem die Produktionsfaktoren Arbeitskraft, Energie und Kommunikation verbraucht wur-

den. Die Anschaffungsauszahlung einer Maschine wird in Form von Abschreibungen über die Nutzungsdauer verteilt. Während Sie im Haushaltsbuch im Mai die Ausgabe für einen Kasten Bier vermerken, registriert der Kostenrechner das Bier erst im Juni, wenn es verbraucht wird.

In erster Annäherung sind Kosten identisch mit Aufwand. Man kann allerdings Unterscheidungen treffen, zumal die Kostenrechnung nicht gesetzlich reglementiert ist und völlige Freiheit besteht, welche Wertverzehre man in der Kostenrechnung überhaupt berücksichtigen und wie man sie bewerten will. Außerordentlicher Aufwand (z.B. Feuerschäden), betriebsfremder Aufwand (z.B. für die Werkswohnungen einer Chemiefabrik) und bewertungsbedingter neutraler Aufwand (z.B. für überhöhte Abschreibungen in der Bilanz) werden in der Kostenrechnung meist nicht berücksichtigt. Stattdessen werden z.T. kalkulatorische Kosten angesetzt, z.B. ein kalkulatorischer Unternehmerlohn für den mitarbeitenden Gesellschafter einer OHG oder kalkulatorische Zinsen auf das Eigenkapital.

Die Kostenbeträge einer Abrechnungsperiode werden gesammelt, und zwar sortiert nach Produktionsfaktoren. Die wichtigsten Kostenarten sind meist die Personal- und die Materialkosten. Weitere wichtige Kostenarten sind Fremdleistungen, Abschreibungen, Zinsen und Steuern. (Im Fall der Steuern fällt es schwer, einen Produktionsfaktorverbrauch zu erkennen.)

Kostenstellenrechnung. Kosten werden den organisatorischen Einheiten (Kostenstellen) zugerechnet, von denen oder für die sie veranlasst wurden. Damit soll zunächst die Kontrolle über einzelne Personen und Bereiche ermöglicht werden. Man kann prüfen, wie die Kosten sich im Vergleich zur Vorperiode oder zu vorgegeben Plankosten verhalten. Dabei wird eine schwankende Beschäftigung der Kostenstelle zu berücksichtigen sein.

Andererseits ist die Kostenstellenrechnung ein wichtiges Hilfsmittel für die im nächsten Schritt folgende Zurechnung der Kosten auf die Produkte oder internen Leistungen. Denn die Kosten einer beliebigen Stelle sind nur denjenigen Leistungen zuzurechnen, die diese Stelle beansprucht haben.

Kostenträgerrechnung. Kostenträger sind Produkte, Aufträge, Projekte oder sonstige Leistungseinheiten. Man unterscheidet zwei Formen der Kostenträgerrechnung. Die erste ist die *Kalku-*

lation (oder Kostenträgerstückrechnung), d.h. die Ermittlung der Kosten eines Produkts, Auftrags o. ä. Die zweite ist die *interne Erfolgsrechnung,* eine periodenbezogene Rechnung, in der Kosten und Leistungen des Abrechnungszeitraums gegenübergestellt werden. Im Unterschied zur externen Gewinn- und Verlustrechnung kann in einer internen Erfolgsrechnung der erzielte Erfolg beliebig aufgespalten werden − z.B. nach Produkten, Märkten, Regionen − und lässt daher detaillierte Analysen zu, die die Basis für Entscheidungen bilden können. Auch wird die GuV-Rechnung in den meisten Unternehmen nur einmal im Jahr aufgestellt, die interne Erfolgsrechnung − sie wird auch als Kurzfristige Erfolgsrechnung oder Kostenträgerzeitrechnung bezeichnet − dagegen monatlich oder vierteljährlich.

8.7 Die Abhängigkeit der Kosten von der Beschäftigung

Kosten hängen von vielen Einflussfaktoren ab. Ein wichtiger Faktor ist die „Beschäftigung". Zum Beispiel ist in einer Autofabrik die Anzahl der gebauten Fahrzeuge der Haupteinflussfaktor für die Materialkosten (Bleche, Zulieferteile) und die Kosten der Arbeitsstunden.

Die Beschäftigung eines Betriebs oder einer einzelnen Kostenstelle ist in der Regel keine homogene Größe. Zum Beispiel hat ein Reparaturbetrieb sehr unterschiedliche Leistungen zu erbringen, deren Anteil sich von Monat zu Monat ändert. Dann kommt man nicht mit einer einzigen Beschäftigungsgröße aus.

Die Kenntnis der Abhängigkeit der Kosten von der Beschäftigung ist von großer Bedeutung sowohl für die Kontrollfunktion der Kostenrechnung als auch für Entscheidungszwecke. Diese Abhängigkeit wird durch *Kostenfunktionen* abgebildet:

$$K(x) \text{ bzw. } K(x_1, x_2, ..., x_n)$$

gibt die Kosten pro Zeiteinheit in Abhängigkeit von der Beschäftigung x bzw., wenn mehrere Beschäftigungsgrößen verwendet werden, in Abhängigkeit von den Beschäftigungsmengen x_1 bis x_n an.

8.7.1 Einzelkosten und Gemeinkosten

Einzelkosten sind Kosten, die einem Objekt (hier insbesondere: einem Kostenträger) ursächlich zugerechnet werden können in dem Sinne, dass die Kosten vermieden werden könnten, wenn dieses Objekt nicht existierte. *Gemeinkosten* dagegen fallen für eine Mehrheit von Objekten an. Im Hinblick auf Produkte sind Gemeinkosten also solche Kosten, die für die Erstellung mehrerer oder aller Produkte entstehen. Sie können dem einzelnen Objekt nicht ursächlich zugerechnet werden. Nehmen Sie als Beispiel die eben genannte Kostenfunktion

$$K(x_1, x_2, ..., x_n),$$

in der $x_1, x_2, ..., x_n$ die Mengen der monatlich produzierten Erzeugnisse Nr. 1 bis n bedeuten sollen. Unterstellen wir, Produkt n würde ersatzlos aus dem Programm genommen, während die übrigen Erzeugnisse auf dem gleichen Niveau weiterproduziert werden. Diejenigen Kosten, die dann abgebaut werden können, sind Einzelkosten des Produkts n.

In der Praxis ist es vielfach üblich, alle Kosten auf die Produkte zu verteilen. Mit Hilfe irgendwelcher Schlüssel werden auch die Gemeinkosten umgelegt (vgl. Kapitel 8.9.3). Solche Schlüsselungen sind gefährlich, weil sie zu Fehlinterpretationen und Fehlentscheidungen führen können. Zum Beispiel werden Raumkosten (Miete, Heizung, Beleuchtung, Reinigung etc.) auf die Produkte aufgeschlüsselt, die in der Werkhalle erzeugt werden. Diese Kosten sind Gemeinkosten. Zeigt sich nun in der Kalkulation, dass die Kosten eines Produkts X höher sind als die Erlöse, könnte der Schluss gezogen werden, X nicht mehr herzustellen. Dies könnte ein Fehler sein, weil die eingerechneten Gemeinkosten bei Aufgabe des Produkts nicht wegfallen würden.

8.7.2 Fixe und variable Kosten

Fixe Kosten sind Kosten, die vom Beschäftigungsniveau unabhängig sind, variable Kosten verändern sich mit diesem, d.h. sie steigen in der Regel monoton mit der Beschäftigung. Die Kostenfunktion lautet

$$K(x) = K_{Fix} + K_{var}(x)$$

bzw. bei mehreren Beschäftigungsgrößen

$$K(x_1, x_2, ..., x_n) = K_{Fix} + K_{var}(x_1, x_2, ..., x_n).$$

Auch diese Unterscheidung ist wichtig. Mischt man fixe und variable Kosten durcheinander und berechnet daraus einen Stückkostenbetrag des Produkts, so kann man nicht erkennen, ob es sich lohnt, mehr oder weniger als bisher zu produzieren. Relevant ist nur, ob der Erlös größer ist als der variable Kostenanteil. Auch für die Frage „Eigenfertigung oder Fremdbezug" ist die Kenntnis der variablen Anteile wichtig. Wenn Sie überlegen, ob Sie billiger mit dem Zug oder mit dem Auto in Urlaub fahren, sollten Sie *nicht* mit dem Kostensatz von 0,70 Euro pro Kilometer rechnen, den Ihr Auto laut ADAC-Tabelle verursacht, denn darin sind die fixen Kosten eingerechnet.

	Einzelkosten	Gemeinkosten
Fixe Kosten	Miete für Lagerhalle, die nur für Produkt X dient	Geschäftsführergehalt, Miete für Verwaltungsgebäude, Abschreibung auf flexibles Fertigungssystem, Zinsen auf Bankkredit
Variable Kosten	Fertigungsmaterial bei zusammensetzender Produktion, Verpackungsmaterial, Akkordlohn in der Fertigung	Fertigungsmaterial bei Kuppelproduktion, Rüstkosten bei Serienwechsel, Heizkosten der Werkshalle

Abb. 8-5: Kostenkategorien

Die Festigkeit fixer Kosten ist relativ; sie gilt nur innerhalb eines bestimmten Beschäftigungsintervalls und Zeitintervalls. Überschreitet man das *Beschäftigungsintervall*, dann kommen zusätzliche Fixkosten ins Spiel, weil z.B. eine zusätzliche Arbeitskraft eingestellt oder eine weitere Maschine angeschafft wird. Man spricht hier von *„sprungfixen Kosten"*. Je kürzer das *Zeitintervall*, desto mehr Kosten sind fix. Personalkosten sind innerhalb eines Monats praktisch vollständig fix, innerhalb eines Jahres zum größten Teil abbaubar. Durch Kombination der beiden Begriffspaare ergeben sich vier Kategorien, wie in der Abbildung 8-5 mit Beispielen gezeigt.

8.7.3 Durchschnittskosten und Grenzkosten

Durchschnittskosten (auch als Stückkosten oder Einheitskosten bezeichnet) erhält man, wenn man die Kosten einer Periode durch die Beschäftigungsmenge der gleichen Periode dividiert:

$$k(x) = \frac{K(x)}{x}.$$

Wenn mehrere Beschäftigungsgrößen verwendet werden, führt die Existenz von Gemeinkosten dazu, dass sich keine sinnvollen Durchschnittskosten ermitteln lassen. Zum Beispiel werden in einem Betrieb verschiedenartige elektrische Haushaltsgeräte gefertigt. Teilweise beanspruchen die Geräte die gleichen Produktionsanlagen, so dass Gemeinkosten entstehen. Aus dem Bedürfnis der Praxis heraus, Stückkosten der einzelnen Geräte zu ermitteln, werden die Gemeinkosten mehr oder weniger willkürlich den Produkten zugeschlüsselt. Auf die Gefahr solcher Schlüsselungen wurde im vorigen Abschnitt hingewiesen.

Grenzkosten sind die Kosten, die zusätzlich entstehen, wenn von einem bestimmten Beschäftigungsniveau ausgehend die Beschäftigung um eine Einheit erhöht wird. Statt von den Grenzkosten einer Einheit kann man auch von den Grenzkosten eines Auftrags oder einer bestimmten Menge sprechen. Ist die Kostenfunktion $K(x)$ differenzierbar, so spricht man von Grenzkosten im mathematischen Sinn als der ersten Ableitung

$$K'(x) = dK(x)/dx.$$

Grenzkosten spielen in vielen Entscheidungssituationen eine bedeutende Rolle. Immer dann, wenn kurzfristige Entscheidungen getroffen werden, die die fixen Kosten nicht berühren, sind nur die Grenzkosten entscheidungsrelevant. Zum Beispiel sind für die Frage, ob eine Warenlieferung günstiger mit dem Spediteur oder einem eigenen Fahrzeug ausgeliefert werden soll, die Frachtgebühren des Spediteurs mit den Grenzkosten des eigenen Fahrzeugs zu vergleichen. Die Grenzkosten umfassen Kraftstoff, Abnutzung von Verschleißteilen und anteilige Wartung,

aber nicht den Fahrerlohn (der fix ist), die Steuern, die Versiche-
rung und die zeitbedingte Abschreibung des Fahrzeugs.

Abbildung 8-6 zeigt einige Kostenfunktionen und die dazu-
gehörigen Durchschnittskosten- und Grenzkostenverläufe. Bitte
machen Sie sich klar, wie sich die letzteren aus den ersteren ergeben.

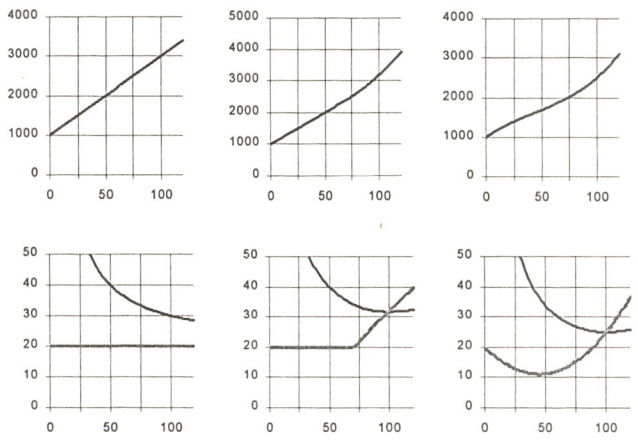

Abb. 8-6: Obere Reihe: Kostenfunktionen, untere Reihe: daraus abgeleitete Stückkostenfunktionen und (darunter) Grenzkostenfunktionen

8.8 Die Kostenstellenrechnung

Bei der Bildung von Kostenstellen sollten folgende Anforderungen beachtet werden:

- Für jede Kostenstelle sollte es einen Verantwortlichen geben
  (Kontrollaspekt). Daher sollten keine Kostenstellen gebildet
  werden, für die keine eindeutige Verantwortlichkeit einer
  Person oder eines Gremiums besteht.
- Jede Kostenstelle sollte eine möglichst homogene Leistung
  erbringen; dadurch wird sowohl die Kostenkontrolle als
  auch die verursachungsgemäße Weiterverrechnung auf Kostenträger erleichtert. Zum Beispiel ist die Leistung der Kos-

tenstelle „Röntgenabteilung" homogener als die einer Kostenstelle „Werksarzt". Für erstere lässt sich eine klarere Abhängigkeit der Kosten von der Beschäftigung bestimmen, für letztere existiert kein einzelnes Beschäftigungsmaß, das eine eindeutige Beziehung zu den Kosten aufweist.

- Die Kosten sollen sich den Kostenstellen möglichst eindeutig zurechnen lassen. Das ist z.B. nicht erfüllt, wenn Mitarbeiter zwischen mehreren Kostenstellen fluktuieren, Verbrauchsmaterial unkontrolliert ausgetauscht wird u. ä.

Zwischen diesen Anforderungen bestehen oft Konflikte, so dass Kompromisse geschlossen werden müssen.

Manche Kostenstellen sind direkt an der Erstellung und Verwertung der für den Markt bestimmten Güter oder Dienstleistungen beteiligt, manche erbringen Leistungen für andere Kostenstellen. Die ersteren werden als *Hauptkostenstellen,* die letzteren als *Hilfskostenstellen* bezeichnet. Beispiele für Hauptkostenstellen sind Fertigungs- und Montagestellen sowie Vertriebsstellen. Hilfskostenstellen sind zum Beispiel Kantine, Rechenzentrum, Reparaturbetriebe, Dampferzeugung, Kfz-Bereitschaft oder Sanitätsstation.

Bei manchen Kostenstellen ist nicht so klar, ob sie als Haupt- oder Hilfskostenstellen behandelt werden sollten, z.B. Forschung und Entwicklung, Konstruktion und der ganze Bereich der „Verwaltung" (Unternehmensleitung, Personalabteilung, Finanzen und Rechnungswesen etc.). Die Leistungen solcher Stellen können teilweise als Dienstleistungen für andere Stellen interpretiert werden, teilweise auch als produktbezogene Leistungen; für einen Großteil der Verwaltungskosten ist weder die eine noch die andere Interpretation möglich. Die Handhabung in der Praxis ist unterschiedlich.

Die Hilfskostenstellen werden danach unterteilt, ob sie für sämtliche Bereiche des Unternehmens tätig sind oder nur für die Produktion. Im ersten Fall heißen sie *Allgemeine Kostenstellen* (z.B. Heizwerk, Sozialeinrichtungen). Im letzten Fall werden sie als *Fertigungshilfsstellen* bezeichnet (z.B. Dampferzeugung, Abwasserreinigung).

Die Unterscheidung in Haupt- und Hilfsstellen ist insofern wichtig, als sie abrechnungstechnisch unterschiedlich behandelt werden: Hilfsstellen rechnen ihre Leistungen an die Hauptstellen ab, die Hauptstellen geben ihre Kosten an die Kostenträger weiter (Abbildung 8-7).

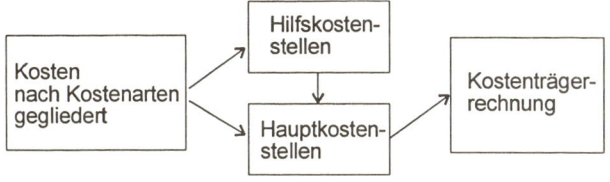

Abb. 8-7: Kostendurchlauf

8.9 Die Kalkulation

8.9.1 Zwecke und Arten

Kalkulation ist die Zuordnung von Kosten zu Kostenträgern, also den Produkten und Dienstleistungen. Kalkulationen können sich auf ein einzelnes Teil oder auf größere Gesamtheiten, wie Kundenaufträge, Serien oder Projekte beziehen.

Als Zwecke der Kalkulation sind vor allem zu nennen

- die Ermittlung von *Angebotspreisen,*
- die Entscheidung über *Annahme oder Ablehnung eines Auftrages* bei vorgegebenem Preis,
- Entscheidungen über das *Produktionsprogramm* und damit zusammenhängend auch über Erweiterungsinvestitionen oder Kapazitätsabbau,
- Entscheidungen über *Eigenerstellung oder Fremdbezug* von internen Leistungen oder Zwischenprodukten,
- die *Bewertung* von Halb- und Fertigerzeugnissen in der Bilanz.

In der Praxis existiert eine große Vielfalt von Kalkulationsverfahren. Zum einen unterscheidet man zwischen Kalkulationen auf Istkosten-, Normalkosten- oder Plankosten-Basis. Normal- oder Plankostenkalkulationen müssen zumindest von Zeit zu Zeit durch Istkalkulationen überprüft und aktualisiert werden.

Ferner ist zwischen Kalkulationen zu *Vollkosten* und zu *Teilkosten* zu unterscheiden. Vollkostenkalkulationen rechnen die

fixen und variablen Kosten ungetrennt auf Produkte um. Teilkos-
tenkalkulationen spalten fixe und variable Kosten und verrech-
nen sie getrennt auf Kostenträger. Beide Rechnungen sind für
unterschiedliche Zwecke relevant. Vollkostenrechnungen können für langfristige Preis- und Programmentscheidungen sowie
für die bilanzielle Bewertung von Belang sein, während z.B. bei
Entscheidungen über die Annahme eines Zusatzauftrags bei
freien Kapazitäten die Kenntnis der variablen Kosten pro Produkteinheit wichtig ist.

Wir werden exemplarisch die Divisionskalkulation und die
Zuschlagskalkulation behandeln.

8.9.2 Die Divisionskalkulation

Ein Betrieb, der eine einzige Endproduktart erzeugt, kennt definitionsgemäß nur Einzelkosten, keine Gemeinkosten. Alle Kosten sind dem Produkt zurechenbar. Beispiele sind ein Braun-
kohletagebau, eine Getränkeabfüllstation oder eine Tennishalle.
Bei diesen einfachen Produktionsverhältnissen ist die Divisionskalkulation anwendbar.

Die gesamten Kosten der Abrechnungsperiode, K, werden
durch die gesamte Leistungsmenge der Periode, x, dividiert. So
erhält man die Kosten pro Leistungseinheit, K/x. Dies sind Vollkosten; will man die variablen Kosten pro Einheit wissen, dividiert man die variablen Kosten durch die Leistungsmenge:

$$k_{var}(x) = \frac{K_{var}(x)}{x}.$$

Dieses simple Verfahren wird fragwürdig, wenn Lagerbestände
an Zwischen- oder Endprodukten existieren und sich von Periode zu Periode ändern. Die Homogenität der Leistung ist dann
nicht mehr gegeben. Jede Produktionsstufe hat ihre eigene Beschäftigungsgröße. Die Kosten müssen nach Bereichen (Kostenstellen) aufgeteilt werden und in jedem Bereich ist eine Divisionskalkulation durchzuführen: Dies ist die *mehrstufige Divisionskalkulation.*

Betrachten Sie eine Anlage, in der eine Chemikalie X erzeugt
wird. Die Produktion geht kontinuierlich vor sich, die erzeugte
Menge wird in einem Tank gelagert und dort bei Bedarf für die

Kunden in Fässer abgefüllt. In einem bestimmten Monat wurden 2.000 Tonnen erzeugt, aber nur 1.600 Tonnen verkauft. Die Kosten sind in Abbildung 8-8 angegeben.

	Produktion	Vertrieb
Fixe Kosten	15.000	4.000
Variable Kosten	45.000	800
Gesamtkosten	60.000	4.800

Abb. 8-8: Kostendaten für ein Beispiel mit zweistufiger Divisionskalkulation

In der ersten Stufe (Produktion) erhält man die Herstellungskosten pro Einheit, indem man die Produktionskosten durch die produzierte Menge teilt:

Volle Herstellungskosten = 60.000/2.000 = 30,00 Euro
Variable Herstellungskosten = 45.000/2.000 = 22,50 Euro.

In der zweiten Stufe ergeben sich die Vertriebskosten pro Einheit, indem man die Vertriebskosten durch die abgesetzte Menge dividiert:

Volle Vertriebskosten = 4.800/1.600 = 3,00 Euro
Variable Vertriebskosten = 800/1.600 = 0,50 Euro.

Die Summe aus Produktions- und Vertriebskosten pro verkaufte Tonne ergibt sich durch Addition:

Vollkosten = 33,00 Euro, variable Kosten = 23,00 Euro.

Die Anwendbarkeit der mehrstufigen Divisionskalkulation setzt nicht voraus, dass der ganze Betrieb nur eine homogene Leistung erbringt. Sie ist für jede Produktions- oder Vertriebsstufe geeignet, die eine homogene Leistung erstellt. Dabei können dennoch unterschiedliche Produkte entstehen, wie es das Beispiel in Abbildung 8-9 zeigt.

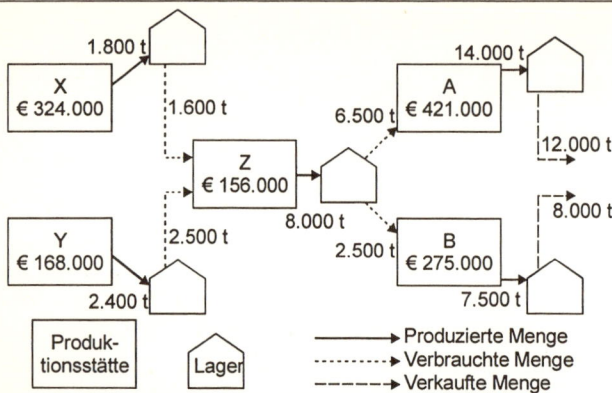

Abb. 8-9: Mehrstufige Divisionskalkulation für mehrere Endprodukte

Hier werden in getrennten Betrieben zwei Ausgangsprodukte, X und Y, erzeugt, die beide zur Produktion eines Zwischenprodukts Z benötigt werden. Aus Z werden dann, wiederum in getrennten Anlagen, die Endprodukte A und B hergestellt. Die Zahlen in den Kästchen bezeichnen die Kosten der Abrechnungsperiode im jeweiligen Betriebsteil. (Der Einfachheit halber unterscheiden wir nicht zwischen fixen und variablen Kosten). Die Produkte A und B werden von der gleichen Vertriebsabteilung betreut, so dass diese keine homogene Leistung erbringt und nicht in die Divisionskalkulation einbezogen werden kann.

Soweit von einem Stoff Anfangsbestände vorhanden waren – das muss mindestens bei Y, Z und B der Fall sein, da von diesen Stoffen mehr gebraucht als produziert wurde – sei angenommen, dass die Anfangsbestände mit den gleichen Herstellungskosten angesetzt werden wie die Produktion der laufenden Periode.

Die stufenweise Kalkulation der Herstellungskosten liefert dann folgende Werte:

$$X: \frac{324.000}{1.800} = 180,00 \text{ Euro}$$

$$Y: \frac{168.000}{2.400} = 70,00 \text{ Euro}$$

$$Z: \frac{1.600 \cdot 180 + 2.500 \cdot 70 + 156.000}{8.000} = 77,375 \text{ Euro}$$

$$A: \frac{6.500 \cdot 77,375 + 421.000}{14.000} = 66,00 \text{ Euro}$$

$$B: \frac{2.500 \cdot 77,375 + 275.000}{7.500} = 62,46 \text{ Euro}.$$

8.9.3 Die Zuschlagskalkulation

Die Zuschlagskalkulation beruht auf der Trennung von (variablen) Einzelkosten einerseits und Gemeinkosten andererseits. Fixe Einzelkosten werden dabei wie Gemeinkosten behandelt. Die Einzelkosten werden den Kostenträgern direkt zugerechnet. Die Gemeinkosten werden ihnen „zugeschlagen". Anwendungsbereich der Zuschlagskalkulation sind Mehrproduktbetriebe, bei denen die Produkte sich erheblich voneinander unterscheiden, aber wenigstens zum Teil die gleichen Arbeitsplätze beanspruchen (konkurrierende Produktion).

	Einzelmaterial		Einzellöhne		Einzelkosten	
	Pro Stück	Insgesamt	Pro Stück	Insgesamt	Pro Stück	Insgesamt
Produkt X	3,00	3.000	25,00	25.000	28,00	28.000
Produkt Y	8,00	32.000	41,00	164.000	49,00	196.000
Produkt Z	11,00	27.500	52,00	130.000	63,00	157.500
Summe		62.500		319.000		381.500
Gemeinkosten						65.240

Abb. 8-10: Daten für ein Beispiel zur summarischen Zuschlagskalkulation

Eine primitive Variante, die *summarische Zuschlagskalkulation,* differenziert die Gemeinkosten nicht nach Kostenstellen oder -bereichen, sondern verteilt sie mit Hilfe einer einzigen Zuschlagsbasis auf die Kostenträger. Abbildung 8-10 enthält die Zahlen für ein Beispiel.

Je nachdem, ob man die Gemeinkosten für annähernd proportional zu den Einzelmaterial-, Einzellohn- oder gesamten Einzelkosten hält, wird man die Gemeinkosten durch die entsprechende Einzelkostensumme teilen. So erhält man prozentua-

le Material-, Lohn- bzw. Einzelkostenzuschlagssätze. Die unterschiedlichen Kalkulationsergebnisse zeigt Abbildung 8-11. Werden zum Beispiel die Gemeinkosten auf die Einzelmaterialkosten
umgelegt, so ergibt sich ein Zuschlagssatz von 65.240/62.500 =
104,384%. Für Produkt X bedeutet das einen Gemeinkostenzu-
schlag von 3,00 · 1,04384 = 3,13 Euro.

Zuschlags- basis	Einzel- material	Einzel- lohn	Einzel- kosten	Ge- mein- kosten- zu- schlag	Ge- samt- kosten pro Stück
Zuschlagssatz	104,384%	20,451%	17,1%		
Produkt X	*3,00		28,00	3,13	31,13
		*25,00	28,00	5,11	33,11
			*28,00	4,79	32,79
Produkt Y	*8,00		49,00	8,35	57,35
		*41,00	49,00	8,38	57,38
			*49,00	8,38	57,38
Produkt Z	*11,00		63,00	11,48	74,48
		*52,00	63,00	10,63	73,63
			*63,00	10,77	73,77
* Zuschlagsbasis					

Abb. 8-11: Ergebnisse der summarischen Zuschlagskalkulation

Die summarische Zuschlagskalkulation ist zu vertreten, wenn
die Gemeinkosten nur einen geringen Anteil am Gesamtkosten-
block haben. Ein Vorteil ist ihre Einfachheit; sie erfordert keine
Kostenstellenrechnung.

Bei der *differenzierenden Zuschlagskalkulation* wird für jede
Hauptkostenstelle mindestens eine Zuschlagsbasis definiert, die
zur Weitergabe der Gemeinkosten an die Kostenträger dient, die
die Stelle beansprucht haben. Als Zuschlagsbasen dienen u.a.

- *Einzellohnkosten* (direkte Fertigungslöhne). Jede Fertigungs-
  stelle verrechnet ihre Gemeinkosten auf die Produkte proportional zu den von ihnen in dieser Stelle verursachten
  Einzellöhnen,

- *Einzelmaterialkosten;* diese werden insbesondere zur Verteilung der Materialgemeinkosten, d.h. der Gemeinkosten der Materialstellen benutzt,
- *Bearbeitungszeiten* in Fertigungsstellen oder auf einzelnen Maschinen. Diese Bezugsbasis ist besonders bei hoch mechanisierten oder automatisierten Bearbeitungsvorgängen sinnvoll, weil hier kaum Einzellohnkosten anfallen,
- *Herstellkosten* (Summe der Einzelkosten und Material- und Fertigungsgemeinkosten) als Basis für die Verwaltungs- und Vertriebs-Gemeinkostenzuschläge.

Einzellohnkosten oder Einzelkosten waren früher übliche Zuschlagsbasen. In dem Maße, wie sich die Produktion von manueller auf mechanisierte Tätigkeit verlagert, wächst der Anteil der Gemeinkosten und sinkt der Anteil der Einzelkosten. Daher werden die Gemeinkosten-Zuschlagssätze auf Einzelkosten immer höher und somit fragwürdiger. Schließlich handelt es sich um Gemeinkosten, also Kosten, die definitionsgemäß einzelnen Kostenträgern nicht zurechenbar sind. Wird ein sehr großer Gemeinkostenblock dennoch auf diese Weise verteilt, verliert die Kalkulation ihre Aussagekraft. Eine Lösung verspricht die Prozesskostenrechnung (vgl. Kapitel 8.11).

8.10 Die interne Erfolgsrechnung

8.10.1 Die einstufige Deckungsbeitragsrechnung

Die interne kann ebenso wie die externe Erfolgsrechnung nach dem Gesamtkostenverfahren oder nach dem Umsatzkostenverfahren aufgemacht werden. Ersteres eignet sich aber nicht besonders, denn man will ja gerade die Erfolge der einzelnen Produkte ersehen, und die Erfolgsspaltung ist nur nach dem Umsatzkostenverfahren möglich.

Die informativere Variante ist die, bei der fixe und variable Kosten getrennt ausgewiesen werden (Teilkostenrechnung). Wir stellen diese Möglichkeit dar und vernachlässigen die reine Vollkostenrechnung.

Emmas Food Center		
Betriebsergebnisrechnung für April 2004 in Euro		
	Umsatz	minus Wareneinsatz zu Einstandspreisen	Deckungs-beitrag
Backwaren	5.430	−3.865	1.565
Konserven	3.690	−2.775	915
Wein, Spirituosen	6.140	−5.239	901
Milchprodukte	10.421	−9.380	1.041
Obst und Gemüse	4.386	−2.875	1.511
Frischfleisch	8.944	−6.720	2.224
Sonstiges	4.473	−2.095	2.378
Summe der Deckungsbeiträge			10.535
minus Gehalt Verkäuferin		−1.850	
minus Sozialkosten		−807	
minus Ladenmiete		−950	
minus feste Steuern und Abgaben		−420	
minus Heizung, Licht, Telefon		−168	
minus Versicherungen, Sonstiges		−536	−4.731
Betriebsergebnis			5.804

Abb. 8-12: Betriebserfolgsrechnung auf Teilkostenbasis

Zur besseren Fundierung von kurzfristigen Produktionsent-
scheidungen kalkuliert man die Produkte zu variablen Kosten
(bei dem gewöhnlich unterstellten linearen Kostenverlauf sind
die variablen Stückkosten gleich den Grenzkosten) und ermittelt
in der internen Erfolgsrechnung zunächst die Differenz zwischen dem Erlös und den variablen Kosten. Diese Differenz heißt
Deckungsbeitrag. Die Erfolgsrechnung in dieser Form wird daher auch *Deckungsbeitragsrechnung*, im Englischen *Direct
Costing* genannt. Die Addition der Deckungsbeiträge der einzelnen Kostenträger ergibt den Gesamt-Deckungsbeitrag. Hiervon
subtrahiert man die gesamten Fixkosten in einem Block. Das
Beispiel in Abbildung 8-12 für ein Lebensmittel-Einzelhandels-
geschäft veranschaulicht das Verfahren.

In diesem Beispiel werden als einzige variable Kosten die Einstandskosten der Handelswaren betrachtet. Die Deckungsbeiträge lassen eindeutig erkennen, wie viel an den einzelnen Artikelgruppen verdient wird. Die Aussage ist klarer, als wenn die fixen Gemeinkosten nach irgendeinem Schlüssel auf die Artikelgruppen verteilt worden wären. Hätte man zu Vollkosten gerechnet, dann hätte es passieren können, dass eine Artikelgruppe (z.B. die Konserven) einen Verlust ausgewiesen hätte. Daraus hätte Emma den falschen Schluss gezogen, diese Artikel aus dem Sortiment zu entfernen.

8.10.2 Die mehrstufige Deckungsbeitragsrechnung

Während beim *Direct Costing* die gesamten fixen Kosten als Block von der Summe der Deckungsbeiträge abgezogen werden, kann eine genauere Analyse der fixen Kosten ergeben, dass einzelne Teile davon nicht Gemeinkosten des Gesamtbetriebs, sondern in Bezug auf bestimmte Produkte Einzelkosten sind. Von fixen Einzelkosten eines Produkts − den *Produktfixkosten* − erwartet man, dass sie durch den Deckungsbeitrag des Produkts abgedeckt werden. Um zu prüfen, ob das der Fall ist, zieht man die dem Produkt eindeutig zuzurechnenden fixen Kosten von seinem Deckungsbeitrag − der jetzt Deckungsbeitrag 1 heißt − ab und erhält den Deckungsbeitrag 2 des Produkts. Dieser sollte dauerhaft zumindest im Durchschnitt der Perioden größer als null sein, damit es sich lohnt, das Produkt im Programm zu haben.

Ebenso kann es gewisse fixe Kosten geben, die zwar nicht einem Produkt, wohl aber einer Mehrheit von Produkten − einer Produktgruppe − eindeutig zurechenbar sind, weil die entsprechenden Ressourcen, wie Personal, Maschinen oder Vorrichtungen, nur von dieser Produktgruppe beansprucht werden. Während in den Kalkulationsmethoden auf Vollkostenbasis diese fixen Kosten auf jedes einzelne Exemplar der Produkte verteilt werden, rechnet die mehrstufige Deckungsbeitragsrechnung sie nur der Produktgruppe als Ganzem zu. Diese *Gruppenfixkosten* sind Einzelkosten der Produktgruppe, jedoch Gemeinkosten für die Produkte innerhalb der Gruppe. Jede logisch nicht begründbare Aufschlüsselung von Gemeinkosten wird hier vermieden.

Diejenigen fixen Kosten schließlich, die sich nicht einer Produktgruppe zurechnen lassen, werden in der letzten Stufe als
Unternehmensfixkosten abgezogen.

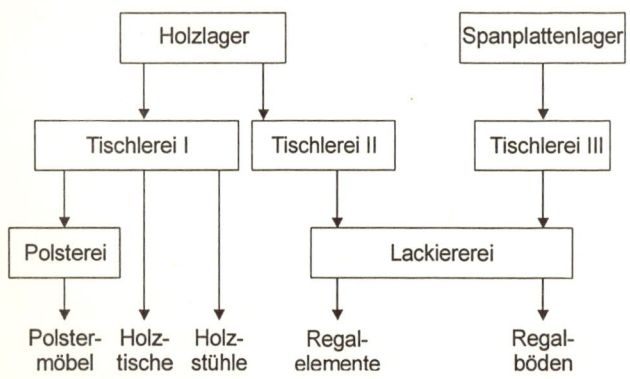

Abb. 8-13: Fertigungsstellen und Materialfluss in einer Möbelfabrik

In Abbildung 8-13 sind die Material- und Fertigungsstellen einer
kleinen Möbelfabrik dargestellt. In einer Tischlerei I werden aus
Holz Tische, Stühle sowie Gestelle für Polstermöbel gefertigt. In
Tischlerei II findet die Produktion von Stützen, Schubladen und
anderen Elementen eines Regalsystems statt, die anschließend
lackiert werden. Die Fertigung der Regalböden geschieht in
Tischlerei III, wo die Böden aus Spanplatten zugeschnitten, fur-
niert und die Kanten umleimt werden. Bei dieser Struktur könnte eine mehrstufige Deckungsbeitragsrechnung aussehen wie in
Abbildung 8-14.

Dieses Schema ist nicht zwingend: Die Produkte „Regalelemente" und „Regalböden" wurden zu einer Gruppe zusammengefasst, weil sie gemeinsam die Lackiererei beanspruchen und
deren fixe Kosten erwirtschaften müssen. Andererseits haben
die Regalelemente zusammen mit Polstermöbeln, Tischen und
Stühlen die fixen Kosten des Holzlagers abzudecken. Man hätte
sie auch mit diesen zusammenfassen können. Beides gleichzeitig ist nicht möglich; jedes Produkt kann nur einer Gruppe zugeordnet werden. Da die fixen Gemeinkosten der Lackiererei höher sind als die des Holzlagers, haben wir erstere als Gruppen-

fixkosten behandelt; infolgedessen müssen wir die Kosten des
Holzlagers als Unternehmensfixkosten behandeln.

Westfalia Holzmöbel OHG					
Kurzfristige Erfolgsrechnung für März 2004					
(in 1.000 Euro)					
	Polstermöbel	Holztische	Holzstühle	Regalelem.	Regalböden
Erlöse	95,9	34,5	45	66,1	57,5
minus Einzelmaterialkosten	−24,6	−6,9	−13,4	−17,1	−8,2
minus Einzellohnkosten	−17,6	−7,3	−15	−12,5	−6,8
minus Sondereinzelkosten	−5,4	−1,2	−1,5	−2,3	−1,1
Deckungsbeitrag 1	48,3	19,1	15,1	34,2	41,4
minus Produktfixkosten					
Polsterei	−8,4				
Tischlerei II				−14,9	
Tischlerei III					−9,8
Spanplattenlager					−7,3
Deckungsbeitrag 2	39,9	19,1	15,1	19,3	24,3
Summe Deckungsbeiträge 2	74,1			43,6	
minus Gruppenfixkosten					
Tischlerei I		−25,2			
Lackiererei				−9,5	
Deckungsbeitrag 3	48,9			34,1	
Summe Deckungsbeiträge 3	83,0				
minus Unternehmensfixkosten					
Holzlager	−6,2				
Verwaltung	−15,9				
Vertrieb	−24,6				
Betriebsergebnis	36,3				

Abb. 8-14: Mehrstufige Deckungsbeitragsrechnung

Wenn die Struktur des Produktionsprozesses eine mehrstufige Deckungsbeitragsrechnung erlaubt, so ermöglicht diese eine hohe Transparenz des Ergebnisses der einzelnen Produkte und Produktgruppierungen. Negative Deckungsbeiträge können dann Hinweise darauf geben, dass Erzeugnisse oder ganze Erzeugnisgruppen die von ihnen verursachten Kosten nicht abgedeckt haben. Selbstverständlich können Stilllegungs- oder andere Programmentscheidungen nicht allein aufgrund einer Betriebsergebnisrechnung für einen einzigen vergangenen Monat getroffen werden, sondern verlangen genauere Analysen der Marktverhältnisse, der Rationalisierungsmöglichkeiten etc. Auch kann man daraus, dass alle Deckungsbeiträge und das Gesamtergebnis positiv sind, nicht schließen, dass das Programm optimal ist und nichts geändert werden sollte. Möglicherweise ließen sich die Kapazitäten des Unternehmens durch eine Änderung der Mengenverhältnisse der Produkte oder durch Aufnahme neuer Produkte wesentlich gewinnbringender nutzen.

Bei Überlegungen, Produkte aufzugeben, spielt die Abbaufähigkeit fixer Kosten eine große Rolle. Fixe Kosten, die überhaupt nicht abbaubar sind *(sunk costs)*, sollten für die Entscheidung keine Rolle spielen. Dazu gehören z.B. Abschreibungen und Zinsen auf Anlagen ohne Veräußerungswert oder Abschreibungen auf frühere Forschungs- und Entwicklungskosten. Man darf also aus der Tatsache, dass ein Produkt seine Entwicklungskosten nicht einspielt, nicht folgern, dass man die Produktion aufgeben solle.

8.11 Die Prozesskostenrechnung

In der industriellen Produktion hat sich in den letzten Jahrzehnten der Gemeinkostenanteil ständig erhöht und macht heute oft über 50%, in manchen Fällen sogar mehrere hundert Prozent der Einzelkosten aus. Das ist unter anderem auf die steigende Mechanisierung und Automation sowie eine größere Produktvielfalt zurückzuführen. Da Gemeinkosten definitionsgemäß nicht einzelnen Produkten zurechenbar sind, ist das Bedürfnis gewachsen, die Verursachung und Berechtigung der Gemeinkosten transparenter zu machen. Dies erklärt das Entstehen verschiedener Kostenrechnungsmethoden, die unter der Bezeichnung „Prozesskostenrechnung" zusammengefasst werden können. Die Prozesskostenrechnung hat ein doppeltes Anliegen:

- Die Gemeinkostenblöcke, die in den Fertigungshilfsstellen (wie Arbeitsvorbereitung, Transport, Qualitätskontrolle) sowie in den Forschungs- und Entwicklungsabteilungen, Verwaltungs- und Vertriebsabteilungen anfallen, sollen nach Aktivitäten aufgespalten werden. Einzelaktivitäten werden zu kostenstellenübergreifenden Prozessen zusammengefasst. Man erhält so die Kosten interner Prozesse.

- In der Kostenträgerrechnung sollen die Gemeinkosten möglichst verursachungsgerecht auf Produkte verteilt werden. Da dies definitionsgemäß ein Widerspruch in sich ist, sollte man besser sagen: Gewisse Gemeinkosten, die in der üblichen Kostenrechnung als Gemeinkosten behandelt werden mussten, erweisen sich mittels der Prozesskostenrechnung als einzelnen Produkten zurechenbar („unechte Gemeinkosten").

Die Prozesskostenrechnung umfasst mehrere Schritte (Hahn/Hungenberg 2001, S. 574ff.):

1. *Prozessdefinition und -analyse.* In den Kostenstellen werden zusammengehörige Aktivitäten zu sog. Teilprozessen gruppiert. Kostenstellenübergreifend werden Teilprozesse zu Prozessketten, sog. Hauptprozessen, zusammengefasst. Beispiele: „Beschaffung von Serienmaterial über Rahmenverträge", „Fertigungsaufträge einplanen".

2. Ermittlung von *Bezugsgrößen* und *Planprozessmengen.* Für jeden Teilprozess werden Maßgrößen der Kostenverursachung festgelegt und mengenmäßig geplant, z.B. „Anzahl der Fertigungsaufträge pro Jahr" für „Fertigungsaufträge einplanen".

3. *Kapazitäts- und Kostenzuordnung.* Jede Kostenstelle ermittelt die auf den betrachteten Teilprozess entfallenden Plankosten. Durch Division durch die geplante Maßgrößenmenge erhält man Teilprozesskostensätze. Fallen z.B. in einer Kostenstelle Kosten in Höhe von 1,2 Mio. Euro an, ist diese Kostenstelle die Hälfte der Zeit mit der Einplanung von Fertigungsaufträgen beschäftigt und sind pro Jahr 5 600 Aufträge einzuplanen, so ergibt sich ein Prozesskostensatz in Höhe von 1,2 Mio. Euro · 50% : 5 600 = 107,14 Euro/Auftrag.

4. *Prozessorientierte Kalkulation.* Die Prozesskostensätze werden genutzt, um die Kosten der indirekten Bereiche je nach Inanspruchnahme dieser Bereiche durch die Produkte in die Kalkulation einfließen zu lassen. Beträgt die durchschnittliche Losgröße 13 Stück, so wird das Produkt in der Kalkulation mit 107,14 Euro : 13 = 8,24 Euro für die Einplanung des Fertigungsauftrags belastet. Die Einzelkosten, z.B. für Material, werden wie gewohnt dem Produkt zugerechnet. Prozentuale Zuschlagssätze werden nur noch bei den Kosten angewandt, bei denen eine Zuordnung zu produktbezogenen Prozessen schwierig ist (z.B. Kosten der Unternehmensleitung).

Außer für die Produktkalkulation schafft die Prozesskostenrechnung auch eine Basis für die Durchleuchtung und Rationalisierung der Prozesse. Sie eignet sich für repetitive Prozesse mit messbarem Leistungsergebnis. Die Prozesskostenrechnung ist keine Alternative, sondern eine Ergänzung der gebräuchlichen Kostenrechnungssysteme. Ihre Bedeutung ist um so größer, je höher der Anteil der Gemeinkosten ist.

Literaturhinweise

Coenenberg, A. G. (2003): Jahresabschluss und Jahresabschlussanalyse. 19. Auflage. Schäffer-Poeschel

Ewert, R./ Wagenhofer, A. (2002): Interne Unternehmensrechnung. 5. Auflage. Springer

Kloock, J. (1996): Bilanz- und Erfolgsrechnung. 3. Auflage. Werner-Verlag

Kloock, J./ Sieben, G./ Schildbach, T. (1999): Kosten- und Leistungsrechnung. 8. Auflage. Werner-Verlag

Oestreicher, A. (2003): Handels- und Steuerbilanzen. 6. Auflage. Verlag Recht und Wirtschaft

Schildbach, T. (2000): Der handelsrechtliche Jahresabschluss. 6. Auflage. Verlag Neue Wirtschafts-Briefe

Nachschlagewerk

Busse von Colbe, W./ Pellens, B. (Hrsg.) (1998): Lexikon des Rechnungswesens. 4. Auflage. Oldenbourg

Kapitel 9
Absatzwirtschaft

9.1 Aufgaben und Ziele

Die Absatzwirtschaft — auch oft als das *Marketing* bezeichnet — ist der Sammelname für die marktbezogenen Aktivitäten des Unternehmens. In einer marktwirtschaftlich organisierten Ordnung herrscht auf den meisten Märkten harter Wettbewerb. Kein Lebensmittelladen, kein Fitness-Studio, kein Computerproduzent und kein Autohersteller kann annehmen, dass die Kunden dauerhaft auf ihn angewiesen seien. Fast jeder Anbieter ist schnell durch einen anderen, schon existierenden oder neu auftretenden ersetzbar. Jedes Unternehmen muss, um langfristig zu überleben, lohnende Betätigungsgebiete suchen und sich aus nicht mehr lohnenden zurückziehen. Es muss die Bedürfnisse seiner Zielgruppen erkunden und deren Mitglieder überzeugen, dass sie bei ihm besser kaufen als anderswo.

In der Absatzwirtschaft ergeben sich die folgenden Aufgabenbereiche.

- *Marktforschung* als Informationsgewinnung über Märkte, auf denen das Unternehmen tätig ist oder für die sie sich interessiert,
- Unterstützung von *Entscheidungen über die Betätigungsgebiete* (Märkte), auf denen das Unternehmen auftreten will. Strategische Marketingentscheidungen können nicht allein im Absatzbereich des Unternehmens getroffen werden. Sie betreffen viele andere Funktionen und das Unternehmen als Ganzes und sind daher auf der Ebene der Unternehmensleitung anzusiedeln.
- Unterstützung von Entscheidungen über den *Einsatz der Instrumente*, mit denen das Verhalten der Nachfrager beeinflusst werden soll, wie Werbung, Preis und Konditionen.

Absatzwirtschaftliche *Ziele* betreffen

- zum einen die auf der Hand liegenden *ökonomischen Ziele*: Absatz, Umsatz, Marktanteile. Hinzu kommen
- *psychographische Ziele*. Das Kaufverhalten eines Kunden hängt unter anderem von seiner Einstellung zu den anbietenden Unternehmen und ihren Produkten ab. Deshalb sind die Anstrengungen des Marketing darauf gerichtet, möglichst positive Einstellungen zur eigenen Marke bei den po-

tentiellen Kunden zu erzeugen. Das betrifft zum einen Kenntnisse (Markenkenntnis, Produktkenntnis) und zum anderen das Assoziieren positiver Emotionen in Verbindung mit der Marke bzw. dem Produkt. Die psychographischen Ziele sind Instrumentalziele im Verhältnis zu den fundamentaleren ökonomischen Zielen.

9.2 Marktforschung

Die Marktforschung dient der Erkundung der für das Unternehmen relevanten Märkte, insbesondere der Absatzmärkte. Beide Marktseiten sind zu analysieren; also umfasst die (Absatz-) Marktforschung

- die Kundenanalyse und
- die Konkurrenzanalyse.

Kundenanalyse. Zunächst geht es um die Identifikation der *Zielgruppen,* d.h. derjenigen potentiellen Kunden, die man gewinnen bzw. behalten möchte. Diese ist die Voraussetzung dafür, dass man Bedürfnisse und Präferenzen der Nachfrager analysieren und sich auf sie einstellen kann. Bei Konsumgütern bedient man sich zur Abgrenzung der Zielgruppen gewöhnlich sozialer Merkmale (Beruf, Ausbildung, Hobby), wirtschaftlicher Merkmale (Einkommen) oder demographischer Merkmale (Alter, Geschlecht). Bei Investitionsgütern differenziert man z.B. zwischen Behörden und Unternehmen, bei letzteren nach Branchen und Größen.

Sodann ist zu erforschen, welche *Bedürfnisse* die Zielgruppen im Zusammenhang mit den vorhandenen oder geplanten Produkten des Unternehmens haben: Welche Produkteigenschaften sind wichtig, welche Serviceleistungen werden geschätzt? Von Interesse ist auch, welche Meinung die Nachfrager von dem Produkt, der Marke, dem Unternehmen und der Werbung haben, und wie ihr Kaufverhalten vom Preis abhängt.

Als Resultat der Kundenanalyse können sich Hinweise auf Veränderung der Produkte oder des Sortiments ergeben. Oder aber umgekehrt: Man erkennt, dass man den Bedürfnissen einzelner Zielgruppen nicht hinreichend entsprechen kann und dass es nützlich wäre, neue Zielgruppen zu suchen.

Konkurrenzanalyse. Das Unternehmen muss wissen, welche Anbieter sich um die gleichen Zielgruppen bemühen. Es muss deren Leistungen analysieren und ihre Stärken und Schwächen erkennen. Wie setzen sie ihre absatzpolitischen Instrumente ein und welchen Erfolg haben sie damit? Wo liegen tatsächliche oder mögliche Vorteile des eigenen Unternehmens gegenüber der Konkurrenz?

Es kann auch wichtig sein, sich Gedanken darüber zu machen, welche Unternehmen zwar jetzt noch keine Konkurrenten sind, aber zukünftig zu neuen Wettbewerbern werden könnten.

Methoden der Marktforschung. Nach den Informationsquellen unterscheidet man zwischen Primär- und Sekundärforschung (Abbildung 9-1). Primärforschung bedeutet Gewinnung von Marktinformationen, die speziell zum Zweck der Marktforschung erhoben werden, während Sekundärforschung auf bereits vorhandene Daten, z.B. Absatzstatistiken oder Verbandsinformationen, zurückgreift.

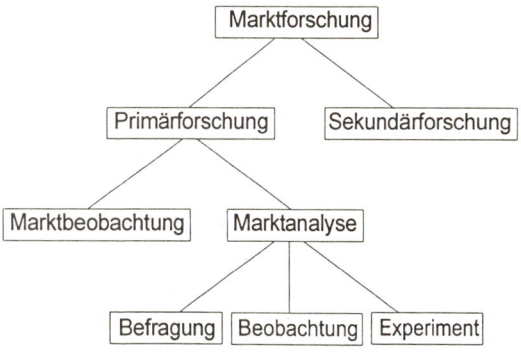

Abb. 9-1: Methoden der Marktforschung (nach Koppelmann, U. (2002): Marketing. 7. Auflage)

Marktbeobachtung ist die fortlaufende Informationsgewinnung über den eigenen Absatz und über Aktivitäten und Erfolge der Konkurrenz. Ein Instrument der Marktbeobachtung sind Panels. Ein Panel ist eine repräsentative Auswahl von Haushalten oder Handelsunternehmen, die im Auftrag von Panelinstituten (z.B. Nielsen) regelmäßig Auskunft über Käufe bzw. Verkäufe geben. So kann ein Hersteller seinen Marktanteil und den konkurrierender Marken erfahren. Laufende Marktbeobachtung ist die Basis für Absatzprognosen und der Auslöser von Reaktionen auf unerwartete Entwicklungen.

Marktanalyse bedeutet Informationsgewinnung über den Markt zu einem bestimmten Zeitpunkt. Hier sind Befragungen, Beobachtungen und Experimente üblich. Bei den Experimenten wird zwischen Feld- und Laborexperimenten unterschieden. Ein Testmarkt ist ein Feldexperiment; hier testet man in einem eng begrenzten Markt die Reaktion der Kunden auf das Produkt und die Werbung. In Laborexperimenten wird zum Beispiel die Reaktion von Versuchspersonen auf Werbemittel oder Produkteigenschaften getestet.

9.3 Entscheidungen über Betätigungsgebiete

9.3.1 Marktdefinitionen

Entscheidungen über die Märkte, auf denen das Unternehmen als Anbieter auftreten will, gehören zu den strategischen Unternehmensentscheidungen schlechthin. Märkte grenzt man vor allem ab

- nach Gütern (Produkten),
- nach Bedürfnissen der Abnehmer,
- nach Abnehmergruppen.

Bei der ausschließlichen Abgrenzung nach *Gütern* (z.B. Zement, Stahl, Fachbücher, Gartenmöbel, Mittelklasse-PKW) wendet sich das Unternehmen an alle potentiellen Nachfrager für ein technisch relativ festgelegtes Produkt oder eine Produktgruppe oder Produktlinie. Eine solche Fixierung wird gewöhnlich schon bei der Gründung des Unternehmens im Gesellschaftsvertrag als Unternehmenszweck festgeschrieben. Wenn in der betriebswirtschaftlichen Literatur vom „Sachziel" eines Unternehmens die Rede ist, meint man gewöhnlich die Festlegung auf bestimmte Güter.

Eine ausschließliche Abgrenzung nach *Bedürfnissen* umfasst alle Leistungen, die zur Befriedigung eines bestimmten Bedürfnisses — oder zur Lösung eines bestimmten Problems — angeboten werden können, und wendet sich an alle, die dieses Bedürfnis haben. Beispiele sind die Bedürfnisse nach Kleidung,

Nahrung, Unterhaltung, Transport, Gesundheit oder Prestige-demonstration. Bei solcher Marktabgrenzung legt sich der An-bieter nicht auf bestimmte Produkte fest, sondern ist im Gegen-teil darauf bedacht, neue Produkte zu finden, mit denen sich das Bedürfnis noch besser befriedigen lässt.

Eine Abgrenzung nach *Abnehmergruppen* (Zielgruppen) defi-niert die Angehörigen einer Branche (z.B. chemische Industrie, Banken, Großhandel) oder Konsumentengruppe (z.B. Heimwer-ker, Hausfrauen mit kleinen Kindern, gut verdienende sportliche Autofahrer) als potentielle Kunden.

Marketing-Strategien. Die genannten Dimensionen der Marktabgrenzung bieten die Basis für die Definition von Marke-ting-Strategien:

- *Produktdimension.* Die Marketingstrategie legt fest, welche Produkte das Unternehmen anbietet oder anbieten will,
- *Bedürfnisdimension.* Die Marketingstrategie legt fest, wel-che Bedürfnisse die Produkte befriedigen sollen. Man ver-wendet hierfür auch den Ausdruck „Positionierung", d.h. die Anordnung des Produkts oder der Marke im Bedürfnisraum,
- *Abnehmergruppendimension.* Die Marktstrategie legt fest, welche Zielgruppen bedient werden bzw. werden sollen.

Eine Produkt-Abnehmer-Bedürfnis-Kombination kann als „Ge-schäftsfeld" bezeichnet werden. Eine „strategische Geschäfts-einheit" ist die Zusammenfassung von einem oder mehreren Ge-schäftsfeldern als erfolgsverantwortliche organisatorische Teil-einheit.

9.3.2 Strategische Stoßrichtungen

Ausgehend von einer gegenwärtig besetzten Produkt-Nachfra-ger-Bedürfniskombination sind Übergänge oder Ausweitungen des Geschäfts in andere Kombinationen möglich, wie in Abbil-dung 9-2 gezeigt.

Das umrandete Feld kennzeichnet die gegenwärtige Position. Folgende vier Möglichkeiten der Geschäftsausdehnung seien beispielhaft herausgegriffen (grau gefärbte Felder in der Abbil-dung):

1. Neue Zielgruppen ansprechen, denen man vorhandene Produkte zur Befriedigung der gleichen Bedürfnisse verkaufen
   kann. Beispiel: Banken entdecken Jugendliche als Kunden.
2. Neue Zielgruppen mit neuen Produkten gewinnen. Beispiel:
   Zeitschriftenverlage bringen neue Zeitschriften für bestimmte Hobbies auf den Markt.
3. In der bisherigen Zielgruppe mit neuen Produkten zusätzliche Bedürfnisse befriedigen. Beispiel: Fitness-Studios bieten
   Sportkleidung, Gesundheitsberatung, Tanzveranstaltungen
   an.
4. In der bisherigen Zielgruppe die gleichen Bedürfnisse mit
   neuen Produkten befriedigen. Beispiele: Modellwechsel bei
   Autohersteller, modische Kleidung.

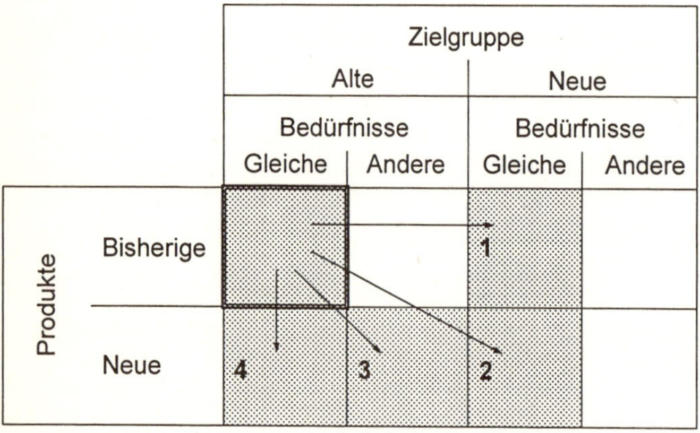

Abb. 9-2: Produkt-Nachfrager-Bedürfnis-Kombinationen

Für ein vorhandenes Produkt neue Abnehmergruppen zu er-
schließen, bringt u.a. den Vorteil, durch die erhöhte Produktionsmenge die Kosten pro Mengeneinheit zu senken – etwa
durch den Übergang von Kleinserien- auf Großserienfertigung.
Der Anbieter wird konkurrenzfähiger.

Der Eintritt in neue Geschäftsfelder ist häufig mit *Risiken*
verbunden, die sich schwer abschätzen lassen. Mangelndes
technisches Know-how und ungenügende Marktkenntnis erweisen sich oft als Gründe für das Scheitern.

Andererseits kann die Erweiterung der Angebotspalette auch ein Instrument zur *Risikominderung* sein. Zu einem risikobehafteten Sortiment werden Produkte hinzugefügt, die diesem Risiko nicht ausgesetzt sind. Ein Beispiel ist das Engagement von Zigarettenherstellern in der Nahrungsmittel- und Getränkeindustrie. Das Gesamtrisiko des Unternehmens wird durch Diversifikation des Angebotes verringert. Bei der Formulierung von Marktstrategien dürfen nicht nur die einzelnen Geschäftsfelder, sondern muss ihre Gesamtheit berücksichtigt werden. Auf diesen „Portfoliogedanken" kommen wir in Abschnitt 9.3.3 zurück.

Ein anderer Grund für die Sortimentserweiterung ist der *Imagetransfer.* Der gute Ruf der bestehenden Produkte überträgt sich auf die neu hinzukommenden. So wird im Lauf der Zeit aus einer schlichten Hautcreme eine ganze Kosmetikserie (Nivea). Viele Hersteller, die ursprünglich nur in der Tabak-, Parfum-, Uhren- oder Modebranche tätig waren, haben ihr Sortiment auf einen weiten Bereich von Luxusgütern ausgedehnt, die sie fremdbeziehen (Dunhill, Davidoff, Cartier usw.). Auch umgekehrt wird ein Schuh daraus: Die männlichen Accessoires der Marke Camel sind geeignet, das Image der Zigarette zu fördern.

Nicht nur *Expansions*entscheidungen sind zu treffen. Auch die Möglichkeit des *Rückzuges* aus nicht lohnenden Bereichen muss überprüft werden. Viele Unternehmen, die in Boomjahren stark diversifiziert hatten, haben sich wieder auf ihre „Kernkompetenzen" besonnen, d.h. auf Produkte, bei denen sie technologisch oder gestalterisch einen deutlichen Wettbewerbsvorteil besitzen. Randaktivitäten wurden wieder abgestoßen. Selbst wenn eine Randaktivität profitabel ist, kann es sinnvoll sein, sie zu verkaufen, weil sie für ein anderes Unternehmen wertvoller ist; der erzielbare Verkaufserlös übersteigt den Nutzen, den man selbst aus dem Betrieb des Geschäfts ziehen könnte.

9.3.3 Portfolio-Analyse

Es gibt eine Reihe von Analysemethoden, die als Diagnose- und Entscheidungshilfen für die Wahl von Marktstrategien eingesetzt werden. Dazu gehören Stärken-Schwächen-Analysen, Lebenszyklusanalysen, Erfahrungskurvenanalysen und Portfolio-Analysen.

- Stärken-Schwächen-Analysen dienen dazu, sich darüber klar
  zu werden, auf welchen Gebieten man im Vergleich zur
  Konkurrenz besondere Wettbewerbsvorteile bzw. -nachteile
  hat. Z.B. nimmt man auf technischem Gebiet eine Spitzen-
  stellung ein oder verfügt über eine renommierte Marke oder
  einen treuen Kundenstamm.
- Lebenszyklusanalysen untersuchen, in welchem Stadium ihres Lebenszyklus die eigenen Produkte sind und wann sie
  durch neue Produkte ersetzt werden sollten.
- Erfahrungskurvenanalysen beruhen auf der Beobachtung,
  dass ein Hersteller mit zunehmender kumulierter Menge eines Produkts Erfahrungen sammelt, die zu Rationalisierung
  und damit zu Kostensenkungen führen. Der Anbieter, der als
  erster in großen Stückzahlen ein neues Produkt herstellt,
  kann sich so einen Kostenvorteil gegenüber der Konkurrenz
  sichern, der auf lange Zeit nicht eingeholt werden kann.
- Portfolio-Analysen beleuchten nicht ein einzelnes Produkt,
  sondern das gesamte Absatzprogramm (Portfolio).

Wir beschränken uns hier auf die Portfolio-Analysen. Sie sind ein
Diagnose-Instrument, mit dem das vorhandene Marktportfolio
− die Geschäftsfelder − durchleuchtet und unter Berücksichtigung der Wechselwirkungen zwischen ihnen auf Stärken und
Schwächen untersucht werden soll. Im vorstehenden Abschnitt
wurde bereits auf den Risikominderungseffekt eines Portfolios
hingewiesen.

Die einfachste und bekannteste Variante der Portfolio-Analysen ist die Marktanteils-Marktwachstums-Matrix, die von der
Beratungsgesellschaft Boston Consulting Group entwickelt wurde. Nach diesem Verfahren misst man die Stärke der Geschäftsfelder an zwei Dimensionen:

- Relativer Marktanteil des Unternehmens, definiert als Quotient des eigenen Marktanteils und dem des wichtigsten
  Konkurrenten,
- Marktwachstum, definiert als jährlicher prozentualer Zu-
  wachs.

Die Spannweite beider Merkmale wird in zwei Bereiche, „Niedrig" und „Hoch" unterteilt, so dass sich vier Felder ergeben. Nun
ordnet man seine Geschäftseinheiten in diese Felder ein. Jede
Geschäftseinheit wird durch einen Kreis repräsentiert, dessen

Größe das Umsatzvolumen darstellt. Den vier Feldern werden plakative Namen zugeordnet (Abbildung 9-3).

- *Stars.* Hier hat das Unternehmen eine starke Marktposition auf einem wachsenden Markt.
- *Milchkühe (Cash cows).* Das Unternehmen ist gut etabliert auf einem stagnierenden oder kaum noch wachsenden Markt.
- *Arme Hunde.* Niedriger Marktanteil auf einem stagnierenden Markt.
- *Fragezeichen.* Niedriger Marktanteil, wachsender Markt.

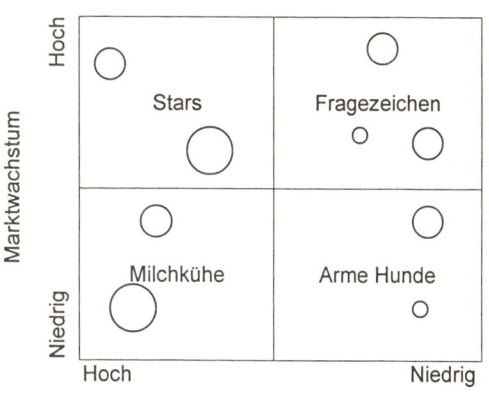

Abb. 9-3: Portfolio-Matrix der Boston Consulting Group

Milchkühe (Cash cows) bringen viel Geld herein, weil die Verdienstspannen hoch sind und kein Investitionsbedarf besteht. Stars dagegen haben einen hohen Finanzbedarf. Sie müssen gepflegt werden, denn sie sind die Milchkühe der Zukunft. Die derzeitigen Milchkühe müssen die flüssigen Mittel einspielen, die für die Entwicklung der Stars gebraucht werden. Bei den Fragezeichen ist es noch zu früh, um abzusehen, ob sie zu Stars oder armen Hunden werden. Man muss sich entscheiden, sie aufzubauen oder fallenzulassen. In arme Hunde wird man nichts mehr investieren; man wird sie verkaufen oder einschlafen lassen.

9.4 Marketing-Instrumente

Jeder Anbieter muss versuchen, den ins Auge gefassten potentiellen Kunden Angebote zu machen, die sich positiv von denen
der Konkurrenten abheben. Für die Kunden sind Kosten- und
Nutzenmerkmale entscheidend. Der Anbieter muss also die Bedürfnisse und Präferenzen der Kunden analysieren, und er wird
sie nach Möglichkeit auch in seinem Sinne zu beeinflussen versuchen.

Die Instrumente, mit denen der Anbieter das Verhalten der
potentiellen Nachfrager beeinflussen kann, nennen wir Marke-
ting-Instrumente oder absatzpolitische Instrumente. Sie werden
üblicherweise zu vier Gruppen zusammengefasst:

- Produkt- und Sortimentspolitik,
- Preis- und Konditionenpolitik,
- Kommunikationspolitik und
- Distributionspolitik.

9.4.1 Produktpolitik

Zur Produktpolitik gehört vor allem die *Produktgestaltung*. Diese bezeichnet die Gestaltung der Produktsubstanz (und damit
der Eigenschaften, die vom einzelnen Abnehmer, aber gegebenenfalls auch vom Händler und anderen Beteiligten als Merkmale der „Qualität" empfunden werden) sowie der Verpackung und
der Namensgebung oder sonstigen „Markierung".

Hinsichtlich der Produktqualität sind zum einen Ansprüche
an die *Funktionalität* des Produkts zu beachten. Dabei geht es
um die Erfüllung der Produktfunktion; zum Beispiel sind bei einem Videorecorder Bild- und Tonqualität, Bedienungsfreundlich-
keit und Anzahl von Anschlussmöglichkeiten relevant. Zum anderen werden „*Anmutungsansprüche*", die auf Befriedigung äs-
thetischer oder Geltungsbedürfnisse gerichtet sind, gestellt (De-
signer-Produkte). Falls Händler zwischengeschaltet sind, spielen
auch deren Ansprüche an Rationalisierung, Verkaufssteigerung
und Marktstellung eine Rolle. Hinzu kommen Ansprüche aus der
Logistik: Das Produkt soll sich gut stapeln und transportieren
lassen, wenig Raum einnehmen, unempfindlich gegen Trans-
portschäden sein etc. Diese Ansprüche werden sowohl vom Her-

steller als auch von Händlern, Spediteuren und etwaigen sonstigen Logistikunternehmen artikuliert. Weitere Anforderungen
betreffen Unfallsicherheit und andere Gesundheitsaspekte. Zunehmend werden auch Ansprüche an die Umweltfreundlichkeit
gestellt, z.B. Ressourcenschonung und Recyclingfähigkeit.

Selten wird es einem Anbieter möglich sein, die Angebote der
Konkurrenz in *jeder* Hinsicht zu übertreffen. Es kommt deshalb
auf Schwerpunktsetzung an: Man konzentriert sich auf einen
oder wenige Aspekte des Kundennutzens, in denen man die
Wettbewerber überragen kann, d.h. man „positioniert" sein
Produkt z.B. als besonders gesundheitsfreundlich, technisch
fortschrittlich, einfach zu bedienen oder prestigeträchtig.

Zur Produktpolitik gehört die Entscheidung über den *Lebenszyklus* des einzelnen Produkts: Wann soll es durch ein neues ab-
gelöst werden? Neue Produkte sind oftmals nichts anderes als
alte Produkte in neuer Aufmachung. Schneller Modellwechsel,
wie er etwa bei Notebooks, Digitalkameras und anderen Geräten
der Unterhaltungselektronik üblich ist, soll Kunden motivieren,
häufiger etwas Neues zu kaufen. Damit verbunden ist bei technischen Geräten aber der Nachteil, dass mehr Ersatzteile vorrä-
tig gehalten werden müssen.

Ähnlich ist es mit dem Problem der *Variantenvielfalt.* Je mehr
Varianten ein Produkt hat, desto besser kann man sich den Kun-
denwünschen anpassen. Andererseits bewirkt Variantenvielfalt
erhöhte Lagerhaltung und damit Kapitalbindungskosten. Produktionsprozess und Logistik werden komplizierter und teurer.
Anbieter, z.B. die Autoindustrie, verknüpfen durch das Baukas-
tenprinzip Variantenvielfalt mit rationeller Produktion.

Zur Produktpolitik kann man auch Entscheidungen über weitere *Serviceleistungen* rechnen. Hierbei handelt es sich um
Dienstleistungen neben der eigentlichen Hauptleistung, wie z.B.
Beratung, Kreditgewährung, Anlieferung, Kundendienst, Garan-
tieleistung, Kulanz und Wartung.

Bei der Produktpolitik sind eine Reihe von *Schutzrechten* zu
beachten (Schmalen 2002, S. 509):

- Technische Schutzrechte an Herstellungsverfahren,
- Patent (Schutzfrist 20 Jahre),
- Gebrauchsmuster (Schutzfrist bis 10 Jahre),
- Schutzrechte an der Form

- Urheberrechte (Schutzfrist an Kunstwerken bis 70 Jahre nach dem Tod des Urhebers, an Ausgaben wissenschaftlicher sowie nachgelassener Werke 25 Jahre, an Darstellungen auf Bild- oder Tonträgern 50 Jahre),
- Geschmacksmuster (Schutzfrist 5 Jahre, Verlängerung bis max. 20 Jahre),
• Schutzrechte an Kennzeichen und Ausstattung.

Darüber hinaus muss sich jeder Hersteller auch der Gefahr bewusst sein, für *Produktfehler* zu haften. Das betrifft nicht nur die normale Haftung aus dem Kaufvertrag, nach der der Käufer ein fehlerhaftes Produkt umtauschen, den Preis mindern oder vom Vertrag zurücktreten kann.

Seit 1990 ist das Produkthaftungsgesetz in Kraft, das sich auf Schäden bezieht, die als Folge eines fehlerhaften Produkts entstehen. Mangelhaft isolierte Elektrogeräte können einen Stromschlag verursachen, Holzschutzmittel können schwere gesundheitliche Schäden bewirken, wenn man die Dämpfe über längere Zeit einatmet. Für Schäden, die aus der Benutzung eines fehlerhaften Produktes entstehen, haftet der Hersteller unabhängig von seinem Verschulden. Der Fehler des Produkts muss dabei nicht eine zu schwache Schraube oder ein gesundheitsschädlicher Inhaltsstoff sein. Auch eine unzureichende Gebrauchsanweisung oder fehlende Sicherheitshinweise können den Benutzer eines Produkts zu einem gefährdenden Gebrauch verleiten.

Kann ein Geschädigter nachweisen, dass sein Schaden durch einen Produktfehler verursacht ist, kann er Schadenersatz vom Hersteller fordern. Deshalb müssen Hersteller Maßnahmen treffen, die die Sicherheit ihrer Produkte gewährleisten. Werden Mängel erst nach Auslieferung des Produkts erkannt, kann eine Warnung der Benutzer oder eine Rückrufaktion nötig werden.

9.4.2 Preis- und Konditionenpolitik

Man spricht statt von Preispolitik auch von Entgeltpolitik, die man in Preis- und Rabattpolitik unterteilt. Rabatte sind Abschläge vom Listenpreis, die aus bestimmtem Anlass gewährt werden, z.B. Mengenrabatte in Abhängigkeit von der Bestellmenge.

Liefer- und Zahlungsbedingungen gehören zur Konditionenpolitik. Bei den Lieferbedingungen geht es um den Zeitpunkt des Gefahrenübergangs (d.h. ab wann trägt der Empfänger das Risiko des Untergangs der Ware), Lieferzeit und -ort, Vertragsstrafen bei verspäteter Lieferung etc., bei den Zahlungsbedingungen um die Fälligkeitstermine der Zahlung, Skontogewährung, Zahlungswege u.ä.

Zu den Konditionen gehören auch eventuelle *Abnehmerbindungen*. Der Abnehmer (Händler) wird vertraglich zur Einhaltung bestimmter Restriktionen seines Verhaltens verpflichtet. Zum Beispiel darf er von keinem anderen Lieferanten beziehen oder das Produkt nicht an bestimmte Dritte weiterverkaufen. Zu den Abnehmerbindungen gehört auch die sog. Preisbindung der zweiten Hand: Der Hersteller schreibt dem Handel den Endverbraucherpreis vor. Diese Preisbindung ist allerdings in Deutschland im Wesentlichen nur für Verlagserzeugnisse (Bücher, Zeitschriften, Zeitungen) erlaubt. An ihrer Stelle verwenden Hersteller von Markenerzeugnissen häufig unverbindliche Preisempfehlungen. Durch Nennung und Unterbietung dieser Preisempfehlung kann der Handel beim Kunden den Eindruck besonderer Preisgünstigkeit erwecken.

9.4.2.1 Preissetzung

Eine landläufige Vorstellung geht davon aus, dass Preise „kalkuliert werden". Man ermittelt die Kosten pro Stück und addiert einen „angemessenen Gewinnzuschlag". Zwar geht die Praxis tatsächlich oft so vor. Dabei hat man aber doch das Verhalten der Nachfrager im Kopf, und das bewahrt einen davor, den angemessenen Gewinnzuschlag allzu hoch anzusetzen. Bei diesem intuitiven Vorgehen wird man höchstens zufällig einen im Sinn der Unternehmensziele optimalen Preis finden. Sinnvoller ist es, die erwartete mengenmäßige Reaktion der Nachfrager auf den Preis abzuschätzen und bei der Preisfestsetzung ebenso zu berücksichtigen wie die Kosten.

Beispiel: Ein Metallwarenhersteller hat ein Dekorationsstück entwickelt, das über Lifestyle-Boutiquen vertrieben werden soll. Der Unternehmer fragt sich, welchen Preis er verlangen soll. Er rechnet mit einem Absatz von 400 Stück im Monat. Für das Produkt fallen jeden Monat 10.000 Euro fixe Kosten an. Die variablen Kosten betragen 10 Euro pro Stück. Bei 400 verkauften Teilen betragen die Kosten 14.000 Euro. Ein Gewinnzuschlag von 20%

erscheint ihm angemessen; das macht 16.800 Euro. Auf die Menge verteilt ergibt sich ein Preis von 42 Euro pro Stück.

Der Unternehmer setzt den Preis auf 42 Euro fest. Nach einigen Monaten stellt er fest, dass sich der durchschnittliche Absatz bei 360 Stück im Monat einpendelt. Der Umsatz beträgt $42 \cdot 360 = 15.120$ Euro, die Kosten 13.600 Euro. Der Gewinn liegt bei 1.520 statt der erhofften 2.800 Euro.

Allerdings ist nicht klar, ob es klug wäre, den Preis zu erhöhen oder zu senken. Bei einer Preiserhöhung wird am Stück mehr verdient, aber die Nachfrage könnte zurückgehen. Bei einer Preissenkung sinkt der Ertrag pro Stück, aber es wird mehr verkauft.

Angenommen, der Anbieter kann die Abhängigkeit der Nachfrage vom Preis in Form einer Nachfragefunktion *x(p)* ausdrücken. Sie gibt an, welche Mengen *x* bei alternativen Preisen *p* nachgefragt werden. Die Umkehrfunktion *p(x)* sagt aus, welchen Preis der Anbieter verlangen muss, wenn er die Menge *x* verkaufen will. Eine solche Funktion wird als *Preis-Absatz-Funktion* bezeichnet. Wir unterstellen der Einfachheit halber, sie sei linear:

$$p = a - bx.$$

Diese Linearitätsannahme ist nicht sehr einschränkend, da für reale Entscheidungen ohnehin nicht der gesamte Bereich, sondern nur ein relativ kleines Preisintervall von Interesse ist.

Im Beispiel: Der Metallwarenhersteller vermutet, dass jede Preissenkung um 10 Euro die monatliche Nachfrage um 200 Stück erhöht, jede Preiserhöhung um 10 Euro die Nachfrage um 200 senkt. Daraus lässt sich schließen, dass die Preis-Absatz-Funktion

$$p = 60 - 0,05\, x$$

lautet.

Natürlich ist diese Funktion nicht exakt bekannt. Bei eingeführten Produkten kann jedoch aufgrund von Erfahrungen und Auswertung von Vergangenheitsdaten, bei Neuprodukten durch subjektive Expertenschätzungen oder Marktforschung für ein gewisses Preisintervall eine hinreichend zuverlässige Abschätzung der Funktion möglich sein.

Aus der Preis-Absatz-Funktion $p = a - bx$ ergibt sich die *Umsatzfunktion U(x)* wegen $U(x) = p(x) \cdot x$

$$U(x) = ax - bx^2.$$

Dies ist eine Parabel mit dem Maximum bei $x = a/2b$. Ihre erste Ableitung nach x ist die *Grenzumsatzfunktion*

$$U'(x) = dU/dx = a - 2\,bx.$$

Beispiel: Die Umsatzfunktion lautet $U(x) = 60x - 0,05x^2$, die Grenzumsatzfunktion $U'(x) = 60 - 0,1x$. Diese sind in Abb. 9-4 dargestellt.

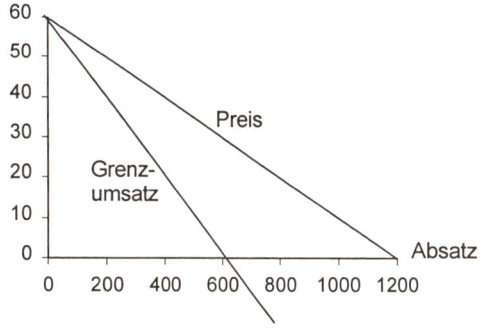

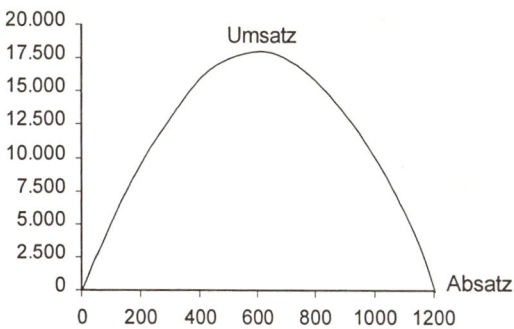

Abb. 9-4: Oben Preis-Absatzfunktion und zugehörige Grenzumsatzfunktion. Unten die zugehörige Umsatzfunktion

Die *Grenzumsatzfunktion* gibt an, um wie viel Euro der Umsatz sich ändert, wenn eine Mengeneinheit mehr abgesetzt wird. Sinkt der Preis bei *a* beginnend, so steigt der Absatz und auch der Umsatz, bis der Preis auf der Höhe *a*/2 angelangt ist (im Beispiel 30 Euro). Eine weitere Preissenkung steigert zwar weiterhin die Absatzmenge, aber jetzt sinkt der Umsatz, weil die Preissenkung nun stärker durchschlägt als die Mengensteigerung. Der Grenzumsatz wird negativ: Trotz steigender Absatzmenge kommt weniger Geld in die Kasse.

Dies ist in Abb. 9-5 verdeutlicht, in der der Umsatz als Flächeninhalt von Rechtecken dargestellt ist. Beim Preis von 50 beträgt der Absatz 200, der resultierende Umsatz von 10.000 ist durch das schattierte Rechteck repräsentiert. Senkt der Unternehmer den Preis um 10 auf 40 Euro, steigt die Menge um 200 auf 400. Der neue Umsatz von 16.000 (stark umrandetes Rechteck) ist größer als der alte.

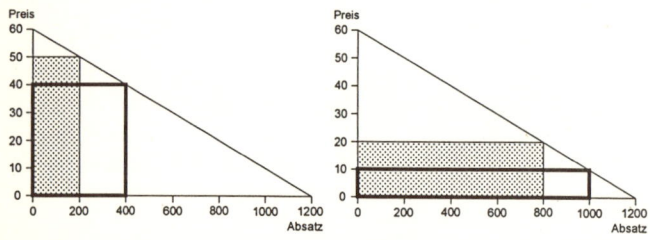

Abb. 9-5: Umsatzveränderung durch Preissenkung

Nun nehmen wir an, der Preis werde von 20 auf 10 Euro gesenkt. Der Vergleich der beiden Rechtecke zeigt, dass der Umsatz drastisch zurückgeht, obwohl die Menge um weitere 200 Stück zunimmt.

Hat das Unternehmen das Ziel, den *maximalen Umsatz* zu realisieren, so muss es den Preis *a*/2 setzen. Strebt es aber nach dem *maximalen Gewinn,* so müssen auch die (Produktions- und Vertriebs-)Kosten berücksichtigt werden. Der Gewinn ist die Differenz zwischen Umsatz und Kosten: $G(x) = U(x) - K(x)$. Von der Kostenfunktion können wir annehmen, dass sie monoton ansteigt.

Bei Annahme einer differenzierbaren Kostenfunktion gilt für das Gewinnmaximum die notwendige Bedingung

$$G'(x) = U'(x) - K'(x) = 0,$$

also Grenzumsatz gleich Grenzkosten. Man löst diese Gleichung nach x auf und erhält die optimale Menge x^*. Im Zahlenbeispiel sei angenommen, dass die Kostenfunktion linear ist:

$$K(x) = K_{Fix} + cx$$

und die Grenzkosten konstant $c = K'(x) = 10$ betragen. Somit gilt im Gewinnmaximum

$$60 - 0{,}1x^* - 10 = 0$$
$$x^* = 500.$$

Welchen Preis muss der Anbieter fordern, um diese Menge zu verkaufen? Durch Einsetzen von x^* in die Preis-Absatz-Funktion $p = a - bx$ erhält man den optimalen Preis p^*. Im Beispiel:

$$p^* = 60 - 0{,}05 \cdot 500 = 35.$$

Abbildung 9-6 zeigt die Auffindung der gewinnmaximalen Absatzmenge auf zwei Arten. Im unteren Teil wird der Punkt des größten vertikalen Abstands zwischen Umsatz- und Kostenfunktion gefunden. Das Gewinnmaximum tritt bei $x = 500$ auf. Im oberen Teil ergibt sich die gleiche Menge durch den Schnittpunkt von Grenzumsatz- und Grenzkostenfunktion. Im Gewinnmaximum verdient der Unternehmer monatlich 2.500 Euro, rund 1.000 Euro mehr als in der Ausgangssituation.

Der optimale Preis und die optimale Menge sind unabhängig von der Höhe der fixen Kosten. Dies steht im Gegensatz zu der intuitiven und in der Praxis verbreiteten Meinung, eine Steigerung der fixen Kosten müsse doch dazu führen, den Preis „höher zu kalkulieren". Unter den gemachten Modellannahmen sind fixe Kosten jedoch für die Preisbildung völlig irrelevant. Selbst wenn der Anbieter Verlust macht, ist das beste, was er tun kann, die Beibehaltung des optimalen Preises. Dies gilt allerdings nur „kurzfristig", d.h. solange die fixen Kosten tatsächlich fix sind. Langfristig sind alle Kosten variabel, d.h. abbaubar. Mietverträge können gekündigt, Arbeitskräfte entlassen werden. Einem dauerhaften Verlust kann der Anbieter dadurch entgehen, dass er die fixen Kosten abbaut und die Produktion einstellt.

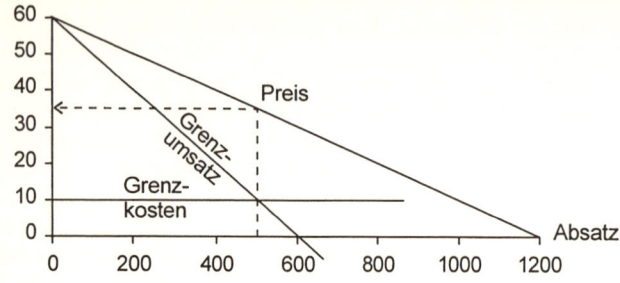

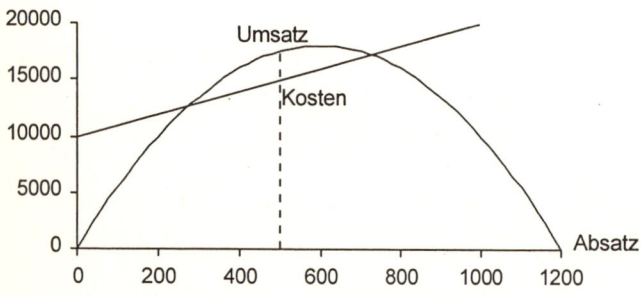

Abb. 9-6: Gewinnmaximale Preis-Mengen-Kombination

Die Maximierung des Gewinns ist identisch mit der Maximierung des *Deckungsbeitrags,* d.h. der Differenz zwischen Umsatz und variablen Kosten:

$$D(x) = U(x) - cx$$
$$G(x) = U(x) - (K_{Fix} + cx)$$
$$G(x) = D(x) - K_{Fix}$$

9.4.2.2 Preisdifferenzierung

Die Setzung eines Einheitspreises hat aus der Sicht des Anbieters den Nachteil, dass (a) auch diejenigen Nachfrager, die mehr zu zahlen bereit wären, in den Genuss des Einheitspreises kommen, und (b) alle diejenigen Nachfrager, denen der geforderte Preis zu hoch ist, als Käufer ausfallen. Der Gewinn sollte sich

steigern lassen, wenn es gelingt, den Markt nach Abnehmergruppen so aufzuteilen, dass sich die Preis-Absatz-Funktionen
der einzelnen Marktsegmente voneinander unterscheiden.
Preisempfindlichen Abnehmern wird dann ein niedrigerer, preis-
unempfindlichen Abnehmern ein höherer Preis abgefordert. Aus
der Sicht des Verkäufers ideal wäre es, von jedem Kunden den
Preis zu verlangen, den er gerade noch zu zahlen bereit ist – wie
dies der Händler auf dem Basar versucht.

Voraussetzung für das Funktionieren der Preisdifferenzierung
ist eine Abschottung der Teilmärkte, so dass sich nicht alle
Nachfrager zu dem niedrigsten Preis eindecken können. Nach
der Art der Schranken zwischen den Marktsegmenten unterscheidet man

- Preisdifferenzierung nach *Kundenmerkmalen:* Beispielsweise
  gelten Preisermäßigungen für Schüler und Studenten, Solda-
  ten oder „Senioren", oder es gelten unterschiedliche Preise
  für Haushalte und industrielle Abnehmer.

- *Regionale* Preisdifferenzierung: Die Preise sind nach Regionen gestaffelt. In Regionen mit höherer Preisempfindlichkeit
  oder schärferem Wettbewerb wird billiger angeboten. Dies
  setzt voraus, dass – infolge von Transportkosten, Zöllen
  oder mangelnder Kenntnis der Preise – kein Abfluss aus bil-
  ligen Regionen in teurere erfolgt. Beispiele sind Unterschiede im Benzinpreis zwischen städtischen und ländlichen Regionen oder der Export von Autos zu niedrigeren als den In-
  landspreisen.

- Preisdifferenzierung nach dem *Verwendungszweck:* Zwecks
  Marktabschottung muss ggf. das Produkt so verändert werden, dass eine „missbräuchliche" Verwendung unterbunden
  wird. Dies geschieht z.B. durch Vergällung von Alkohol oder
  Färbung von Heizöl, so dass es nicht als Dieselkraftstoff
  verwendet wird.

- *Zeitliche* Preisdifferenzierung: Zeitlich unterschiedliche
  Nachfrage gibt Anlass, zu Zeiten erhöhter Nachfrage höhere
  Preise zu verlangen als zu Zeiten geringerer Nachfrage. Beispiele sind wochentags- und uhrzeitabhängige Telefon- und
  Stromtarife und saisonabhängige Preise in der Tourismus-
  branche. Ebenfalls als zeitliche Preisdifferenzierung kann
  man die *Skimming*-Strategie (Abschöpfungsstrategie) bei

technisch neuartigen Produkten ansehen, die zunächst zu einem hohen, dann stufenweise immer niedrigeren Preis angeboten werden, z.B. Digitalkameras oder Flachbildschirme. Das Gegenteil ist die *Penetrationsstrategie*, bei der man anfangs mit niedrigen Preisen den Markt erobern will, um später die Preise zu erhöhen.

- Preisdifferenzierung mit *Produktdifferenzierung*: Ein Produkt wird in verschiedenen Varianten für unterschiedliche Marktsegmente angeboten, z.B. als renommiertes Hersteller-Markenerzeugnis für den markenbewussten Käufer und äußerlich verändert, aber technisch „baugleich" unter der Handelsmarke eines Waren- oder Versandhauses.

Hat das Unternehmen n Marktsegmente definiert und gilt für jedes Segment i eine Preis-Absatz-Funktion mit zugehöriger Umsatzfunktion $U_i(x_i)$, so muss im Gewinnmaximum gelten

$$U'_1(x_1) = U'_2(x_2) = \ldots = U'_n(x_n) = K'(x)$$

mit $x = x_1 + x_2 + \ldots + x_n$ (vorausgesetzt, dass kein Kapazitätsengpass die Mengen beschränkt). Das heißt: Der Absatz wird in jedem Marktsegment so weit ausgedehnt, bis der Grenzumsatz gleich den Grenzkosten ist.

Beispiel: Für das Preisintervall zwischen 20 und 40 Euro schätzt der Anbieter die Preis-Absatz-Funktionen dreier Marktsegmente auf

(A) $p_A = 50 - 0,10\, x_A$ bzw. $x_A = (50 - p_A)/0,10$
(B) $p_B = 40 - 0,05\, x_B$ bzw. $x_B = (40 - p_B)/0,05$
(C) $p_C = 60 - 0,08\, x_C$ bzw. $x_C = (60 - p_C)/0,08$.

Die Kostenfunktion sei $K = K_{Fix} + 15x$.

Bei Preisdifferenzierung wird für jedes der drei Marktsegmente der Grenzumsatz gleich den Grenzkosten ($=15$) gesetzt:

(A) $50 - 0,20\, x_A = 15 \Rightarrow$ $x^*_A = 175,0$
     $p^*_A = 32,5$ $D^*_A = 3.062,5$
(B) $40 - 0,10\, x_B = 15 \Rightarrow$ $x^*_B = 250,0$
     $p^*_B = 27,5$ $D^*_B = 3.125,0$
(C) $60 - 0,16\, x_C = 15 \Rightarrow$ $x^*_C = 281,3$
     $p^*_C = 37,5$ $D^*_C = 6.328,1$
Summe $x^* = 706,3$ $D^* = 12.515,6$

Der bei Preisdifferenzierung maximal erzielbare Gewinn ist 12.515,6 minus fixe Kosten. Zum Vergleich berechnen wir das Gewinnmaximum bei einem optimalen Einheitspreis. Die Gesamtnachfrage in Abhängigkeit von einem Einheitspreis p erhalten wir, indem wir $p_A = p_B = p_C = p$ setzen und die Nachfragemengen addieren (siehe Abbildung 9-7):

$$x = x_A + x_B + x_C = 2.050 - 42,5\,p$$

bzw. nach p aufgelöst

$$p = 48,235 - x/42,5.$$

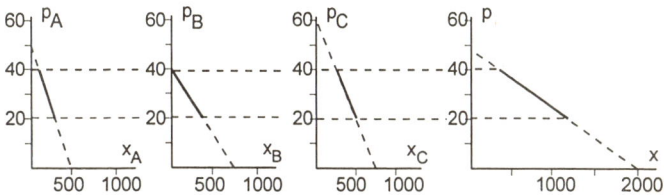

Abb. 9-7: Addition der Nachfragemengen der Teilmärkte

Für den aggregierten Markt gilt die Optimalitätsbedingung

$$48,235 - x/21,25 = 15$$

mit dem Resultat

$$x^* = 706,2 \qquad p^* = 31,62 \qquad D^* = 11.737.$$

Der Gewinn ist also um rund 779 niedriger als bei Preisdifferenzierung.

Einige *Kritikpunkte* zu den dargestellten Optimierungsmodellen sind folgende: Die Modelle sind statisch, sie berücksichtigen nicht, dass Anbieter auch auf Preiskonstanz achten und daher auf Veränderungen der Nachfragefunktion nicht ständig mit Preisänderungen reagieren wollen. Die Modelle abstrahieren auch von Marktinterdependenzen zwischen mehreren Produkten, also z.B. von der Wirkung des Preises für Produkt A auf die Nachfrage nach Produkt B. Ebenso wird angenommen, dass die Kosten des Produkts nicht von den Herstellmengen anderer Produkte beeinflusst werden. Die Reaktion eventueller Konkurrenten ist in den Modellen nicht explizit abgebildet. Der Anbieter könnte allerdings seine Vorstellung über die Preis-Absatz-Funktion schon unter Einbeziehung der erwarteten Konkurrenzreaktion gebildet haben. Deshalb ist es irreführend, das Modell nur als Modell der Monopolpreisbildung zu bezeichnen, wie dies häufig geschieht. Monopole sind selten; das Konzept einer Preis-Absatz-Funktion kann jedoch auch unter Konkurrenzbedingungen eine nützliche Entscheidungshilfe sein. Es ist jedenfalls einer rein kostenorientierten Preisbildung (Preis = Stückkosten + angemessener Gewinnzuschlag) konzeptionell überlegen.

9.4.3 Kommunikationspolitik

Der Begriff Kommunikationspolitik umfasst die Aktivitäten, mit denen das Unternehmen die Kunden anspricht:

- *Werbung.* Zu entscheiden ist u.a. über die Werbebotschaft, die Werbeträger (Zeitschrift, Fernsehen, Plakatsäule, Reisender) und die Werbemittel, z.B. Anzeige, Werbebeilage, Preisausschreiben, Plakat oder Internet-Auftritt, durch die das Unternehmen die Präferenzen der potentiellen Kunden zu seinen Gunsten beeinflussen möchte.
- *Verkaufsförderung (Sales promotion).* Hiermit ist eine Vielzahl von Maßnahmen wie Prospekte, Verkaufstraining, Preisausschreiben und Warenproben gemeint.
- *Öffentlichkeitsarbeit (Public Relations)* ist darauf gerichtet, die Einstellung der Öffentlichkeit oder bestimmter Gruppen zum Unternehmen möglichst positiv zu beeinflussen, z.B. durch Spenden für gemeinnützige Zwecke oder Interviews von Unternehmensrepräsentanten in den Medien.
- *Sponsoring.* Die finanzielle Unterstützung von Institutionen, Personen oder Ereignissen, durch die das Unternehmen seine Bekanntheit und die ihm entgegengebrachte Sympathie erhöhen will.
- *Persönlicher Verkauf,* bei dem Verkäufer und Käufer sich in unmittelbarem oder telefonischem Kontakt befinden.

Ziel der Kommunikation ist es letztlich, die Nachfrage zu erhöhen. Das bedeutet, dass die *Preis-Absatz-Funktion* nach rechts verschoben werden soll: Bei gleichem Preis wird mehr abgesetzt oder die gleiche Menge kann zu einem höheren Preis abgesetzt werden.

Wenn die durch eine Kommunikationsmaßnahme bewirkte Nachfrageverschiebung bekannt wäre, dann wäre es möglich, den finanziellen Nutzen der Maßnahme mit ihren Kosten zu vergleichen. Es ist aber im Allgemeinen kaum möglich, die Reaktion der Abnehmer auf Werbe- oder andere Kommunikationsmaßnahmen hinreichend genau vorherzusehen. Die *Ziele* der Kommunikationspolitik sind daher Instrumentalziele, von denen man annimmt, dass sie in einem Zusammenhang zur Kaufentscheidung des Kunden stehen. Zum einen strebt man *Bekanntheit* (der Werbung oder der Marke) an, zum anderen eine *positive Einstellung* (zur Werbung oder zur Marke). Der Verbraucher soll sich an die Werbung und an die Marke erinnern. Zu diesem Zweck muss die Botschaft ihn so oft erreichen, bis sie in seinem Langzeitgedächtnis gespeichert ist. Bekanntheit fördert zwar nicht unbedingt die Kaufbereitschaft, zumal wenn sie auf negativen Schlagzeilen beruht (Betriebsunfall, Umweltsünde, Missmanagement) oder man die Werbung als abstoßend empfindet. Ohne Bekanntheit kann andererseits keine positive Einstellung entstehen.

Die *Botschaft,* die durch Werbung oder andere Kommunikation übermittelt werden soll, möchte eine positive Einstellung zum Produkt fördern. Bei Produkten, die überwiegend nach ihrem Funktionsnutzen beurteilt werden, wie Produktionsgüter, technische Geräte im Privathaushalt, Windeln und Waschmittel, mag die sachliche Information im Vordergrund stehen. Wenn es aber um Produkte geht, bei denen es auf Genuss oder Geltung ankommt, müssen Emotionen geweckt werden. Der Konsument soll den Markennamen mit angenehmen Empfindungen verbinden. Autowerbung kann zum Beispiel im Fernsehzuschauer Reiselust hervorrufen, Zigarettenwerbung eine Atmosphäre von Abenteuer schaffen und Bierwerbung in eine gemütliche Runde versetzen. Zeichnet sich das Produkt in keiner wesentlichen Hinsicht vor denen der Konkurrenz aus, bleibt der Werbung nichts anderes übrig, als auf emotionale Appelle zu setzen.

Bei der Auswahl der *Werbeträger* muss darauf geachtet werden, dass die Zielgruppe von dem Medium gut erreicht wird. Zum Beispiel sind Hausfrauen vormittags über die Radiowerbung zu erreichen. Auch muss das Medium geeignet sein, die Vorzüge des Produkts darzustellen und den emotionalen Appell zu übertragen. Wichtig ist die Reichweite, d.h. die Anzahl der erreichten Personen. Die Kosten werden häufig ins Verhältnis zur Leistung gesetzt, die in der Anzahl der Kontakte gemessen wird (sog. 1000-Kontakt-Preise). Allerdings variieren die Medien auch ihre Preise nach den Kontaktchancen; zum Beispiel hängen die Preise für die Sendung von Fernsehspots vom Wochentag, der Tageszeit und zum Teil auch davon ab, in welche Sendung sie eingeblendet werden.

Die Möglichkeiten der Werbung sind durch einige Rechtsvorschriften beschränkt. Besonders hervorzuheben ist das Gesetz gegen den unlauteren Wettbewerb (UWG). Es bestimmt in § 1 („Generalklausel"), dass man für Wettbewerbshandlungen, die gegen die guten Sitten verstoßen, auf Unterlassung und Schadensersatz in Anspruch genommen werden kann. Bei irreführenden Angaben kann man auf Unterlassung verklagt werden (§ 3), irreführende Werbung ist sogar strafbar (§ 4). Vergleichende Werbung — direkter Vergleich mit bestimmten Konkurrenten — galt in Deutschland früher als verboten. Inzwischen ist sie nach Ansicht des BGH sowie auch nach einer EU-Richtlinie erlaubt, sofern sie objektiv überprüfbar und nicht herabsetzend ist.

9.4.4 Distributionspolitik

Zu diesem Instrument gehören alle Entscheidungen über den Weg des Produkts bis zum Endabnehmer. Zum einen geht es dabei um die *Absatzkanäle*. Hier unterscheidet man zwischen einer direkten und einer indirekten Distribution.

Die *direkte* Distribution spielt sich entweder unmittelbar zwischen Hersteller und Abnehmer ab. Der Hersteller agiert durch Führungskräfte und Vertriebsmitarbeiter im Stammhaus, unterhält Verkaufsniederlassungen oder beschäftigt Reisende. Oder er kann rechtlich selbständige Absatzmittler einsetzen, wie Handelsvertreter und Kommissionäre. Direkte Distribution eignet sich für einen kleinen Kundenstamm und ist bei Produktionsgütern häufig anzutreffen. Bei Konsumgütern ist sie selten.

Die *indirekte* Distribution schaltet selbständige Händler ein. Der Hersteller verkauft an den Großhandel und/oder direkt an den Einzelhandel. Großhändler beliefern Weiterverarbeiter oder Einzelhändler. Diese liefern an Verbraucher. Varianten des Einzelhandels sind u.a. das Fachgeschäft, das Warenhaus, der

Verbrauchermarkt und der Versandhandel. *Vertragshändler* verpflichten sich, neben den Produkten des Vertragspartners keine Konkurrenzerzeugnisse zu führen. Autohersteller arbeiten mit Vertragshändlern; Brauereien schließen Bierlieferungsverträge mit Gaststätten. Noch etwas weiter in der Bindung des Händlers geht gelegentlich das *Franchising*. Hier ist der Vertragshändler (Franchisenehmer) nicht nur verpflichtet, das äußere Erscheinungsbild (Firmenemblem, Ausstattung etc.) zu wahren. Sein Entscheidungsspielraum bei der Geschäftsgebarung kann durch den Franchisegeber weitgehend eingeschränkt sein – was allerdings die Gefahr der Einstufung als Arbeitnehmer bedeutet (vgl. Kapitel 7.2.6). Er zahlt ein einmaliges oder laufendes Entgelt an den Franchisegeber. Dafür profitiert er von dem bekannten Namen und der Werbung durch den Franchisegeber. Im Vergleich zum Vertrieb durch eigene Niederlassungen hat das Franchise-System für den Hersteller Vorteile: Er kann schnell und einfach expandieren, da die Investitionen von den Franchisenehmern aufgebracht werden, und diese sind hoch motiviert, da sie auf eigene Rechnung arbeiten. Beispiele bekannter Franchise-Unternehmen sind Obi, Benetton, McDonald's, AYK-Sonnenstudios und Photo Porst.

Die Distributionspolitik betrifft zum anderen auch das *logistische System*, durch das die Auslieferung physisch ermöglicht wird, also die Wahl von Standorten für Auslieferungsläger, die Einschaltung von Spediteuren, die Wahl von Transportmitteln und anderes mehr.

Literaturhinweise

Köhler, R. (1993): Beiträge zum Marketing-Management. Planung, Organisation, Controlling. 3. Auflage. Schäffer-Poeschel

Koppelmann, U. (2002): Marketing. 7. Auflage. Werner

Kotler, P./ Bliemel, F. (2001): Marketing-Management. 10. Auflage. Schäffer-Poeschel

Meffert, H. (2000): Marketing. 9. Auflage. Gabler

Nieschlag, R./ Dichtl, E./ Hörschgen, H. (2002): Marketing. 19. Auflage. Duncker & Humblot

Scharf, A./ Schubert, B. (2001): Marketing. Einführung in Theorie und Praxis. 3. Auflage. Schäffer-Poeschel

Steffenhagen, H. (2004): Marketing. Eine Einführung. 4. Auflage. Kohlhammer

Nachschlagewerk

Tietz, B./ Köhler, R./ Zentes, J. (Hrsg.) (1995): Handwörterbuch des Marketing. 2. Auflage. Schäffer-Poeschel

Kapitel 10
Produktionswirtschaft

10.1 Aufgaben und Ziele

Produktionswirtschaftliche Aufgaben sind vor allem

- die Planung und Implementierung des *Produktionssystems,*
- die Planung des *Produktionsprogramms* in Abstimmung mit dem Absatzprogramm,
- die Planung und Kontrolle des *Produktionsvollzugs.*

Aus der Absatzplanung und der gewählten Absatzstrategie ergeben sich Ziele für die Produktion, die auf allen drei Stufen der Planung beachtet werden sollten. Die wichtigsten Zielvariablen sind in der Regel

- Produktionskosten,
- Qualität,
- Lieferservice, also kurze Lieferfristen und Termintreue,
- Flexibilität: zum einen Produktflexibilität, also Anpassungsfähigkeit an Kundenwünsche, zum anderen Volumenflexibilität, das heißt Anpassungsfähigkeit an schwankende Produktionsmengen.

10.2 Die Gestaltung des Produktionssystems

Die Gestaltung eines Produktionssystems ist weitgehend von den Eigenschaften der Erzeugnisse und des Sortiments sowie von den Marktbedingungen und der Marktstrategie abhängig. Im Folgenden werden Merkmale von Produktionssystemen beschrieben, die für die Erreichung produktionswirtschaftlicher Ziele von Bedeutung sind.

10.2.1 Programmbezogene Merkmale des Produktionssystems

10.2.1.1 Produkteigenschaften

Güterart. Es ist zwischen materiellen und immateriellen Produkten (Dienstleistungen) zu unterscheiden. Beispiele für Dienstleistungsbranchen sind Hotels, Gaststätten, Handel, Banken, Versicherungen, Verkehr, Unterricht, Beratung, Heilung, Unterhaltung und Information. Die Probleme der Dienstleistungsproduktion resultieren in vielen Fällen aus der Nichtlagerfähigkeit der Produkte. Dienstleistungen können oft nur am Ort ihrer Verwertung, in Verbindung mit dem Dienstleistungsempfänger oder in Verbindung mit immobilen Sachen des Dienstleistungsempfängers produziert werden (z.B. Theateraufführung oder die Reparatur einer technischen Großanlage).

Gestalt der Güter. Sachgüter sind ungeformte oder geformte Fließgüter oder Stückgüter. Charakteristikum von Fließgütern ist, dass sie nicht in allen drei Dimensionen determiniert sind. Bier, Treibstoffe, Elektrizität sind typische Beispiele, aber auch Stahlbleche gelten als Fließgüter, da sie zwar in Breite und Höhe, nicht aber in ihrer Länge festgelegt sind. Stückgüter, wie z.B. Fernsehgeräte oder Tafelschokolade, sind hingegen in allen drei Dimensionen festgelegt. Die Technik zu ihrer Erzeugung heißt *Fertigungstechnik,* die Technik zur Produktion ungeformter oder geformter Fließgüter heißt *Verfahrenstechnik* oder *Prozesstechnik.*

Zusammensetzung der Güter. Eng mit der Gestalt der Güter verknüpft ist die Unterscheidung nach einteiligen Produkten (z.B. Radiergummis oder Münzen) und mehrteiligen Produkten, die durch einen Montageprozess entstehen (z.B. ein PC oder ein Fahrrad). Je mehr Teile in das Endprodukt eingehen und im eigenen Betrieb gefertigt werden, desto aufwendiger werden die Planungen hinsichtlich der Terminabsprache, der Verfügbarkeit von Ressourcen und der notwendigen Materialverfügbarkeit.

Beweglichkeit der Güter. Bewegliche Produkte können dort produziert werden, wo die Standortfaktoren eine Produktion günstig erscheinen lassen. Unbewegliche Produkte, wie Kraftwerke oder Brücken, können nur am Ort ihrer späteren Nutzung produziert werden.

10.2.1.2 Programmeigenschaften

Produktionsbreite. Dieses Kriterium betrifft die Anzahl unterschiedlicher Produkte und den Grad ihrer Unterschiedlichkeit. Im *Einproduktbetrieb* wird nur eine Art von Leistung erzeugt, z.B. im Elektrizitäts- oder Wasserwerk oder in der Kiesgrube. Hierbei handelt es sich in der Regel um *Massenfertigung.* Bei der *Sortenproduktion,* einem Spezialfall der Massenproduktion, sind die Produkte Varianten eines Grundproduktes, die auf denselben Produktionsanlagen zeitlich hintereinander hergestellt werden.

Beispiele sind die Fertigung von Schrauben in verschiedenen Größen und Gewindeabmessungen und die Produktion verschiedener Biersorten. Da für jeden Sortenwechsel der Produktionsprozess unterbrochen werden muss und die Produktionsanlagen für die Fertigung einer Variante umgerüstet werden, ergeben sich Planungsprobleme hinsichtlich der optimalen Losgrößen und der Sortenreihenfolge. *Partie- und Chargenproduktion* sind eine meist ungewollte Sortenfertigung, bei der die Unterschiede im Endprodukt durch Unterschiede im Ausgangsmaterial, wie beispielsweise bei der Partieproduktion von Marmelade mit qualitativ unterschiedlichen Früchten, oder durch Unterschiede im Produktionsprozess, wie etwa bei der chargenweisen Produktion von Metall- oder Glaslegierungen begründet sind.

Bei der eigentlichen *Mehrproduktfertigung* kann nach dem Grad der erzeugungstechnischen Interdependenzen zwischen unverbundener Produktion, konkurrierender Produktion und Kuppelproduktion unterschieden werden. Bei *unverbundener* Produktion werden die Produkte in völlig getrennten Produktionssystemen erzeugt. Beanspruchen sie dagegen bestimmte gemeinsame Einrichtungen, so dass auf der gleichen Anlage nur entweder das eine oder das andere Produkt erzeugt werden kann, spricht man von *konkurrierender* Produktion. In diesem Fall entstehen Planungsprobleme. Falls die Kapazitäten nicht für die gesamte mögliche Absatzmenge ausreichen, ist zu entscheiden, welche Mengen welcher Produkte herzustellen sind. Die zeitliche Reihenfolge und die optimalen Seriengrößen unter Beachtung der Rüst- und Bestandskosten sind zu bestimmen (siehe unten Abschnitt 10.5)

Kuppelproduktion bedeutet, dass technisch zwangsläufig mehrere Produkte in einem Produktionsprozess entstehen, wie z.B. in der Erdölraffinerie, wo gleichzeitig u.a. Vergaserkraftstoff, leichtes und schweres Heizöl erzeugt werden. Zu den Problemen der Kuppelproduktion gehört, dass die Mengenverhältnisse der Produkte nicht (starre Kuppelproduktion) oder nur in Grenzen (flexible Kuppelproduktion) variierbar sind. Die Kuppelprodukte fallen also nicht in dem Mengenverhältnis an, wie der Markt sie nachfragt (z.B. wird im Sommer viel Vergaserkraftstoff und wenig Heizöl gebraucht, im Winter umgekehrt).

Absatzbeziehung der Produktion. Bei *Kundenproduktion* wird das Produkt nach den speziellen Wünschen des Kunden gefertigt, wie z.B. bei Maßkleidung, Schiffen oder Spezialmaschinen. Gewöhnlich lassen sich mit kundenspezifischen Produkten höhere Preise erzielen als mit Standardprodukten. Die Belieferung vieler Kunden mit jeweils kleinen Mengen individueller Produkte erfordert aber eine hohe Flexibilität des Produktionssystems und bedeutet höhere Stückkosten als bei Standardprodukten. *Standardprodukte* werden in der Regel für einen anonymen Markt auf Lager produziert. Unternehmen versuchen die Vorteile einer großen Angebotsvielfalt mit denen einer rationellen Produktion durch Baukastensysteme zu verbinden, wie dies bei Möbelsystemen oder Fertighäusern zu beobachten ist. In der Automobilindustrie und im Maschinenbau sind die Produkte bis zu einer gewissen Stufe standardisiert und werden erst im letzten Fertigungsabschnitt an individuelle Wünsche angepasst.

Produktionstiefe. Bei gegebenem Programm der Endprodukte kann danach unterschieden werden, wie viele Produktionsstufen im gleichen Betrieb zusammengefasst sind. Die geringste Produktionstiefe liegt vor, wenn lediglich die Endmontage im eigenen Betrieb stattfindet. Die Frage nach *Eigenfertigung oder Fremdbezug* von Einzelteilen oder ganzen Baugruppen stellt sich heute öfter als früher, weil der internationale Handel weitgehend liberalisiert ist und viele neue Länder als preisgünstige industrielle Anbieter auftreten. Der Begriff *Outsourcing* bezeichnet den Übergang von Eigenproduktion auf Fremdbezug. Wichtige Ziele bei dieser Entscheidung betreffen die Kosten, die Qualität und die Versorgungssicherheit. Es kann Bestandteil der Produktionsstrategie sein, durch Eigenfertigung die volle Kontrolle über die Qualität in der Hand zu haben; auf der anderen Seite bietet der Weltmarkt die Möglichkeit, Teile zu Preisen weit unter den eigenen Herstellungskosten einzukaufen.

10.2.2 Prozessbezogene Merkmale des Produktionssystems

Die organisatorische Anordnung der Arbeitsstationen und die Struktur des Produktionsprozesses sind entscheidend für *Flexibilität* und *Kosten des Systems.* In den letzten Jahren haben viele Unternehmen sich unter dem Eindruck eines Vorsprungs japanischer Fertigungssysteme bemüht, ihre Produktionsprozesse „schlanker" zu machen *(Lean Production).* Dies umfasst eine Reihe von Maßnahmen zur Kostensenkung (vor allem durch Abbau überflüssiger Lagerhaltung) und Erhöhung der Flexibilität (z.B. durch Gruppenarbeit und erhöhte Qualifikation der Arbeitskräfte).

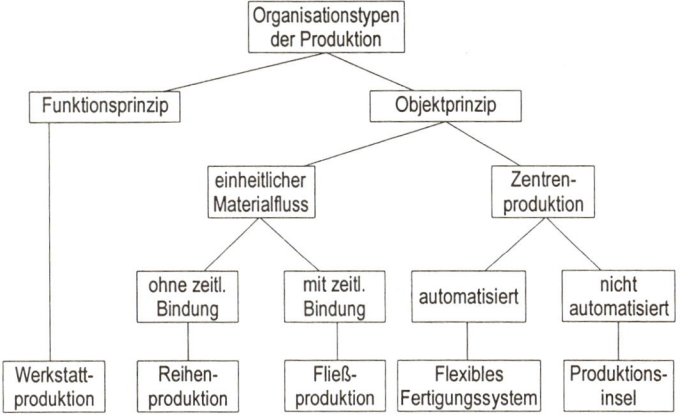

Abb. 10-1: Organisationstypen der Produktion (in Anlehnung an Günther, H.-O./ Tempelmeier, H.: Produktion und Logistik, 5. Aufl. 2002)

Die Abteilungsbildung kann dem Funktions- oder dem Objektprinzip folgen (vgl. Kapitel 4). Eine funktionsbezogene Gliederung wird auch als Gliederung nach dem „Verrichtungsprinzip" bezeichnet. Sie entspricht in der Produktion der Gliederung nach Werkstätten, in denen je eine Verrichtungsart betrieben wird. Das Objektprinzip dagegen führt zu einer Gliederung des Systems nach Produkten oder Zwischenprodukten. Abbildung 10-1 zeigt eine Übersicht.

Werkstattfertigung. Hier werden Arbeitsstationen, die gleichartige Verrichtungen ausführen, räumlich und organisatorisch zu einer Werkstatt zusammengefasst (z.B. Schlosserei, Schreinerei, Lackiererei). Jedes Einzelteil kann mehrere Werkstätten beanspruchen. Ein Werkstück muss zum Beispiel nacheinander die Stanzerei, Dreherei, Galvanik und Endmontage durchlaufen. Bei vielteiligen Erzeugnissen ist das Problem, aus den Kundenaufträgen die Belegung der einzelnen Produktionsstätten nach Anfangs- und Endtermin abzuleiten, sehr komplex. Es ist schwer, die Durchlaufzeiten und Liefertermine einzelner Aufträge abzuschätzen. Häufig stehen Maschinen in Erwartung des nächsten Auftrages still oder es sammeln sich vor einer Maschine ungewollte Zwischenerzeugnisbestände an. Dies führt zu höheren Bestandskosten und eventuell zur Überschreitung zugesagter Liefertermine.

Vorteil der Werkstattfertigung ist jedoch die hohe Produktflexibilität, die es erlaubt, auch ausgefallene Kundenwünsche technisch zu realisieren. Werkstattfertigung ist gut geeignet für die Einzel- und Kleinserienfertigung; wir finden sie z.B. typischerweise im Maschinenbau.

Objektprinzip. Liegt ein einheitlicher Materialfluss vor, d.h. sind die einzelnen Arbeitsstationen linear hintereinander geordnet, spricht man von *Reihen- oder Fließproduktion.* Erfolgt der Arbeitsfortschritt ohne zeitliche Bindung (Takt), liegt *Reihenproduktion,* bei taktgebundener Arbeit *Fließproduktion* vor. Wir wollen hier beide Formen unter dem Begriff „Fließprinzip" zusammenfassen. Der Vorteil dieses Prinzips liegt vor allem in den niedrigen Stückkosten bei Massenproduktion. Berühmtes Beispiel ist die Einführung des Fließbands in der Endmontage durch Henry Ford. Es brachte große Kostensenkungen und führte mit dazu, dass das T-Modell für weite Bevölkerungskreise erschwinglich wurde. Der Nachteil des Objektprinzips liegt aber in der Starrheit des Produktionssystems, das auf ein Produkt maßgeschneidert ist und keine Änderungen der Bearbeitungsvorgänge und ihrer Reihenfolge gestattet. Abbildung 10-2 stellt Werkstatt- und Fließprinzip einander gegenüber.

	Werkstattprinzip	Fließprinzip
Produktionskosten	Hohe Kosten durch universell einsetzbare Maschinen, qualifiziertes Personal, häufiges Umrüsten	Niedrige Kosten durch spezialisierte Anlagen, weniger qualifizierte Arbeit, kein Umrüsten
Innerbetriebliche Transporte und Lagerung	Hohe Kosten	Geringe Kosten
Durchlaufzeiten	Lange Durchlaufzeiten	Sehr kurze Durchlaufzeiten
Kapitalbindung in Halbfertigerzeugnissen	Hohe Kapitalbindung	Sehr niedrige Kapitalbindung
Flexibilität	Hohe Flexibilität bei Variation von Produkten, Material und Verfahren; bei Auftragsrückgang fixe Kosten leichter reduzierbar	Geringe Flexibilität
Steuerung	Schwierig, hoher Aufwand für die Auftragssteuerung, Fertigstellungstermine oft nicht genau vorhersagbar	Nur einmaliger hoher Aufwand bei der Einrichtung des Systems
Störanfälligkeit	Geringe Störanfälligkeit, da gleichartige Maschinen sich gegenseitig ersetzen können	Hohe Störanfälligkeit, da Ausfall einer Bearbeitungsstation die ganze Straße stilllegt
Arbeitsbedingungen	Relativ abwechslungsreich	Monoton

Abb. 10-2: Fließ- und Werkstattfertigung im Vergleich

Der *Zentrenproduktion* liegt ebenfalls das Objektprinzip zu Grunde. Anders als beim Fließprinzip werden aber hier einzelne Arbeitsgänge zusammengefasst. Hinsichtlich des Automatisierungsgrades und der Autonomie im Bereich der Planung und

Koordination lassen sich flexible Fertigungssysteme und Produktionsinseln unterscheiden. *Flexible Fertigungssysteme* sind dadurch gekennzeichnet, dass die gesamte Bearbeitung und der Materialfluss von einem Computer gelenkt und von NC (Numerical Control)-Maschinen ausgeführt wird. Seine Flexibilität gewinnt das System dadurch, dass verschiedene Fertigungsaufgaben ohne größere Umrüstverluste ausgeführt werden können, da die Rüstvorgänge in den Fertigungsablauf weitgehend integriert sind. Auch die Arbeitsabläufe und Arbeitsschritte können flexibel gestaltet werden, da der Transport nicht an eine starre Maschinenfolge gebunden ist und verschiedene Bearbeitungen durch ein Werkzeugmagazin und automatischen Werkzeugwechsel unterstützt werden.

In einer *Produktionsinsel* werden die Betriebsmittel zusammengefasst, die für die Produktion gleicher oder ähnlicher Teile benötigt werden. Produktionsinseln sind aber nicht vollautomatisiert. Hier arbeitet jeweils eine Arbeitsgruppe mit einer gewissen Autonomie in der Zeiteinteilung und Arbeitsverteilung.

10.3 Operative Produktionsprogrammplanung

Die Planung des Produktionsprogramms muss in Abstimmung mit dem Absatzprogramm erfolgen. Der Produktionsplan ist weder mit dem Absatzplan identisch, noch ergibt er sich eindeutig aus diesem:

- Im Absatzplan wird auf der Grundlage von Auftragsbeständen und/oder Marktprognosen eine gewünschte Menge von Endprodukten festgelegt, während im Produktionsplan sowohl Endprodukte als auch Zwischenprodukte und interne Leistungen geplant werden müssen.
- Durch die Existenz von Lagerbeständen an Zwischen- und Endprodukten können sich die Absatzmengen von den Produktionsmengen unterscheiden.
- Im Rahmen der Produktionsplanung muss auch darüber entschieden werden, welche Stufen des Produktionsprozesses das Unternehmen selber durchführen will bzw. durch Fremdvergabe auslagern will. Eine enge Verbindung besteht also auch mit der nachfolgenden Stufe im Produktionsplanungs- und Steuerungsprozess, der Materialbeschaffung.

10.3.1 Abstimmung der Produktion mit dem Absatzplan

Viele Unternehmen stehen einer im Zeitablauf schwankenden, z.B. saisonabhängigen Nachfrage gegenüber. Will man auch die Nachfragespitzen mitnehmen, so gibt es zwei grundsätzliche Möglichkeiten:

- die zeitliche Abkopplung („Emanzipation") der Fertigung von der Nachfrage durch Lagerproduktion und
- die absatzsynchrone Fertigung durch Kapazitätsanpassung.

Voraussetzung für den Ausgleich mittels *Lagerproduktion* ist, dass das Produkt lagerfähig ist – was für die meisten Dienstleistungen nicht zutrifft – und das Absatzrisiko vernachlässigt werden kann. Bei manchen Produkten, wie Erfrischungsgetränken, ist die Lagerfähigkeit zeitlich begrenzt. Wegen des Absatzrisikos eignen sich nur solche Erzeugnisse, für die man entweder einen Kundenauftrag (z.B. Rahmenauftrag) hat oder die als Standardprodukte immer eine Nachfrage finden werden.

Die Synchronisierung von Produktion und Absatz durch *Kapazitätsanpassung* kann in drei Formen geschehen: der zeitlichen, intensitätsmäßigen und quantitativen Anpassung.

- *Zeitliche Anpassung:* Erhöhung der Betriebszeit durch Überstunden oder Sonderschichten, Verringerung der Betriebszeit durch Werksurlaub oder Kurzarbeit.
- *Intensitätsmäßige Anpassung:* Änderung der Produktionsrate (=Menge pro Zeiteinheit), z.B. durch schnellere oder langsamere Arbeitsgeschwindigkeit.
- *Quantitative Anpassung:* Anpassung der Anzahl der eingesetzten Arbeitskräfte und Betriebsmittel, z.B. Einsatz von zusätzlichen Aushilfskräften und Reservemaschinen bei großer Nachfrage.

Wenn zwischen Lagerproduktion und Kapazitätsanpassung gewählt werden kann, ist ein Kostenvergleich unumgänglich. Nachteilig bei der Lagerproduktion sind die *Lagerkosten* und die *Kapitalbindungskosten.* Letztere entstehen dadurch, dass ein erheblicher Zeitraum zwischen der Auszahlung für Produktionsfaktoren und dem Rückfluss der Umsatzerlöse liegt. In dieser Zeit müssen die Ausgaben finanziert werden und verursachen Zinskosten. Entscheidungsrelevant sind dabei diejenigen Kosten, deren Auszahlungszeitpunkt davon abhängt, ob absatzsynchron oder auf Lager produziert wird. Dies gilt in erster Linie für Material und Zukaufteile sowie Energie. Feste Personalausgaben für das Stammpersonal oder Raumkosten sind für diese Entscheidung ohne Belang.

Auf der anderen Seite verursacht die Kapazitätsanpassung typischerweise höhere *Produktionskosten,* als bei gleichmäßiger Produktion entstehen. So sind bei Überstunden oder Einführung einer dritten Schicht Lohnzuschläge zu zahlen. Gesteigerte Arbeitsintensität kann Kostensteigerungen durch überproportional steigenden Energie- und Schmiermittelverbrauch, erhöhten Ausschuss und Maschinenverschleiß nach sich ziehen. Einstellung und Entlassung von Aushilfskräften oder Leiharbeitern verursacht Einarbeitungskosten und Personalverwaltungskosten. Passt man die Kapazität der Betriebsmittel an die Spitzennachfrage an, so hat man höhere fixe Kosten als bei der Kapazität, die im Fall der Lagerfertigung ausreicht.

10.3.2 Zeitliche Grobplanung bei Lagerproduktion

Die zeitliche Abfolge der Produktion wird gewöhnlich mit einer Grobplanung beginnen. Grob bedeutet einerseits, dass man nicht jede Variante eines Produkts einzeln plant, sondern alle Varianten zu einem Einheitsprodukt zusammenfasst, und andererseits, dass man ein grobes Zeitraster verwendet, z.B. ganze Monate. Ziel der Grobplanung ist es, rechtzeitig sicherzustellen, dass die Produktionskapazitäten für die gewünschten Erzeugnismengen zur Verfügung stehen.

Das mögliche Verfahren sei an einem Beispiel erläutert. Ein Unternehmen stellt ein lagerfähiges Massenprodukt in verschiedenen Varianten her, etwa Waschpulver, Fahrräder oder Dauerbackwaren. Die Nachfrage unterliegt saisonalen Schwankungen. Die Produktion wird, sagen wir, für ein halbes Jahr im voraus geplant, um in nachfrageschwachen Monaten hinreichende Läger aufbauen zu können. Die zeitliche Grobplanung könnte wie folgt aussehen.

1. *Aggregation der Varianten zu einem Produkt.* Es ist nicht nötig, schon jetzt die Produktionsmenge jeder Variante zu planen; die einzelnen Waschmittelsorten oder Fahrradtypen können zu einem Produkt zusammengefasst werden. Von

der Absatzwirtschaft werden die Nachfrageprognosen für die einzelnen Monate übernommen.

2. *Schätzung der Kapazität* für die einzelnen Monate. Die herstellbaren Mengen hängen von der unterschiedlichen Anzahl Arbeitstage pro Monat, von der Personalverfügbarkeit (Karneval, Urlaubszeit) und geplanten Instandhaltungen ab. Die Kapazität beschränkt sich zunächst auf die betriebsgewöhnliche Arbeitszeit, also ohne Überstunden.

3. *Kumulierung* der Nachfragemengen und der Kapazitätsmengen. Die Kapazität reicht nur dann aus, wenn die kumulierte Nachfragemenge zu keinem Zeitpunkt größer wird als die kumulierte Kapazitätsmenge.

4. Falls notwendig, *Erhöhung der Kapazität* vor oder in Engpassmonaten mit Hilfe von Überzeiten (Überstunden, Sonderschichten), bis die kumulierte Kapazität zu jedem Zeitpunkt ausreichend ist, die kumulierte Absatzmenge zu erstellen.

5. *Kostengünstigste Verteilung* der Produktion auf die Monate. Spätestens nach Schritt 4 sollte die Kapazität ausreichen. Nun ist zu entscheiden, welche Mengen in welchem Monat zu produzieren sind.

Betrachten Sie folgendes Zahlenbeispiel: Abbildung 10-3 zeigt in Zeile 1 die geschätzten Absatzmengen für Januar bis Juni in Tonnen. Diese sind in Zeile 2 kumuliert. Die maximal in Normalzeit produzierbaren Mengen sind in Zeile 3 angegeben und in Zeile 4 kumuliert. Zieht man Zeile 2 von Zeile 4 ab, so erhält man den Kapazitätsüberschuss in Zeile 5.

		Jan	Feb	Mrz	Apr	Mai	Jun
1	Absatz	7.000	7.500	11.000	12.000	13.000	14.500
2	**Kumulierter Absatz**	**7.000**	**14.500**	**25.500**	**37.500**	**50.500**	**65.000**
3	Kapazität Normalzeit	10.000	8.500	10.000	9.500	10.000	9.750
4	**Kumul. Kapazität Normal**	**10.000**	**18.500**	**28.500**	**38.000**	**48.000**	**57.750**
5	Kapazitäts-Überschuss	3.000	4.000	3.000	500	−2.500	−7.250
6	Kapazität Überzeit	2.000	1.700	2.000	1.900	2.000	1.950
7	**Kumul. Kapazität Überzeit**	**2.000**	**3.700**	**5.700**	**7.600**	**9.600**	**11.550**

Abb. 10-3: Absatz- und Kapazitätsplan

Bis einschließlich April tritt kein Problem auf, aber bis Ende Mai fehlen 2.500 Tonnen und bis Ende Juni sogar 7.250 Tonnen. Wir müssen auf Überzeit zurückgreifen, also die Kapazität durch *zeitliche Anpassung* (Variation der Betriebszeit) erhöhen. Die Überstundenkapazität wird mit 20% der Normalkapazität angenommen und ist in Zeile 6 angegeben. Die kumulierte Überzeitkapazität steht in Zeile 7. Sie reicht problemlos aus, im Mai und Juni das Defizit zu decken. Sie ist sogar zu groß, so dass nicht von der maximalen Überzeitkapazität Gebrauch gemacht werden muss.

Nun ist nur noch festzulegen, wie wir die Gesamtproduktion auf die einzelnen Monate verteilen wollen. Es sei vereinfachend unterstellt, wegen der Überstundenzuschläge sei es auf jeden Fall günstiger, erst die Normalkapazität auszulasten und nur die darüber hinausgehenden Bedarfsmengen in Überzeit zu produzieren. Wahrscheinlich ist es am günstigsten, die Überzeitmengen so spät wie möglich zu produzieren. Je früher Überstunden anfallen, desto früher hat das Unternehmen das Geld für die Zuschläge zu zahlen und desto höhere Zinskosten entstehen demzufolge. Auf Basis dieser Überlegung erhalten wir den Produktionsplan in Abbildung 10-4. Im April, Mai und Juni werden alle Überstunden genutzt, im März sind noch 1.400 Tonnen in Überstunden zu produzieren, im Januar und Februar nichts.

		Jan	Feb	Mrz	Apr	Mai	Jun
1	Absatz	7.000	7.500	11.000	12.000	13.000	14.500
2	**Kumulierter Absatz**	**7.000**	**14.500**	**25.500**	**37.500**	**50.500**	**65.000**
3	Produktion in Normalzeit	10.000	8.500	10.000	9.500	10.000	9.750
4	Produktion in Überzeit			1.400	1.900	2.000	1.950
5	**Kumulierte Produktion**	**10.000**	**18.500**	**29.900**	**41.300**	**53.300**	**65.000**
6	Bestand	3.000	4.000	4.400	3.800	2.800	0

Abb. 10-4: Produktionsplan

Die getroffenen Annahmen müssen nicht richtig sein. Es wäre denkbar, dass es sich lohnte, die im März noch freie Überstundenkapazität von 600 Tonnen zu nutzen und dafür im Januar in der Normalzeit 600 Tonnen weniger zu produzieren. Das würde zwar Überstundenzuschläge kosten, dafür würden aber die Material- und Energiekosten für 600 Tonnen erst zwei Monate später anfallen, was Zinskosten sparte. Darüber hinaus können weitere Gesichtspunkte relevant sein, zum Beispiel Material- und Lohnpreissteigerungen. Verteuert sich die Produktion ab März, so könnte es sich lohnen, Überstunden schon im Januar und Februar zu fahren. Zusätzliche Probleme würden den Fall weiter komplizieren, etwa beschränkte Lagerkapazität oder beschränkte Haltbarkeit der Produkte.

10.3.3 Produktionsfeinplanung und -steuerung

An die zeitliche Grobplanung schließt sich die Feinplanung an, bei der die Hauptprodukte differenziert werden, ein engmaschigeres Zeitraster und ein kürzerer Planungshorizont verwendet werden als bei der Grobplanung.

Weit	Endproduktmengen	Primärbedarfs-planung	Produktions-planung
	Zwischenprodukt-mengen	Sekundärbe-darfsplanung	
	Materialmengen		
Planungs-horizont	Durchlauftermine	Terminplanung	
	Kapazitätsabgleich		
	Feintermine, Maschinenbelegung		Produktions-steuerung
Eng	Produktionskontrolle, Betriebsdatenerfassung		

Abb. 10-5: Produktionsplanung und -steuerung

Die geplanten Produktmengen bilden den *Primärbedarf* einer Planperiode. Daran anschließend bestimmt man den Bedarf an Zwischenprodukten und Materialien, den *Sekundärbedarf,* und plant Fertigungstermine für die einzelnen Produktionsvorgänge. Die Terminplanung wird häufig in zwei Schritte zerlegt, die Durchlaufterminierung und den Kapazitätsabgleich. Danach beginnt die Phase der *Produktionssteuerung,* die zeitlich die Produktion begleitet und für die Feinabstimmung sowie die Reaktion auf Störungen sorgt. Abbildung 10-5 zeigt die zeitliche Abfolge, auf die wir im Rest des Kapitels eingehen.

10.4 Sekundärbedarfsplanung

In diesem Abschnitt geht es um die Ermittlung des Bedarfs an Zwischenprodukten und Einsatzmaterial. Man kann Sekundärbedarfe entweder aus dem geplanten Produktionsprogramm ableiten (programmgebundene Bedarfsplanung) oder aus Verbräuchen der Vergangenheit auf die Zukunft schließen (verbrauchsgebundene Bedarfsplanung.)

10.4.1 Programmgebundene Bedarfsplanung

Auf Basis der geplanten Endproduktmengen kann man ermitteln, welche Mengen der direkt in die Erzeugnisse eingehenden Zwischenprodukte und Materialien benötigt werden. Wenn Sie eine Hundehütte bauen wollen, machen Sie sich eine Zeichnung und eine Materialeinkaufsliste. Planen Sie einen gedeckten Apfelkuchen zu produzieren, entnehmen Sie die Materialmengen einem Kochbuch. In der Industrie heißen die entsprechenden Verzeichnisse *Stücklisten bzw. Rezepturen*. Die darin enthaltenen Mengen beziehen sich auf ein Stück oder eine sonstige Mengeneinheit. Durch Multiplikation mit der Endproduktmenge erhält man den Bedarf der betreffenden Zwischenprodukt- und Materialmengen. Zur Vereinfachung wird im Folgenden nur von „Materialbedarf" gesprochen; darin ist auch der Bedarf an Zwischenprodukten enthalten.

Nicht für jedes Material kann oder wird man den Bedarf aus dem Produktionsprogramm ableiten:

* Die *eindeutige Ableitbarkeit* des Materialbedarfs aus dem Produktionsprogramm ist nicht immer gegeben. Das ist u.a. bei solchen Produktionsprozessen der Fall, die nicht voll durchschaubar sind, etwa weil eine neuartige Prozesstechnologie erprobt wird oder weil ein Kundenauftrag mit unvorhersehbaren Risiken verbunden ist. Beispiele findet man im Bereich des Großanlagenbaus oder der Filmproduktion.

- Bei vielen Materialien besteht kein hinreichender *Zusammenhang* zwischen Produktionsprogramm und Materialbedarf. Dies gilt z.B. oft für Hilfs- und Betriebsstoffe, wie Büro-, Reparatur-, Kantinenmaterial etc.
- Bei langen Lieferzeiten muss das Material unter Umständen schon zu einem *Zeitpunkt* bestellt werden, da das Produktionsprogramm noch nicht geplant werden kann.
- Selbst wenn eine programmgebundene Materialbedarfsplanung möglich ist, kann sie *unwirtschaftlich* sein. (Im Haushalt leitet man den Bedarf an Salz, Zucker usw. nicht aus einem Kochplan ab.) Man richtet sich einfach nach dem bisherigen Verbrauch.

10.4.2 Verbrauchsgebundene Bedarfsplanung

Die Alternative zur programmgebundenen ist die verbrauchsgebundene Bedarfsplanung. Dies ist eine Extrapolation der Verbräuche aus der Vergangenheit in die Zukunft. Man kann dazu Zeitreihen vergangener Verbrauchsmengen mit mehr oder weniger komplizierten statistischen Verfahren analysieren oder mit einfachen Faustregeln arbeiten.

Vorausgesetzt werden muss, dass über die Verbrauchsmengen vergangener Zeitperioden Aufschreibungen vorhanden sind und dass die Verhältnisse einigermaßen gleich bleiben, so dass mit nicht allzu starken Verbrauchsschwankungen zu rechnen ist.

Das simpelste Verfahren ist die *einfache Mittelwertbildung*. Sie ist anwendbar, wenn die Verbräuche im Zeitablauf ungefähr konstant waren. Aus den Verbräuchen v_t der letzten n Perioden wird der Bedarf b_{n+1} der Folgeperiode gemäß

$$b_{n+1} = \frac{1}{n} \sum_{t=1}^{n} v_t$$

geschätzt. Wird die Anzahl n der Bezugswerte immer gleich gehalten (z.B. 12 Monatswerte), d.h. wird immer der neueste Verbrauchswert hinzugenommen und der älteste gestrichen, so liegt eine *gleitende Mittelwertbildung* vor. Dadurch bleiben die Daten aktuell und der Datenspeicherbedarf wird reduziert.

Um die jeweils neuesten Werte stärker zu gewichten als die älteren, wird sehr häufig das Verfahren der *exponentiellen Glät-*

tung erster Ordnung angewendet. Hierbei ergibt sich die Prognose, indem man die letzte Prognose um das α-fache des Prognosefehlers erhöht, wobei α ein vorzugebender Glättungsfaktor zwischen 0 und 1 ist:

$$b_{n+1} = b_n + \alpha\,(v_n - b_n).$$

Beispiel (Abbildung 10-6): Für Periode 3 wurde bei Verwendung eines α=0,5 ein Verbrauch von b_3=24,0 prognostiziert. Tatsächlich beträgt der Verbrauch v_3=26,0. Das Modell sagt daher für Periode 4 einen Verbrauch von b_4= 24+ 0,5 (26 − 24) = 25 voraus.

		Verbrauchsprognosen mit verschiedenen Alphas		
Periode	Verbrauch	α = 0,1	α = 0,5	α = 0,9
1	25,0	27,0	27,0	27,0
2	22,0	26,8	26,0	25,2
3	26,0	26,3	24,0	22,3
4	23,0	26,3	25,0	25,6
5	20,0	26,0	24,0	23,3
6	22,0	25,4	22,0	20,3
7	22,0	25,0	22,0	21,8
8	25,0	24,7	22,0	22,0
9	29,0	24,8	23,5	24,7
10	32,0	25,2	26,3	28,6
11	36,0	25,9	29,1	31,7
12	33,0	26,9	32,6	35,6
13	27,0	27,5	32,8	33,3
14	24,0	27,4	29,9	27,6
15	18,0	27,1	26,9	24,4

Abb. 10-6: Verbrauchsmengen und Bedarfsprognosen bei exponentieller Glättung

Je größer α ist, desto stärker reagiert die Prognose auf den Fehler der vorhergehenden Prognose. Im Grenzfall $\alpha=1$ wird immer der Verbrauch des letzten Monats als Bedarf für den nächsten Monat prognostiziert. Im anderen Grenzfall $\alpha=0$ reagiert die Prognose überhaupt nicht, sondern sagt völlig unbelehrbar immer den gleichen Ausgangswert b_1 als Bedarf voraus.

Ein kleines α ist angemessen, wenn starke Zufallsschwankungen um einen relativ stabilen Mittelwert stattfinden, ein großes α dagegen, wenn der Verbrauch sich systematisch ändert. In der Literatur findet sich häufig der Hinweis, α-Werte zwischen 0,1 und 0,3 hätten sich in der Praxis am besten bewährt.

Ein Vorteil des Verfahrens der exponentiellen Glättung ist seine Einfachheit und der geringe Datenbedarf. Es gilt deshalb als das in der Praxis meistbenutzte Verfahren.

Die genannten einfachen Verfahren sind jedoch nur für mehr oder weniger stationäre Verbrauchsentwicklungen brauchbar. Sind saisonale Schwankungen oder Trends zu vermuten, so müssen etwas anspruchsvollere Verfahren gewählt werden.

Abbildung 10-6 zeigt die Verbräuche für 15 Perioden und die zugehörigen Prognosen, die jeweils aus dem Vormonatsverbrauch und der Vormonatsprognose unter Zugrundelegung dreier verschiedener α-Werte (0,1; 0,5; 0,9) gebildet wurden.

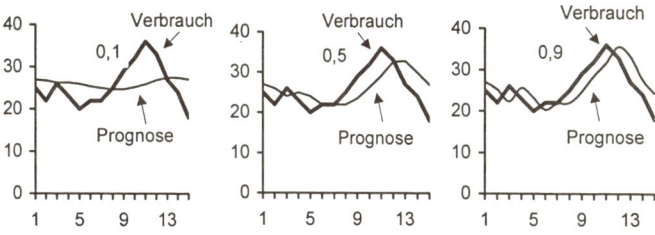

Abb. 10-7: Exponentielle Glättung erster Ordnung (Von links nach rechts: $\alpha=0,1$, $\alpha=0,5$, $\alpha=0,9$)

Abbildung 10-7 stellt die Ergebnisse graphisch dar. Auf die mehrperiodigen Schwankungen im zweiten Teil der Zeitreihe reagiert der höchste α-Wert am besten, jedoch hinkt die Prognose in jedem Fall hinter der Verbrauchsentwicklung her.

10.4.3 ABC-Analyse

Zur Identifikation derjenigen Materialien, die eine genaue Planung lohnen, wird die ABC-Analyse eingesetzt. Für jede Materialposition ermittelt man, welchen Anteil die Materialkosten an den gesamten Materialkosten haben. Gewöhnlich konzentriert sich der Löwenanteil der Kosten auf wenige Materialarten. A-Materialien sind solche Materialarten, die einen relativ hohen Kostenanteil haben, B-Materialien haben einen mittleren und C-Materialien einen niedrigen Anteil.

Ordnet man die Materialpositionen in absteigender Reihenfolge des Materialkostenanteils und kumuliert diese, so ergibt sich eine Konzentrationskurve (Lorenz-Kurve), wie in Abbildung 10-8 gezeigt. Die 10% „wichtigsten" Materialarten machen hier 50% der Materialkosten aus; mit 30% der Materialarten sind bereits 90% des Kostenvolumens erreicht.

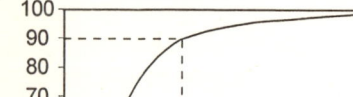

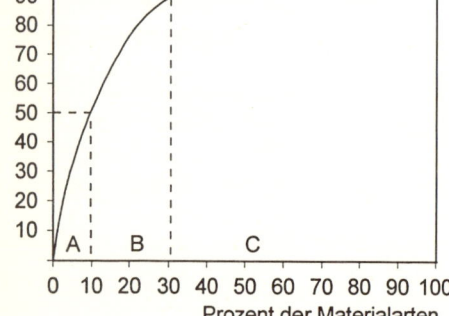

Abb. 10-8: ABC-Analyse

Die Anzahl der Klassen und die Grenzen zwischen ihnen sind willkürlich. Auf jeden Fall erhält man aus der ABC-Analyse die Möglichkeit, die Materialien zu identifizieren, aufgrund deren sich eine programmgesteuerte Planung lohnt. Bei B-Materialien wird man evtl. Zeitreihenanalysen verwenden, bei C-Materialien gar nicht planen, sondern den Vorrat immer wieder auf eine vorbestimmte Höhe auffüllen, die sich in der Vergangenheit als ausreichend erwiesen hat.

10.5 Optimale Produktionslose

Viele Endprodukte, Baugruppen und Einzelteile werden nicht kontinuierlich, sondern losweise (bei Stückgütern spricht man von Serien) produziert. Zum Beispiel wird ein Grundprodukt in mehreren Varianten hergestellt. Von den einzelnen Varianten werden jedoch keine so großen Mengen gebraucht, dass es sich lohnen würde, für sie eigene Produktionsstraßen einzurichten. Man produziert also ein Produktionslos einer Variante, dann wird das Produktionssystem auf die nächste Variante umgestellt. Die Umstellung ist regelmäßig mit Kosten verbunden. Maschinen werden neu eingerichtet, Behälter müssen gereinigt, Montageplätze umgruppiert werden, eventuell müssen von der neuen Variante erst einige Probestücke hergestellt und geprüft werden. Diese Umstellungskosten heißen *Rüstkosten.*

Sind die Rüstkosten beträchtlich (z.B. beim Umrüsten von Blechpressen), so erscheint es sinnvoll, relativ große Lose zu produzieren. Je größer die Lose, desto seltener muss umgestellt werden. Bei einem Jahresbedarf von 1.200 Einheiten und einer Losgröße von 200 Einheiten müssen sechs Lose pro Jahr, bei der Losgröße 600 nur zwei Lose pro Jahr aufgelegt werden. Sei y die Losgröße und x der Jahresbedarf, dann ist x/y die Anzahl der Lose pro Jahr.

Je größer allerdings die Lose sind, desto größer ist auch der Bestand, der nach der Produktion auf Lager liegt. Es ist mehr Kapital gebunden. Unterstellen wir, das Lager werde gleichmäßig, mit konstanter Abgangsrate, abgebaut. Der Einfachheit halber sei auch blitzschnelle Produktion angenommen: Nach Fertigstellung des Loses ist die ganze Menge y noch auf Lager. Nach Ablauf von y/x Jahren ist das Lager leer und muss neu gefüllt werden. Im zeitlichen Durchschnitt ist das halbe Los, $y/2$, im Lager.

Die Lagerhaltung verursacht Kosten. Sie sind teils fix, teils mengenabhängig. Die fixen Kosten, z.B. Lagermiete und Bewachung, brauchen uns hier nicht zu interessieren. Mengenabhängig sind in erster Linie Kapitalbindungskosten (=Zinsen). Drängt die Existenz der Rüstkosten auf möglichst große Lose, so sprechen umgekehrt die *Bestandskosten* für möglichst kleine.

Das Problem liegt darin, eine *optimale Losgröße* zu finden. Unter sehr einfachen, nicht unbedingt realitätsnahen Annahmen gibt es eine einfache Lösung. Kritisch ist vor allem die Prämisse, dass der Bedarf gleichmäßig über die Zeit verteilt ist.

Seien R der Betrag der Rüstkosten pro Umrüstung und b die Bestandskosten pro Mengeneinheit und Jahr. Dann ergeben sich bei einer Losgröße y die Rüstkosten pro Jahr mit $R \cdot x/y$ und die Bestandskosten mit $b \cdot y/2$. Insgesamt entstehen also pro Jahr losgrößenabhängige Kosten von

$$k(y) = R\frac{x}{y} + b\frac{y}{2}.$$

In Abbildung 10-9 sind die Rüstkosten, Bestandskosten und Gesamtkosten als Funktionen von y dargestellt.

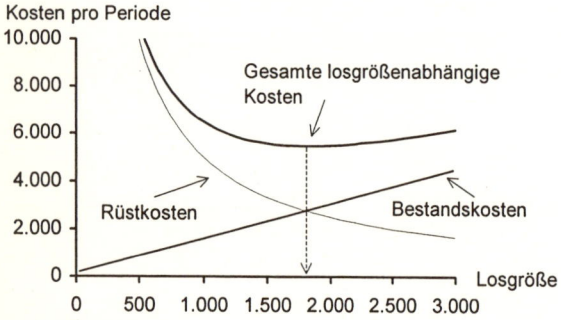

Abb. 10-9: Wirkung der Losgröße auf Rüst- und Bestandskosten

Wie man sieht, hat die Funktion $k(y)$ ein Minimum. Das dazugehörige y ist die optimale Losgröße.

Rechnerisch ist sie leicht zu ermitteln, indem man die erste Ableitung nach y gleich null setzt.

$$k'(y) = -\frac{x}{y^2} + \frac{b}{2} = 0.$$

Durch Auflösen nach y erhält man die optimale Losgröße y^*:

$$y^* = \sqrt{\frac{2Rx}{b}}.$$

Setzen wir $x = 10.000$, $R = 500$ Euro und $b = 3$ Euro, so folgt

$$y^* = 1.826.$$

Auf diesen Werten basiert auch die Abbildung 10-9.

Die Prämissen sind zwar, wie gesagt, eher unrealistisch. Man kann das Modell durch Änderung der Prämissen etwas besser an die Realität anpassen. Andererseits sind die Kosten ziemlich robust gegen Abweichungen von der optimalen Losgröße. Sie sehen in der Abbildung, dass in einem ziemlich großen Bereich unter- und oberhalb von y^* die Kosten kaum höher sind als im Optimum. Es kommt also nicht darauf an, das Optimum genau einzuhalten, sondern nur die Größenordnung des Optimums zu kennen.

10.6 Terminplanung

Die Terminplanung will die einzelnen Produktionsvorgänge in eine zeitliche Ordnung bringen. Vor allem bei der Werkstattfertigung von Einzelaufträgen und Kleinserien treten wegen der unterschiedlichen Abfolge der Werkstätteninanspruchnahme durch die einzelnen Aufträge erhebliche Koordinationsprobleme auf. So konkurrieren häufig verschiedene Aufträge um eine Maschine, was zu Wartezeiten führt, oder Produktiveinheiten befinden sich im Leerlauf, da Aufträge noch in der vorgelagerten Produktionsstufe bearbeitet werden.

Im Allgemeinen kann die Terminplanung in die Teilbereiche *Durchlaufterminierung* und *Kapazitätsterminierung* (Kapazitätsabgleich) unterschieden werden. Ziele sind möglichst kurze *Durchlaufzeiten* und *Termintreue* (rechtzeitige Fertigstellung). Die Durchlaufzeit eines Auftrags ist die Zeitspanne, die der Auftrag vom Eintritt in den Fertigungsprozess bis zum Ende des letzten Bearbeitungsschrittes benötigt. Sie besteht aus der eigentlichen *Belegungszeit,* also der Zeit, in der am Auftrag gearbeitet wird, und aus der *Übergangszeit,* die sich aus Transport-, Kontroll- und störungs- oder ablaufbedingten Liege- und Wartezeiten zusammensetzt. Ziele der Durchlaufzeitminimierung sind

einerseits die Reduzierung der Kapitalbindungskosten und
eventuell anfallender Zwischenlagerkosten in der Fertigung; andererseits sind kürzere Lieferfristen ein Wettbewerbsvorteil.

10.6.1 Durchlaufterminierung

Um die Anfangs- und Endtermine der Aufträge zu bestimmen,
werden die Verfahren der *Vorwärts-* und *Rückwärtsterminierung* verwendet. Bei der Vorwärtsterminierung ermittelt man
unter Berücksichtigung der technologischen Reihenfolge und
der jeweiligen durchschnittlichen Belegungs- und Übergangszei-
ten die *frühestmöglichen* Start- und Endtermine aller Arbeitsgänge eines Auftrages. Die *Rückwärtsterminierung* ermittelt die
spätesten Start- und Endtermine der einzelnen Arbeitsgänge,
ausgehend vom festgelegten Fertigstellungstermin für den Auftrag. Welche Methode zweckmäßiger ist, hängt u.a. von der
Termingebundenheit der Nachfrage ab. Sind die Abnehmer bereit, das bestellte Produkt zu jeder beliebigen Zeit abzunehmen,
kommt die Vorwärtsterminierung in Frage. Meist jedoch handelt
es sich gerade bei Einzel- oder Kleinserienfertigung um Kundenproduktion mit festen Lieferterminen, bei deren Überschreitung
nicht selten Vertragsstrafen zu zahlen sind. Aber auch Standardprodukte müssen zu dem Zeitpunkt am Markt sein, wenn
die Nachfrage auftritt; auf Bier und Waschmittel wartet der
Kunde nicht. Auch eine zu frühe Lieferung ist häufig unerwünscht oder ausgeschlossen. Aus diesen Gründen soll die Methode der Rückwärtsterminierung im Folgenden an einem Beispiel erläutert werden.

Ein Produzent von Filteranlagen erhält einen Auftrag über die
Fertigung von 100 kundenspezifischen Filteraufsätzen. Der Kunde legt Wert auf genaue Termineinhaltung, da er für den Einbau
der Filteraufsätze in den Werkshallen seine eigene Produktion
für einen Tag stilllegen muss. Die Zusammensetzung der Filteraufsätze ergibt sich aus folgendem *Erzeugnisbaum* (Abb. 10-10).

Aus dem Erzeugnisbaum des Filteraufsatzes kann auf die
Menge der zu produzierenden Baugruppen (BG) und bearbeiteter
Einzelteile (ET) zurückgerechnet werden. Die Zahlen an den Li-
nien bedeuten die Anzahl der benötigten Komponenten pro Einheit. So gehen z.B. drei Stück ET2 in eine BG1 ein und 2 BG1 in
ein EP1.

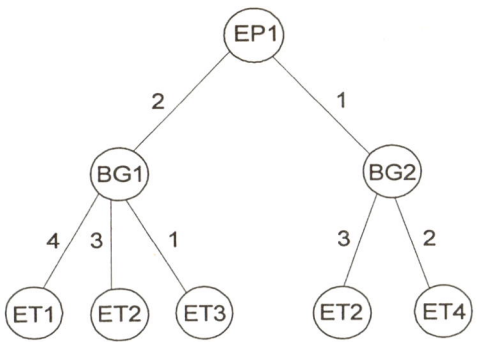

Abb. 10-10: Erzeugnisbaum für den Filteraufsatz EP1

In einer *Vorgangsliste* sind zusätzlich alle Arbeitsgänge aufgeführt, die zur Fertigung eines Filteraufsatzes notwendig sind. Multipliziert man die durchschnittliche Durchlaufzeit pro Arbeitsgang mit der Anzahl der Werkstücke, die im Rahmen unseres Fertigungsauftrages zu produzieren sind, erhält man die Gesamtdauer des jeweiligen Arbeitsganges für den gegebenen Fertigungsauftrag. Die Vorgangsliste sehen Sie in Abbildung 10-11.

Zur besseren Planbarkeit wurde die Gesamtdauer der einzelnen Arbeitsgänge jeweils auf ganze Tage aufgerundet. Zu beachten ist, dass der Vorgang „ET3 bestellen" kein Fertigungsvorgang, sondern ein Bestellvorgang ist. Die Dauer zwischen Bestellung und Materialeingang wurde auf zwei Tage geschätzt und in die Durchlaufterminierung einbezogen.

Aus der Vorgangsliste kann nun ein graphischer Überblick über die Durchlaufterminierung des Auftrags erstellt werden. Zunächst wird das Ende des letzten Bearbeitungsvorgangs gleich dem Liefertermin des Auftrages gesetzt. Dann werden unter Berücksichtigung der technischen Reihenfolge alle weiteren Vorgänge entsprechend zeitlich vorgelagert angeordnet. Die vorletzte Spalte der Liste gibt zu jeder Tätigkeit die unmittelbaren Vorgänger an. Das sind diejenigen Tätigkeiten, deren Beendigung abgewartet werden muss, ehe die betreffende Tätigkeit beginnen kann. Beispielsweise kann BG1 erst zusammenmontiert werden, wenn die Bohrvorgänge ET1-BO und ET2-BO und der Einkauf ET3-BE abgeschlossen sind.

Tätigkeit	Bezeich-nung	Durchschnittl. Bearbeitungs-zeit pro Werk-stück in Std.	Anz.	Gesamtdauer der Vorgänge bezogen auf den Auftrag in Tagen	Direkter Vorgänger	Notwendige Betriebs-mittel
ET1 stanzen	ET1-S	0,02	800	~2	-	Stanz-maschine
ET2 stanzen	ET2-S	0,025	900	~3	-	Stanz-maschine
ET3 bestell.	ET3-BE	(48)	(200)	2	-	-
ET1 bohren	ET1-BO	0,01	800	1	ET1-S	Bohr-maschine
ET2 bohren	ET2-BO	0,02	900	~2	ET2-S	Bohr-maschine
ET4 bohren	ET4-BO	0,04	200	1	-	Bohr-maschine
ET1, ET2, ET3 zu BG1 montieren	BG1-M	0,15	200	~4	ET1-BO ET2-BO ET3-BE	Montage-station
ET2, ET4 zu BG2 montieren	BG2-M	0,2	100	~3	ET2-BO ET4-BO	Montage-station
BG2 galvanisieren	BG2-G	0,08	100	1	BG2-M	Galvanik
BG1, BG2 zu EP1 montieren	EP1-M	0,3	100	~4	BG1-M	Montage-station
EP1 lackieren	EP1-L	0,2	100	~3	EP1-M	Lackierei

Abb. 10-11: Vorgangsliste für einen Fertigungsauftrag über 100 Filteraufsätze

Es ergibt sich ein Balkendiagramm wie in Abbildung 10-12.

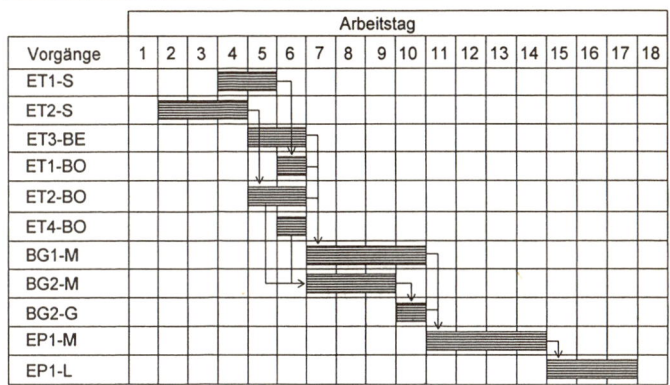

Abb. 10-12: Terminplanung nach Durchlaufterminierung

10.6.2 Kapazitätsabgleich

Start- und Endtermine der einzelnen Vorgänge haben nach der Durchlaufterminierung zunächst nur vorläufigen Charakter, da die verfügbaren Kapazitäten noch nicht berücksichtigt wurden. Ein Blick auf die Abbildung 10-12 zeigt Ihnen, dass beispielsweise am 6. Arbeitstag gleich drei Vorgänge die Bohrmaschine beanspruchen. Sind nur eine oder zwei Maschinen vorhanden, haben wir einen Engpass und müssen den Plan ändern.

Aufgabe des Kapazitätsabgleichs ist es daher, Kapazitätsangebot und Kapazitätsbedarf aufeinander abzustimmen, ähnlich wie wir es schon in der zeitlichen Grobplanung getan haben. Zunächst werden die verfügbaren Kapazitäten ermittelt, indem man die maximal verfügbare Kapazität um voraussichtliche Ausfallzeiten wegen Instandhaltungsarbeiten, Urlaub, Krankenstand etc. vermindert. Dem Kapazitätsangebot pro Betriebsmittel stellt man die Kapazitätsnachfrage gegenüber. Bei einer wesentlichen Über- oder Unterauslastung von Kapazitäten besteht die Möglichkeit, entweder die Kapazitäten der geplanten Belastung anzupassen (zeitliche, intensitätsmäßige oder quantitative Anpassung) oder die Kapazitätsbelastung entsprechend den vorhandenen Kapazitäten zu modifizieren.

Die einfachste Möglichkeit, die Kapazitätsbelastung zu verändern, besteht in der *zeitlichen Vorverlegung* von Arbeitsgängen. Dabei ist aber zweierlei zu beachten. Zum ersten kann man nur maximal bis zum Planungszeitpunkt vorverlegen, nicht in die Vergangenheit hinein; zum zweiten kann sich dies auf die Terminierung anderer Arbeitsgänge auswirken. Neue Engpässe können entstehen. Eine Anpassung durch zeitliche Verschiebung von Arbeitsgängen ist deshalb häufig mit erheblichem Rechenaufwand verbunden. Bedenken Sie, dass es sich um hunderte von Aufträgen, tausende von Teilen und dutzende von Bearbeitungsstationen handeln kann.

Alternativ zu einer zeitlichen Verschiebung können Arbeitsgänge auch *aufgespalten* und so auf mehreren Maschinen *parallel* abgearbeitet werden. Dies setzt allerdings voraus, dass funktionsgleiche Maschinen zum Zeitpunkt des Kapazitätsengpasses verfügbar sind. Eine weitere Möglichkeit zur Veränderung der Kapazitätsbelastung ist eine *überlappende* zeitliche Anordnung von Arbeitsgängen. Überlappen meint, dass mit dem folgenden Arbeitsgang bereits begonnen wird, obwohl auf der Vorstufe noch nicht alle Teile des Loses bearbeitet sind. Dadurch entstehen sowohl ein gesteigerter Koordinationsbedarf als auch höhere innerbetriebliche Transportkosten, da nun mehrfach kleinere Mengen zwischen den Bearbeitungsstationen zu transportieren sind. Ein kurzfristiger Übergang von Eigenfertigung zu Fremdbezug ist in der Regel nur bei einfachen Arbeitsgängen möglich.

Beispiel: Betrachten wir noch einmal den Auftrag der 100 zu produzierenden Filteraufsätze. Wir gehen vereinfachend davon aus, dass jeweils nur eine Stanzmaschine, eine Bohrmaschine und eine Montage-Station vorhanden sind und dass kein weiterer Fertigungsauftrag vorliegt. Suchen wir nun in dem Balkendiagramm, das die vorläufigen Start- und Endtermine der einzelnen Arbeitsgänge zeigt, nach Engpässen. Sie sehen, dass sich die Bearbeitungsschritte des Stanzens für ET1 und ET2 am 4. Tag überschneiden. Also muss ET2-S einen Tag früher ausgeführt werden.

Auch die Bohrmaschine erweist sich als Engpassfaktor. Das Problem lässt sich lösen, indem ET2-BO einen Tag und ET4-BO drei Tage vorverlegt werden.

Schließlich bleibt ein Kapazitätsengpass an der Montage-Station auszugleichen, wo die Vorgänge BG1-M und BG2-M konkurrieren. Zu prüfen wäre, ob noch Spielraum für eine Vorverlegung besteht und ob durch Überlappungen Zeit gespart werden kann. Wir wollen dem jedoch nicht weiter nachgehen und einfach annehmen, dass keine Vorverlegung der Montage möglich ist. Also hilft nur eine kurzfristige Kapazitätserhöhung. Man wird zusätzliche Aushilfskräfte anstellen und plant für die Stammbelegschaft fünf Überstunden pro Tag ein. Durch diese Ausweitung der Montagekapazität halbiert sich die Dauer der Bearbeitung. BG1-M kann nun in 2, BG2-M in 1,5 Tagen abgearbeitet werden. Es ergibt sich die endgültige Terminierung der einzelnen Arbeitsgänge gemäß Abbildung 10-13.

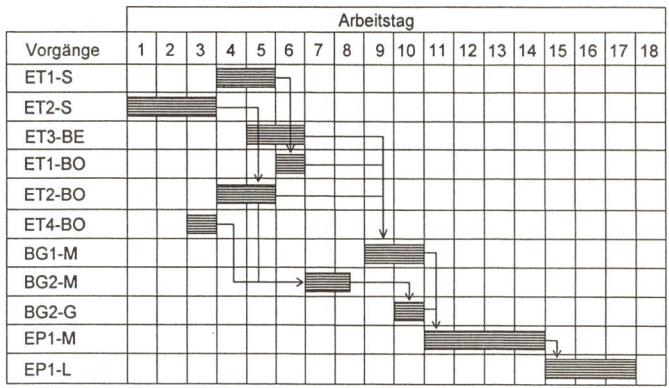

Abb. 10-13: Terminplanung nach Kapazitätsabgleich

10.7 Produktionssteuerung

Die Terminlanung legt fest, wann welche Betriebsmittelgruppen mit welchen Produktionsaufträgen beschäftigt sein sollen. Die Aufgabe der Produktionsteuerung ist es, den verbliebenen Spielraum mit *detaillierter Feinplanung* auszufüllen. Es wird jetzt nicht nach Maschinengruppen, sondern nach einzelnen Maschinen geplant, und das Zeitraster ist feiner, z.B. Stunden statt Tagen.

Dabei kann es z.B. notwendig sein, ein vorgegebenes Auftragslos für eine Betriebsmittelgruppe in Einzellose für die Maschinen dieser Betriebsmittelgruppe aufzulösen oder einer teilautonomen Arbeitsgruppe genaue Anweisungen über die Besonderheiten eines kundenspezifischen Auftrags zu geben. Auch müssen die Arbeitsunterlagen erstellt und verteilt werden.

Bei Abweichungen von der Planung durch Störung des Produktionsprozesses (Maschinenausfall, unerwartete Krankheitsfälle, Einschieben eines ungeplanten Eilauftrags für einen wichtigen Kunden etc.) sind Anpassungsmaßnahmen in die Wege zu leiten. Außerdem liegt es im Aufgabenbereich der Produktionssteuerung, die Arbeit hinsichtlich der Qualität der Produkte, der tatsächlichen Auslastung der Kapazitäten und der Einhaltung vorgegebener Termine zu überwachen.

Um all diesen Aufgaben gerecht zu werden, sollte die Produktionssteuerung durch eine möglichst zeitnahe *Betriebsdatenerfassung* (BDE) von auftrags-, betriebsmittel-, personal-, qualitäts- und technikbezogenen Daten unterstützt werden. Je aktueller die Daten sind, desto schneller kann man auf Abweichungen reagieren. Die Betriebsdatenerfassung kann manuell oder EDV-gestützt erfolgen. Ältere Systeme bedienen sich hierzu auftragsbegleitender, manuell auszufüllender *Laufzettel*, auf denen der jeweilige Bearbeitungsstand des Auftrages vermerkt wird, und der die Zugehörigkeit zu einem Kundenauftrag erkennen lässt.

Offline-BDE-Systeme übertragen die Daten in periodischen Abständen. Dies kann, je nach gewähltem Zeitabstand, zu einer erheblichen Verzögerung zwischen Auftreten einer Störung und ihrem Erkennen führen. Werden z.B. qualitätsbezogene Daten bei der Zwischenproduktion von Motorventilen nur stündlich überprüft, kann eine Überschreitung der Fertigungstoleranz dazu führen, dass die Motormontage für einige Stunden stillliegt, da keine passenden Motorventile verfügbar sind. *Online-BDE-Systeme* übertragen die erfassten Daten kontinuierlich, d.h. die Fertigungssteuerung kann jederzeit z.B. den Bearbeitungsstand eines bestimmten Auftrages ermitteln und die Auslastung der Betriebsmittel in folgenden Bearbeitungsstufen überprüfen, um daraus Rückschlüsse auf eine mögliche Terminüberschreitung dieses Auftrages zu ziehen.

Literaturhinweise

Dyckhoff, H. (2002): Grundzüge der Produktionswirtschaft. Einführung in die Theorie betrieblicher Wertschöpfung. 4. Auflage. Springer

Günther, H.-O./ Tempelmeier, H. (2002): Produktion und Logistik. 5. Auflage. Springer

Hoitsch, H.-J. (1993): Produktionswirtschaft. Grundlagen einer industriellen Betriebswirtschaftslehre. 2. Auflage. Vahlen

Maleri, R. (1997): Grundlagen der Dienstleistungsproduktion. 4. Auflage. Springer

Schneeweiß, C. (2002): Einführung in die Produktionswirtschaft. 8. Auflage. Springer

Nachschlagewerk

Kern, W./ Schröder, H.-H./ Weber, J. (Hrsg.) (1996): Handwörterbuch der Produktionswirtschaft. 2. Auflage. Schäffer-Poeschel

Literaturverzeichnis

Adams, J. S. (1965): Inequity in social exchange. In: Berkowitz, L. (Ed.): Advances in experimental social psychology, vol. 2, S. 267-299

Alderfer, C. P. (1969): An empirical test of a new theory of human needs. *Organizational behavior and human performance*, May 1969, S. 142-175

Bamberg, G./ Coenenberg, A. G. (2002): Betriebswirtschaftliche Entscheidungslehre. 11. Auflage. Vahlen

Bandura, A. (1991): Social cognitive theory of self-regulation. *Organizational Behavior and Human Decision Processes*, vol. 50, S. 248-287

Blake, R. R./ Mouton, J. S. (1994): Besser führen mit GRID. Econ

Brealey, R. A./ Myers, S. C./ Marcus, A. J. (2004): Fundamentals of corporate finance. 4. Auflage. McGraw-Hill

Brockhoff, K. (2000): Geschichte der Betriebswirtschaftslehre. Kommentierte Meilensteine und Originaltexte. Gabler

Busse von Colbe, W./ Pellens, B. (Hrsg.) (1998): Lexikon des Rechnungswesens, 4. Auflage. Oldenbourg

Campbell, J. P. et al. (1970): Managerial behavior, performance, and effectiveness. McGraw-Hill

Carroll, S. J./ Tosi, H. L. (1973): Management by objectives. Applications and research. Macmillan

Coase, R. H. (1937): The nature of the firm. *Economica NS*, vol. 4, S. 386-405

Coenenberg, A. G. (2003): Jahresabschluss und Jahresabschlussanalyse. 19. Auflage. Schäffer-Poeschel

Deci, E. L. (1975): Intrinsic motivation. Plenum Press

Drukarczyk, J. (2003): Finanzierung. 9. Auflage. Lucius & Lucius

Dyckhoff, H. (2002): Grundzüge der Produktionswirtschaft. Einführung in die Theorie betrieblicher Wertschöpfung. 4. Auflage. Springer

Eccles, R. G. (1985): The transfer pricing problem. A theory for practice. Lexington Books

Eccles, R. G./ White, H. C. (1994): Price and authority in inter-profit center transactions. In: Scott, W. R. (Ed.): Organizational sociology, S. 347-381. Dartmouth

Eisenführ, F. (2000): Investitionsrechnung. 13. Auflage. Wissenschaftsverlag Mainz

Eisenführ, F./ Weber, M. (2003): Rationales Entscheiden, 4. Auflage. Springer

Emmerich, V. (2001): Kartellrecht. 9. Auflage. C. H. Beck

Ewert, R./ Wagenhofer, A. (2002): Interne Unternehmensrechnung. 5. Auflage. Springer

Franke, G./ Hax, H. (2004): Finanzwirtschaft des Unternehmens und Kapitalmarkt, 5. Auflage. Springer

Frese, E. (1994): Personalwirtschaft. In: Schweitzer, M. (Hrsg.): Industriebetriebslehre. Das Wirtschaften in Unternehmungen. 2. Auflage, S. 219-325. Vahlen

Frese, E. (2000): Grundlagen der Organisation. Konzept, Prinzipien, Strukturen. 8. Auflage. Gabler

Frey, B. S./ Osterloh, M. (2002): Motivation – der zwiespältige Produktionsfaktor. In: Frey, B. S./ Osterloh, M. (Hrsg.): Managing Motivation. Wie Sie die neue Motivationsforschung für Ihr Unternehmen nutzen können. 2. Auflage, S. 19-42. Gabler

Gaugler, E./ Oechsler, W. A./ Weber, W. (Hrsg.) (2004): Handwörterbuch des Personalwesens. 3. Auflage. Schäffer-Poeschel

Gebert, D./ von Rosenstiel, L. (2002): Organisationspsychologie. Person und Organisation. 5. Auflage. Kohlhammer

Gerke, W./ Steiner, M. (Hrsg.) (2001): Handwörterbuch des Bank- und Finanzwesens. 3. Auflage. Schäffer-Poeschel

Gouldner, A. W. (1960): The norm of reciprocity: Preliminary statement. *The American Sociological Review*, vol. 25, S. 161-178

Graen, G. (1969): Instrumentality theory of work motivation: Some experimental results and suggested modifications. *Journal of Applied Psychology Monograph*, vol. 53, no. 2, Teil 2, S. 1-25

Günther, H.-O./ Tempelmeier, H. (2002): Produktion und Logistik. 5. Auflage. Springer

Hackman, J. R./ Oldham, G. R. (1976): Motivation through the design of work: Test of a theory. *Organizational behavior and human performance*, vol. 16, S. 250-270

Hackman, J. R./ Oldham, G. R. (1980): Work redesign. Addison-Wesley

Hahn, D./ Hungenberg, H. (2001): PuK. Wertorientierte Controlling-konzepte. 6. Auflage. Gabler

Hentze, J./ Kammel, A. (2001): Personalwirtschaftslehre 1. 7. Auflage. Haupt

Hentze, J. (1995): Personalwirtschaftslehre 2. 6. Auflage. Haupt

Herzberg, F. (1968): One more time: How do you motivate employees? *Harvard Business Review,* vol. 46, no. 1, S. 53-62

Herzberg, F. (1968a): Work and the nature of Man. World Publishing

Herzberg, F./ Mausner, B./ Snyderman, B. (1959): The motivation to work. Wiley

Hoitsch, H.-J. (1993): Produktionswirtschaft. Grundlagen einer industriellen Betriebswirtschaftslehre. 2 Auflage. Vahlen

Horváth, P. (2003): Controlling. 9. Auflage. Vahlen

Hüttemann, R. (2004): BB-Gesetzgebungsreport: Internationalisierung des deutschen Handelsbilanzrechts im Entwurf des Bilanzrechtsreformgesetzes. *Betriebs-Berater,* Jg. 59, S. 203-209

Hütten, C./ Lorson, P. (2001): Internationale Rechnungslegung in Deutschland. Sonderdruck aus *Betrieb und Wirtschaft,* Jg. 54/55

Investkredit (Hrsg.) (2002): Wertpapierfinanzierungen für Unternehmen. Ein Leitfaden für den Weg zum Anleihenmarkt. 2. Auflage.

Kaplan, R. S./ Norton, D. P. (1996): The Balanced Scorecard: Translating strategy into action. Harvard Business School Press

Kern, W./ Schröder, H.-H./ Weber, J. (Hrsg.) (1996): Handwörterbuch der Produktionswirtschaft. 2. Auflage. Schäffer-Poeschel

Kieser, A. et al. (Hrsg.) (1995): Handwörterbuch der Führung, 2. Auflage. Schäffer-Poeschel

Kieser, A./ Walgenbach, P. (2003): Organisation, 4. Auflage. Schäffer-Poeschel

Kirsch, H.-J. (2002): Vom Bilanzrichtlinien-Gesetz zum Transparenz- und Publizitätsgesetz – die Entwicklung der deutschen Bilanzierungsnormen in den vergangenen 20 Jahren. *Die Wirtschaftsprüfung,* Jg. 55, S. 743-755

Kloock, J. (1996): Bilanz- und Erfolgsrechnung, 3. Auflage. Werner

Kloock, J./ Sieben, G./ Schildbach, T. (1999): Kosten- und Leistungsrechnung. 8. Auflage. Werner-Verlag

Klunzinger, E. (2002): Grundzüge des Gesellschaftsrechts. 12. Auflage. Vahlen

Köhler, R. (1993): Beiträge zum Marketing-Management. Planung, Organisation, Controlling. 3. Auflage. Schäffer-Poeschel

Koppelmann, U. (2002): Marketing. 7. Auflage. Werner

Kotler, P./ Bliemel, F. (2001): Marketing-Management. Analyse, Planung, Umsetzung und Steuerung. 10. Auflage. Schäffer-Poeschel

Krüger, W. (2001): Organisation. In: Bea, F. X./ Dichtl, E./Schweitzer, M. (Hrsg.): Allgemeine Betriebswirtschaftslehre, Bd. 2. 8. Auflage. Lucius & Lucius

Kruschwitz, L. (2003): Investitionsrechnung. 9. Auflage. Oldenbourg

Lawler, E. E. (1973): Motivation in work organizations. Brooks/Cole. Deutsch: Motivierung in Organisationen, 1977. Haupt.

Locke, E. A. (1968): Towards a theory of task motivation and incentives. *Organizational behavior and human performance,* May 1968.

Locke, E. A./ Latham, G. P. (1990): A theory of goal setting and task performance. Prentice Hall

Luczak, H. (1998): Arbeitswissenschaft. 2. Auflage. Springer

Mag, W. (1995): Unternehmensplanung. Vahlen

Maleri, R. (1997): Grundlagen der Dienstleistungsproduktion. 4. Auflage. Springer

Maslow, A. H. (1943): A theory of human motivation. Abgedruckt in Leavitt, H. J./ Pondy, L. R. (Eds.): Readings in managerial psychology, 1964. University of Chicago Press

McClelland, D. (1961): The achieving society. Van Nostrand/Reinholt

McClelland, D. (1975): Power: The inner experience. Irvington

McGregor, D. (1960): The human side of enterprise. McGraw-Hill. Deutsch: Der Mensch im Unternehmen, 1970. Econ

Meffert, H. (2000): Marketing. 9. Auflage. Gabler

Mintzberg, H. (1979): The structuring of organizations: A synthesis of research. Prentice-Hall

Mintzberg, H. (1989): Mintzberg on management. Inside our strange world of organizations. Free Press

Mintzberg, H. (1992): Structure in fives. Designing effective organizations. Prentice-Hall

Mungenast, M./ Finzer, P. (1993): Auswahl von Führungskräften durch Assessment Center. *Personal,* Jg. 45, H. 7, S. 336-338

Nerdinger, F. W. (2001): Motivierung. In: Schuler, H. (Hrsg.): Lehrbuch der Personalpsychologie, S. 349-371. Hogrefe

Neuberger, O. (1989): Assessment Center — ein Handel mit Illusionen? In: Lattmann, C. (Hrsg): Das Assessment-Center-Verfahren der Eignungsbeurteilung, S. 291-307. Physica

Nieschlag, R./ Dichtl, E./ Hörschgen, H. (2002): Marketing. 19. Auflage. Duncker & Humblot

Oechsler, W. A. (2000): Personal und Arbeit. Grundlagen des Human Resource Management und der Arbeitgeber-Arbeitnehmer-Beziehungen. 7. Auflage. Oldenbourg.

Oestreicher, A. (2003): Handels- und Steuerbilanzen. 6. Auflage. Verlag Recht und Wirtschaft

Perridon, L./ Steiner, M. (2003): Finanzwirtschaft der Unternehmung. 12. Auflage. Vahlen

Pinder, C. C. (1984): Work motivation: Theory, issues, and application. Scott, Foresman

Porter, L. W./ Lawler, E. E. (1968): Managerial attitudes and performance. Irwin

Rieger, W. (1964): Einführung in die Privatwirtschaftslehre. 3. Auflage. Palm & Enke

Salancik, G. R./ Pfeffer, J. (1977): An examination of need-satisfaction models of job attitudes. *Administrative Science Quarterly*, vol. 22, S. 427-456

Sarges, W. (Hrsg) (1996): Weiterentwicklungen der Assessment-Center-Methode. Hogrefe

Schäfer, H. (2002): Unternehmensfinanzen. 2. Auflage. Physica

Schanz, G. (1994): Organisationsgestaltung. Management von Arbeitsteilung und Koordination. 2. Auflage. Vahlen

Schanz, G. (2000): Personalwirtschaftslehre. Lebendige Arbeit in verhaltenswissenschaftlicher Perspektive. 3. Auflage. Vahlen

Scharf, A./ Schubert, B. (2001): Marketing. Einführung in Theorie und Praxis. 3. Auflage. Schäffer-Poeschel

Schein, E. H. (1992): Organizational culture and leadership. 2. Auflage. Jossey-Bass

Schildbach, T. (2000): Der handelsrechtliche Jahresabschluss. 6. Auflage. Verlag Neue Wirtschafts-Briefe

Schmalen, H. (2002): Grundlagen und Probleme der Betriebswirtschaft. 12. Auflage. Wirtschaftsverlag Bachem

Schmierl, K. (1994): Wandel der betrieblichen Lohnpolitik bei arbeitsorientierter Rationalisierung. In: Moldaschl, M./ Schultz-Wild, R. (Hrsg.): Arbeitsorientierte Rationalisierung, S. 151-200. Campus

Schneeweiß, C. (2002): Einführung in die Produktionswirtschaft. 8. Auflage. Springer

Scholz, C. (2000): Personalmanagement. Informationsorientierte und verhaltenstheoretische Grundlagen. 5. Auflage. Vahlen

Schreyögg, G. (2003): Organisation. Grundlagen moderner Organisationsgestaltung. Mit Fallstudien. 4. Auflage. Gabler

Schreyögg, G./ v. Werder, A. (Hrsg.) (2004): Handwörterbuch der Organisation und Unternehmensführung. 4. Auflage. Schäffer-Poeschel

Seifert, T. (2001): Gestaltungsmöglichkeiten eines Anreizsystems für Führungskräfte. Shaker-Verlag.

Smith, A. (1776): An inquiry into the nature and causes of the wealth of nations. Reprint, 1937. Random House

Staehle, W. H. (1999): Management. Eine verhaltenswissenschaftliche Perspektive. 8. Auflage. Vahlen

Staufenbiel, J. E./ Friedenberger, T. (2003): Berufsplanung für den Management-Nachwuchs. Staufenbiel

Steffenhagen, H. (2004): Marketing. Eine Einführung. 4. Auflage. Kohlhammer

Streeck, W./ Rehder, B. (2003): Der Flächentarifvertrag: Krise, Stabilität und Wandel. Working Paper 03/6. Max-Planck-Institut für Gesellschaftsforschung Köln.

Szyperski, N. (Hrsg.) (1989): Handwörterbuch der Planung. Schäffer-Poeschel

Taylor, F. W. (1911): The principles of scientific management. Harper & Row. Deutsch: Die Grundsätze wissenschaftlicher Betriebsführung, 1912. Raben-Verlag

Theuvsen, L. (1998): Lohnformen in der Industrie. *Wirtschaftswissenschaftliches Studium*, Jg. 27, S. 400-403

Theuvsen, L. (2001): Ergebnis- und Marktsteuerung öffentlicher Unternehmen. Eine Analyse aus organisationstheoretischer Sicht. Schäffer-Poeschel

Theuvsen, L. (2003): Erfolgsbedingungen leistungsorientierter Entgeltsysteme. *Die Verwaltung*, Bd. 36, S. 483-499

Tietz, B./ Köhler, R./ Zentes, J. (Hrsg.) (1995): Handwörterbuch des Marketing. 2. Auflage. Schäffer-Poeschel

von Nitzsch, R. (1998): Planung, Entscheidung und Kontrolle. In: Berndt, R./ Fantapié Altobelli, C./ Schuster, P. (Hrsg.): Springers Handbuch der Betriebswirtschaftslehre, Bd. 1, S. 129-184. Springer

von Rosenstiel, L. (2001): Motivation im Betrieb. Mit Fallstudien aus der Praxis. 10. Auflage. Rosenberger FV

von Rosenstiel, L. et al. (2003): Führung von Mitarbeitern. Handbuch für erfolgreiches Personalmanagement. 5. Auflage. Schäffer-Poeschel

Vormbaum, H. (1995): Finanzierung der Betriebe. 9. Auflage. Gabler

Vroom, V. H. (1964): Work and motivation. Wiley

Vroom, V. H./ Jago, A. G. (1988): The new leadership: Managing participation in organizations. Prentice Hall

Wagner, D. (1991): Anreizpotentiale und Gestaltungsmöglichkeiten von Cafeteria-Modellen. In: Schanz, G. (Hrsg.): Handbuch Anreizsysteme, S. 91-109. Schäffer-Poeschel

Weber, J. (2002): Einführung in das Controlling, 9. Auflage. Schäffer-Poeschel

Weber, M. (1921): Wirtschaft und Gesellschaft. 5. Auflage 1980. Mohr

Wiendieck, G./ Wiswede, G. (Hrsg.) (1990): Führung im Wandel. Neue Perspektiven der Führungsforschung und Führungspraxis. Enke

Wöhe, G./ Bilstein, J. (2002): Grundzüge der Unternehmensfinanzierung. 9. Auflage. Vahlen

Wrapp, H. E. (1967): Good managers don't make policy decisions. *Harvard Business Review*, vol. 45, no. 5, S. 91-99

Wren, D. A. /Voich, D. (1984): Management: Process, Structure and Behavior. 2. Auflage. Ronald Press

Index